东南土木·青年教师·科研论丛

江苏高校优势学科建设工程资助项目

工程结构黏滞消能减振技术原理与应用

黄　镇　著

东南大学出版社
SOUTHEAST UNIVERSITY PRESS
·南京·

内 容 简 介

本书系统地介绍了工程结构采用黏滞消能减振技术的基本理论、设计方法、检测要求和工程应用，主要内容包括：黏滞消能减振技术的发展、各类黏滞消能器构造、基本原理及综合性能分析，采用黏滞消能减振技术的设计方法，消能减振装置连接与安装，黏滞消能器检测及评价标准，采用黏滞减振技术的工程实例。

本书可供土木工程相关科技人员、结构设计人员及施工技术人员参考，也可作为结构工程、防灾减灾工程及防护工程专业的研究生参考用书。

图书在版编目(CIP)数据

工程结构黏滞消能减振技术原理与应用/黄镇著.—南京：东南大学出版社，2018.5
(东南土木青年教师科研论丛)
ISBN 978-7-5641-7694-5

Ⅰ.①工… Ⅱ.①黄… Ⅲ.①工程结构-减振措施-研究 Ⅳ.①TU3

中国版本图书馆 CIP 数据核字(2018)第 072783 号

工程结构黏滞消能减振技术原理与应用
著　　者　黄　镇

出版发行　东南大学出版社
社　　址　南京市四牌楼 2 号　邮编：210096
出 版 人　江建中
责任编辑　丁　丁
编辑邮箱　d.d.00@163.com
网　　址　http://www.seupress.com
电子邮箱　press@seupress.com
经　　销　全国各地新华书店
印　　刷　江苏凤凰数码印务有限公司
版　　次　2018 年 5 月第 1 版
印　　次　2018 年 5 月第 1 次印刷
开　　本　787 mm×1 092 mm　1/16
印　　张　11
字　　数　274 千
书　　号　ISBN　978-7-5641-7694-5
定　　价　48.00 元

本社图书若有印装质量问题，请直接与营销部联系。电话(传真)：025-83791830

序

作为社会经济发展的支柱性产业，土木工程是我国提升人居环境、改善交通条件、发展公共事业、扩大生产规模、促进商业发展、提升城市竞争力、开发和改造自然的基础性行业。随着社会的发展和科技的进步，基础设施的规模、功能、造型和相应的建筑技术越来越大型化、复杂化和多样化，对土木工程结构设计理论与建造技术提出了新的挑战。尤其经过三十多年的改革开放和创新发展，在土木工程基础理论、设计方法、建造技术及工程应用方面，均取得了卓越成就。特别是进入21世纪以来，在高层、大跨、超长、重载等建筑结构方面成绩尤其惊人，国家体育场馆、人民日报社新楼以及京沪高铁、东海大桥、港珠澳桥隧工程等高难度项目的建设更把技术革新推到了科研工作的前沿。未来，土木工程领域中仍将有许多课题和难题出现，需要我们探讨和攻克。

另一方面，环境问题特别是气候变异的影响将越来越受到重视，全球性的人口增长以及城镇化建设要求广泛采用可持续发展理念来实现节能减排。在可持续发展的国际大背景下，“高能耗”“短寿命”的行业性弊病成为国内土木界面临的最严峻的问题，土木工程行业的技术进步已成为建设资源节约型、环境友好型社会的迫切需求。以利用预应力技术来实现节能减排为例，预应力的实现是以使用高强高性能材料为基础的，其中，高强预应力钢筋的强度是建筑用普通钢筋的3～4倍以上，而单位能耗只是略有增加；高性能混凝土比普通混凝土的强度高1倍以上甚至更多，而单位能耗相差不大；使用预应力技术，则可以节省混凝土和钢材20％～30％，随着高强钢筋、高强等级混凝土使用比例的增加，碳排放量将相应减少。

东南大学土木工程学科于1923年由时任国立东南大学首任工科主任的茅以升先生等人首倡成立。在茅以升、金宝桢、徐百川、梁治明、刘树勋、丁大钧、方福森、胡乾善、唐念慈、鲍恩湛、蒋永生等著名专家学者为代表的历代东大土木人的不懈努力下，土木工程系迅速壮大。如今，东南大学的土木工程学科以土木工程学院为主，交通学院、材料科学与工程学院以及能源与环境学院参与共同建设，目前拥有4位院士、6位国家千人计划特聘专家和4位国家青年千人计划入选者、7位长江学者和国家杰出青年基金获得者、2位国家级教学名师；科研成果获国家技术发明奖 4 项，国家科技进步奖 20 余项，在教育部学位与研究生教育发展中心主持的 2012 年全国学科评估排名中，土木工程位列全国第三。

近年来，东南大学土木工程学院特别注重青年教师的培养和发展，吸引了一批海外知名大学博士毕业青年才俊的加入，8 人入选教育部新世纪优秀人才，8 人在 35 岁前晋升教授或博导，有 12 位 40 岁以下年轻教师在近 5 年内留学海外 1 年以上。不远的将来，这些青年学者们将会成为我国土木工程行业的中坚力量。

时逢东南大学土木工程学科创建暨土木工程系（学院）成立 90 周年，东南大学土木工程学院组织出版《东南土木青年教师科研论丛》，将本学院青年教师在工程结构基本理论、新材料、新型结构体系、结构防灾减灾性能、工程管理等方面的最新研究成果及时整理出版。本丛书的出版，得益于东南大学出版社的大力支持，尤其是丁丁编辑的帮助，我们很感谢他们对出版年轻学者学术著作的热心扶持。最后，我们希望本丛书的出版对我国土木工程行业的发展与技术进步起到一定的推动作用，同时，希望丛书的编写者们继续努力，并挑起东大土木未来发展的重担。

东南大学土木工程学院领导让我为本丛书作序，我在《东南土木青年教师科研论丛》中写了上面这些话，算作序。

中国工程院院士：吕志涛

前　言

我国地处欧亚地震带与环太平洋地震带之间，地震活动较为频繁，地震灾害损失惨重。此外沿海及内陆地区也常受到风致灾害影响。随着科学技术的提高，黏滞消能减振技术已经成为抵御地震及风致灾害的一种有效方法。在被动控制装置中黏滞消能器由于其耗能能力强、性能稳定、受激励频率和温度的影响较小以及具有良好的耐久性等优点，成为工程师进行消能减振设计的重要选择。

本书在总结东南大学建筑工程抗震和减震研究中心近二十年相关的科研成果和工程实践经验基础上写作而成。本书的写作主要有以下特点：第一，体系的完整性，介绍结构振动控制技术发展、被动消能减振技术原理、各类黏滞消能减振装置及其减振机理；第二，理论与应用紧密结合，在叙述技术原理和减振装置性能的同时，给出工程实用减振分析方法和黏滞消能装置检测方法及评价标准；第三，结合课题组工程实践介绍了黏滞消能减振技术在实际工程中的具体应用。

本书在写作的过程中学习和参考了国内外众多论著，在此谨向原著者致以诚挚的谢意和敬意。

在本书的写作过程中，笔者的研究生蒋丛笑、张秦嘉协助做了大量的辅助工作，在此深表谢意。

本书得到江苏高校优势学科建设工程项目资助（A Project Funded by the Priority Academic Program Development of Jiangsu Higher Education Institutions）。

限于时间和水平，书中的疏漏和不妥之处，敬请读者批评指正。

笔者

2017 年 9 月

目　录

第1章 绪 论

地震和风是人们所熟知的自然现象。地震灾害和风灾的发生具有随机性、突发性和不确定性等特点[1-5]，是一种严重危及人们生命财产的自然灾害。据统计，地球上平均每年发生震级为8级以上、震中烈度11度以上的毁灭性地震2次；震级为7级以上、震中烈度在9度以上的大地震不到20次；震级在2.5级以上的有感地震在15万次以上。我国近100年来发生里氏6级以上破坏性地震560余次，平均每年5～6次，其中8级以上地震10次。

随着社会经济的不断发展以及技术水平的逐步提高，在城市化进程中，高层、超高层建筑，高耸结构，大跨空间结构不断涌现，但始终受到地震和飓风的潜在威胁。20世纪以来，地震造成的经济损失高达数千亿美元，导致近130万人死亡和近千万人严重伤残。随着城市现代化进程的加快、人口的增加和密集，尽管在采取适当的抗震措施后，地震造成的人员伤亡有所减少，但带来的经济损失却日趋严重。强烈地震不仅可在数十秒内将一座城市夷为平地，交通、通信、供水、供电、医疗等生命线工程中断，还会引起火灾、疾病、山崩、滑坡、泥石流、海啸等严重的次生灾害。2008年5月12日，我国汶川发生里氏8.0级地震，根据记录，震中区的烈度达到了11度。地震持续时间约2分钟，造成的直接经济损失8 452亿元，69 227人在地震中遇难。地震灾害波及全国多个省、自治区、直辖市，其中以川陕甘三省受灾最为严重。除了人员伤亡外，财产损失中房屋建筑损失所占比重很大，城乡居民住房的损失约占总损失的27.4%，学校、医院和其他非住宅用房的损失约占20.4%。2010年4月14日，我国青海省玉树藏族自治州玉树县结古镇发生里氏7.1级地震，震中地区烈度达到了9度。地震导致2 698人遇难，其中学生就有199人。玉树地震余震频发，造成的次生灾害严重，震区直接受灾人数达到了20万人。我国地处多个地震带，大小地震灾害频发，地震中房屋倒塌等将会直接导致重大人员伤亡以及财产损失。

此外，对于高层建筑、高耸结构和桥梁等结构物，风灾造成的破坏也十分严重。如1994年8月我国温州遭受强台风袭击，5座输高压电塔倒塌，百米高的电视塔、温州市中心公安大楼80 m高的通信铁塔均被风吹倒，大批民房倒塌或受损，直接经济损失超过100亿元；1940年美国华盛顿立跨853 m的悬索桥，建好不到4个月，就在一场风速不到20 m/s的灾害下产生上下和来回扭曲振动而倒塌；1926年美国迈阿密市17层高的Meyer-Kiser大楼在飓风袭击下，维护结构严重破坏，钢框架结构发生塑性变形，顶部残留位移达0.61 m；1972年美国波士顿60层高的John Hancock大楼在大风作用下，约170块玻璃开裂或破坏，事后不得不更换所有约10 348块玻璃，并采取了相应的防护措施，该建筑的使用不仅被延误了三年，而且造价从预算的7 500万美元上升到15 800万美元。中国每年在福建沿海，广东广西沿海，浙江沿海，海南沿海等地区都会受到台风影响。每年台风都会对上述地区造成巨大的经济损失，譬如2014年影响海南全岛的9号台风“威马逊”，2016年影响厦门的14号台风“莫兰蒂”，以及2016年秋登陆台湾以及大陆的台风“鲶鱼”。超强台风“威马逊”最大风力17级，共造成海南、广东、广西的59个县市区、742.3万人、46.85万 hm^2 农作物受灾，直接经济损失约为265.5亿元。海南因房屋建筑倒塌、洪水冲淹等死亡9人、失踪5人，广西因倒房、滑坡等死亡5人。受灾省份多地基础设施损毁严重，农作物大量受损，灾区人员紧急转移安置并安排紧急生活救助，灾区大部分房屋倒塌或严重损坏。“威马逊”对三省区电网造成冲击。灾情期间，南方电网10 kV以上线路累计跳闸1 342条次，累计损失负荷139.74万kW。广西数十条普通公路部分路段断通，高速公路沿线设施受到较大破坏，北海、钦州、防城等地数百条客运班线停运。2016年影响我国东南沿海大部分地区的超强台风“莫兰蒂”，最大风力达到17级，造成29人死亡、49人受伤、18人失踪，直接经济损失达到25亿631万美元，受灾地区建筑物、构筑物受损严重。

除上述地震灾害、风灾外，由于爆炸冲击波、机器运转、车辆运行、海浪冲击等因素引起的结构振动也不容忽视。这些灾害不仅造成大量人员伤亡和巨大经济损失，还给人类在精神上以重创。但是与此同时，人类也一直依靠自己的智慧，不断认识自然，揭示自然规律，并用以指导社会生产实践，能动地减轻自然界带给人类的灾害。

1.1 传统结构抗震设计理论及有待解决的问题[5-10]

传统抗震设计理论以概率论为基础，提出三水准的设防要求，即“小震不坏，中震可修，大震不倒”。并通过两个阶段设计来实现：第一阶段设计采用第一水准烈度的地震动参数，结构处于弹性状态，能够满足承载力和弹性变形的要求；第二阶段设计采用第三水准烈度的地震动参数，结构处于弹塑性状态，要求具有足够的弹塑性变形能力，但又不能超过变形限值，使建筑物“裂而不倒”。然而，结构物要终止在强震或大风作用下的振动反应（速度、加速度和位移），必然要进行能量转换或耗散。传统抗震结构体系实际上是依靠结构及承重构件的损坏消耗大部分输入能量，这是一种消极被动的抗震策略。由于地震具有随机性特点，目前人们还不能准确估计结构在设计使用年限内可能遭遇的地震作用的强度和特性，建筑结构的破损程度及倒塌的可能性难以控制，当发生突发性超烈度地震时，可能导致结构构件严重破坏甚至倒塌，这在一定程度上是不合理也是不安全的。

采用传统抗震设计方法，须根据建筑的不同抗震等级采取大量严格的抗震构造措施，不但材料耗量大大增加，施工的难度也相应增大，从而大大提高了建筑造价；当遭遇大震后，结构的非线性耗能将对结构造成不可修复的损伤，其破坏的严重程度使建筑物无法继续使用，震后不得不拆除重建，在经济上造成的损失是极其巨大的。

此外，还应考虑如何保证地震发生时生命线工程以及某些高精尖技术设备能正常运行，不致因结构反应使其破坏，引发或加重次生灾害。

为了克服传统抗震设计方法的缺陷，各国学者与工程师们不断致力于结构地震反应控制技术的研究，结构振动控制技术逐渐发展起来。该技术是减轻结构地震和风振反应的积极主动手段，使结构能够具有自我调整的能力。结构消能减震（又称“消能减振”）技术就是一种结构振动控制技术，《建筑抗震设计规范》(GB 50011—2001)首次以国家标准的形式对房屋消能减震设计这种抗震设防新技术的设计要点做出了规定，标志着消能减震技术在我国已经由科学研究走向了推广应用阶段。现行《建筑抗震设计规范》(GB 50011—2010)在总结了地震惨痛教训的基础上将建筑结构的抗震设计与实际工程中的运用再一次紧密结合在了一起。

1.2 结构消能减振技术的研究进展

1.2.1 结构控制技术[1][8][11-68]

振动控制作为现代控制理论中一个重要概念，已被引入抗震研究领域，并且随着时代的发展，振动控制技术已成为抵御震害的有效方法[69]。所谓结构振动控制，就是在结构的特定部位装设某种装置（如隔振垫等）或某种机构（如消能支撑、消能剪力墙、消能节点、消能器等）或某种子结构（如调频质量等）或施加外力（如外部能量输入）或调整结构的动力特性，在地震（或风）的作用下，使其结构的动力响应（如加速度、速度、位移）得到合理的控制，确保结构本身及结构中的人员仪器设备的安全都处于正常的使用环境状况[70]。

20 世纪早期，结构控制理论在机械工程、航空航天工程及运输工程中得到广泛应用。日本学者 Kobori 和 Minai 最早于 1960 年提出结构控制的概念，结构振动控制的概念最早是 1972 年由美籍华裔学者姚治平提出的，在我国是 1980 年王光远院士从高耸结构风振结构开始研究的。经过数十年的发展，工程结构振动控制技术已日臻成熟。中国学者周福霖提出了“结构减震控制体系”的概念，使得各种减震控制技术上升到了抗震设计理论的新阶段。

按是否需要外部能量输入，结构振动控制可以分为被动控制、主动控制、半主动控制、智能控制和混合控制五类，详细分类如图 1-1所示。

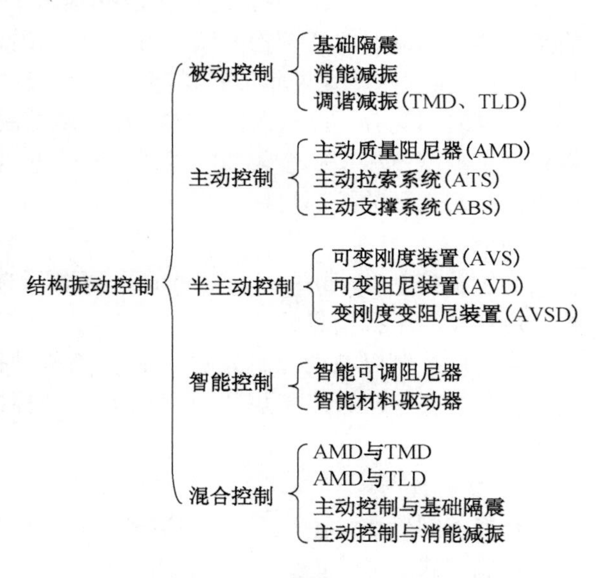

图 1-1 结构振动控制分类

1）被动控制

被动控制（Passive Control）：不需要输入外部能源提供控制力，其控制力是控制装置随结构一起振动变形时产生的，控制过程不依赖于结构反应和外界干扰信息的控制方法。基础隔震、耗能减震和吸收减震等均为被动控制。被动控制主要采用隔震技术、消能减震技术和质量调谐减振技术（TMD、TLD）来调整结构动力特性，达到隔离地震和消减地震或其他振动的目的，而且与主动控制和半主动控制相比有着构造简单、造价低廉、可靠性高等优点。被动控制技术既能有效减震（振），又较为经济，且安全可靠，已成为人们应用开发的热点，在国内外的研究和实际工程的应用上已有一定时期，也日趋成熟。被动控制工作原理如图 1-2 所示。

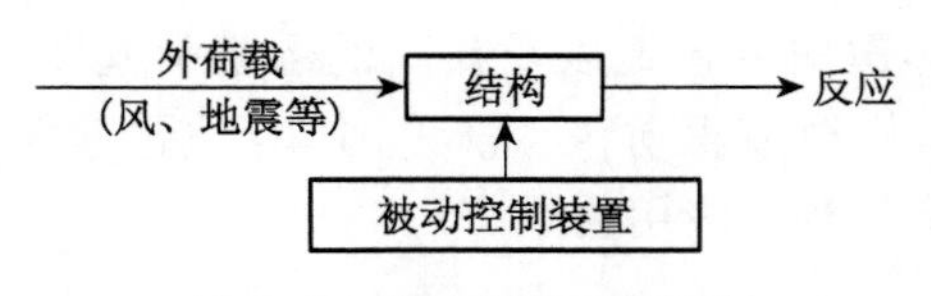

图 1-2 被动控制工作原理

结构被动控制概念是指通过在建筑结构上安装被动消能阻尼器和被动吸能器，消耗、吸收、转移结构的振动能量，减小结构的振动，从而确保结构本身及结构中的人、仪器设备、装修等的安全或处于正常使用状态。

被动控制技术适用于抗震设防地区和对抗震设防有特殊要求的新建建筑结构以及既有建筑结构的抗震加固，适用于高层建筑、超高层建筑和高耸结构的抗风设计，也可用于其他动荷载作用下建筑结构的抗震设计。

2）主动控制

主动控制(Active Control)：需要输入外部能源提供控制力，控制过程依赖于结构反应和外界干扰信息的控制方法。主动控制系统由传感器、运算器和施力作动器三部分构成。主动控制是将现代控制理论和自动控制技术应用于结构控制中的高新技术。主动控制工作原理如图 1-3所示。

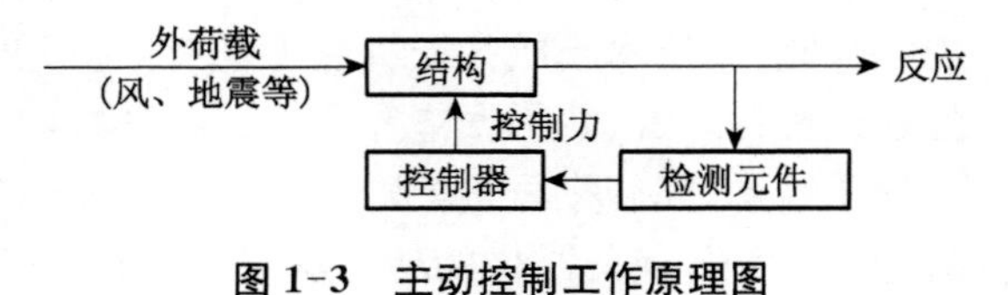

图 1-3　主动控制工作原理图

主动控制可以在结构物受激励过程中瞬时施加控制力和瞬时改变结构的动力特性，是以迅速衰减和控制结构震动反应的一种减震(振)技术，这种技术减震效果非常好，与传统的无控结构体系相比，能使结构推动反应减少 40%～85%。同时，其实用面广，既能对主振型实施控制，也能对其他振型实施有效控制，这对一些具有多个主振型及振型耦合较强的柔性结构体系具有重大意义，并且可根据不同的使用要求，实施不同减震水平的控制目标。

3）半主动控制

半主动控制(Semi-Active Control)：不需要输入外部能源提供控制力，控制过程依赖于结构反应和外界干扰信息的控制方法。

半主动控制以被动控制为主，它既具有被动控制系统的可靠性，又具有主动控制系统的强适应性，通过一定的控制规律可以达到主动控制系统的控制效果，是一种具有前景的控制技术。

4）智能控制

智能控制(Intelligent Control)：采用智能控制算法和采用智能驱动或智能阻尼装置为标志的控制方式。

采用智能控制算法为标志的智能控制，它与主动控制的差别主要表现在不需要精确的几何模型，采用智能控制算法确定输入或输出反馈与控制增益的关系，而控制力还是需要很大外部能量输入的作动器来实现；采用智能驱动材料和器件为标志的智能控制，它的控制原理与主动控制基本相同，只是实时控制力的作动器使用智能材料制作的智能驱动器或智能阻尼器。

目前代表性的智能阻尼器主要有磁流变液阻尼器和压电变摩擦阻尼器。1995 年日本 Nakajima 桥梁施工中的桥塔 AMD 控制应用了模糊控制算法。磁流变液阻尼器已经应用于日本的一座博物馆建筑的地震控制和 Keio 大学的一栋隔震居住建筑以及我国的岳阳洞庭湖大桥多塔斜拉桥的拉索风雨激振控制。智能控制构造简单、调节驱动容易、耗能小、反应迅速、几乎无时滞，在结构主动控制、半主动控制、被动控制中有广阔的应用前景。

5）混合控制

混合控制(Hybrid Control)：混合控制是一种采用了不同控制方式相结合的控制方法，合理选取控制技术的较优组合，吸取各控制技术的优点，避免其缺点，可形成较为成熟而先进有效的组合控制技术，但其本质上仍是一种完全主动控制技术，仍需外界输入较多能量。混合控制工作原理如图 1-4 所示。

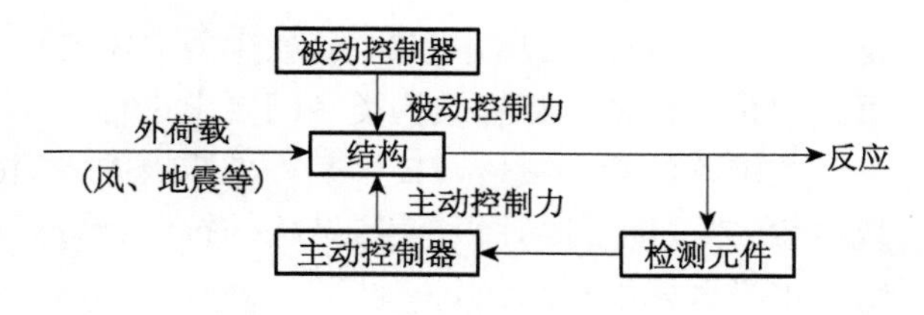

图 1-4　混合控制工作原理图

混合控制则是主动和被动甚至多种控制方式的混合，在控制结构时，部分通过隔震、消能技术调整结构的动力特性，部分输入外部能源来达到减震目的。被动控制简单可靠，不需要外部能源，系统设置要求高。把两种甚至多种系统混合使用，取长补短，更加合理、经济、安全。例如，当结构在常遇地震时，主要依靠被动控制系统实现减震；当结构遭遇罕见的大地震时，主动控制系统被驱动参与工作，两种系统联合运作，达到最佳的控制效果。

1.2.2　结构消能减振技术[1][8][10][21][22]

由前述分析可知，结构控制技术主要借助于振动隔离、吸能或耗能等手段，降低被控结构在外界激励下的动力响应。结构消能减震(振)技术就是一种结构控制技术，它是通过在结构的适当位置安装消能减震(振)装置，利用这些装置的耗能来减小结构的动力响应。

结构消能减震(振)技术的研究来源于对结构在地震发生时的能量转换的认识，现以一般能量表达式来分别说明地震时传统抗震结构和消能减震结构的能量转换过程：

传统抗震结构：

$$E_{in} = E_R + E_D + E_S \tag{1-1}$$

消能减震结构：

$$E_{in} = E_R + E_D + E_S + E_A \tag{1-2}$$

式中，E_{in}——地震时输入结构的地震能量；

E_R——结构物地震反应的能量，即结构物振动的动能和势能(弹性变形能)；

E_D——结构阻尼消耗的能量(一般不超过 5%)；

E_S——主体结构及承重构件非弹性变形(或损坏)消耗的能量；

E_A——消能构件或消能装置消耗的能量。

地震发生时，地面震动反应引起结构物的震动反应，地面震动能量向结构物输入，结构物接收了大量的地震能量 E_{in}，必然要进行能量转换或消耗才能最后终止震动反应。从式(1-1)看出，对于传统抗震结构体系，容许结构及承重构件(柱、梁、节点等)在地震中出现损坏，即靠结构及承重构件的损坏以消耗能量 E_S，结构及构件的严重破坏或倒塌，就是地震能量消耗的最终完成($E_S \rightarrow E_{in}$)，这在某种程度上是不安全的。

而对于消能减震结构[式(1-2)]，如果 E_D 忽略不计，消能装置率先进入消能工作状态，大量消耗输入结构的地震能量($E_A \rightarrow E_{in}$)，既能保护主体结构及承重构件免遭破坏($E_S \rightarrow 0$)，又能迅速地衰减结构的地震反应($E_R \rightarrow 0$)。结构设置消能减震装置后，可同时减少结构水平和竖向地震作用，适用范围较广，结构类型和高度均不受限制；消能减震装置可使结构具备足够的附加阻尼，满足罕遇地震下预期的结构位移要求；消能减震结构不改变结构的基本形式(但是可减小梁、柱断面尺寸和配筋，减少剪力墙的设置），除消能部件和相关部件外，结构设计仍可按照抗震规范对相应结构类型的要求进行。

故结构消能减震（振）技术是一种积极的、主动的抗震对策，不仅改变了结构抗震设计的传统概念、方法和手段，而且使得结构的抗震（风）舒适度、抗震（风）能力、抗震（风）可靠性和灾害防御水平大幅度提高。

结构消能减振体系通常由主体结构和消能部件（消能装置和连接件）组成，按照消能部件的不同"构件形式"可以分为消能支撑、消能剪力墙、消能支承或悬吊构件、消能节点和消能联接等几种常用的形式。

消能部件中安装有消能器（通常称为"阻尼器"）等消能减振装置，当结构构件（或节点）发生相对位移（或转动）时，消能器能够产生较大阻尼，发挥消能减振作用。消能器可分为位移相关型、速度相关型及其他类型。黏滞阻尼器、黏弹性阻尼器、黏滞阻尼墙、黏弹性阻尼墙等属于速度相关型阻尼器，即阻尼器对结构产生的阻尼力主要与消能器两端的相对速度有关，与位移无关或与位移的关系为次要因素；金属屈服型阻尼器、摩擦阻尼器属于位移相关型阻尼器，即阻尼器对结构产生的阻尼力主要与阻尼器两端的相对位移有关，当位移达到一定的起动限值才能发挥作用。

1.3 黏滞阻尼器研究进展[1][8][11-13][22-24][79]

黏滞阻尼器一般由缸体、活塞、阻尼孔（或间隙或两者兼有）、黏滞流体阻尼材料和导杆等部分组成，活塞在缸筒内作往复运动，活塞上有适量小孔称为阻尼孔（和活塞与缸筒间配合间隙），缸筒内装满黏滞流体阻尼材料。当活塞与缸筒之间发生相对运动时，由于活塞前后的压力差使流体阻尼材料从阻尼孔（或间隙）中通过，从而产生阻尼力，达到耗能的目的。流体阻尼器对结构进行振动控制的机理是将结构振动的部分能量通过阻尼器中黏滞流体阻尼材料的黏滞耗能耗散掉，达到减小结构振动（地震或风振）反应的目的。

已有的理论分析以及实验研究结果表明：黏滞阻尼器能够提供较大的阻尼，因而可以有效地减小结构振动；此外，多数研究者认为黏滞阻尼器一般不提供附加的刚度，不会因为安装阻尼器而改变原结构的自振周期，从而增加地震作用。黏滞阻尼器与黏弹性阻尼器相比，受激励频率和温度的影响较小。这些优点使得黏滞阻尼器在结构的抗震和抗风控制中有着广阔的应用前景。

1.3.1 国际研究进展和应用现状[26-44][71][72]

黏滞阻尼器是航空、航天以及车辆等机械中广泛使用的减振器的大型化，利用阻尼器进行结构振动控制的研究是 20 世纪 80 年代以来国际上才出现的新课题，美国和日本在这方面的研究较早，成果也较多。90 年代中期，美国国家科学基金会（NSF）和美国土木工程协会（ASCE）等单位组织了两次大型联合试验，并由第三方对抗震加固工程中所使用的黏滞阻尼器及其他隔震类产品的减震性能进行测试评估，这一事件在阻尼器从试验机构迈向工程应用过程中具有承上启下的重要意义。目前，全世界已有数以百计的工程使用了黏滞阻尼器，涉及高层建筑、高耸结构、桥梁、铁道、体育馆、海洋石油平台甚至卫星发射塔等（见表 1-1）。

表1-1 黏滞阻尼器在国外的部分应用情况

工程名称	地 点	日期	概 况
北美防空司令部	夏安山,美国	1984	用于防护核攻击
加利福尼亚居民楼	加利福尼亚,美国	1985	黏滞阻尼器安装在隔震系统中
西雅图西桥	西雅图,美国	1990	安装了6个黏滞阻尼器用于减小甲板的摇摆。一种能够承受1 000 kN的力,行程是406 mm;另一种能够承受2 515 kN的力,行程是254 mm
意大利桥	意大利	1991	阻尼器重2 t,长度为2 m,行程为500 mm,能够承受5 000 kN的力以及耗散2 000 kJ的能量
SUT-Building	静冈,日本	1992	世界上第一个使用黏滞阻尼墙进行消能减震的结构
Rich 运动场	布法罗,美国	1993	12个黏滞阻尼器被用于减小底盘锚固螺栓的疲劳,每个阻尼器能承受50 kN的力,行程为460 mm
San Bernardino 医疗中心	加州,美国	1993	180个黏滞阻尼器,每个阻尼器最大输出阻尼力为1 400 kN,长度为1 200 mm
Petronas 双塔	马来西亚	1995	12个黏滞阻尼器被安装天桥支腿上,每个阻尼器承受10 kN的力,行程是50 mm
太平洋贝尔北方网络中心	加州,美国	1995	共安装了62个黏滞阻尼器
第一街桥	西雅图,美国	1996	共安装了4个黏滞阻尼器,每个阻尼器承受400 kN的力,行程为685 mm
美国联邦储备银行	萨克拉曼多,美国	1996	两种共120个阻尼器被用于控制结构的地震响应。一种阻尼器的控制力为710 kN;另一种阻尼器的控制力为1 290 kN,行程为64 mm
Langenbach House	奥克兰,美国	1996	4个阻尼器加在结构的基底隔震系统,每个阻尼器的控制力为130 kN,行程为150 mm
Worcester 会议中心	美国	1997	32个阻尼器加在结构的调频质量阻尼器系统中,每个阻尼器的控制力为10 kN,行程为75 mm
电影厂的停车库	洛杉矶,美国	1997	2个阻尼器用来控制混凝土的热胀冷缩,阻尼器的控制力为150 kN,行程为50 mm
新西北太平洋棒球场	西雅图,美国	1997	8个阻尼器用来控制3个活动屋顶的风振和地震响应,控制力为5 000 kN,行程375 mm
第一大街南桥	西雅图,美国	1998	4个阻尼器用来控制桥的振动,每个阻尼器的控制力为600 kN,行程为635 mm
鹿儿岛国际机场航站楼	鹿儿岛,日本	1999	黏滞阻尼墙应用于机场航站楼的加固工程

续表

工程名称	地　点	日期	概　况
Tohoku University Hospital	日本	1999	266片黏滞阻尼墙用于控制建筑地震反应
棒球场	休斯敦，美国	1999	16个阻尼器用于控制屋顶的风振响应，阻尼器的控制力为300 kN，行程为153 mm
机场步行天桥	旧金山，美国	1999	20个阻尼器用于控制桥的地震反应，阻尼器的控制力为445 kN，行程为254 mm
机场铁道	旧金山，美国	1999	两种100个阻尼器用于控制结构的地震反应：一种阻尼器的控制力为4 225 kN；另一种为3 115 kN，行程为508 mm
洛杉矶市政大厅	洛杉矶，美国	1999	一种阻尼器被安装在隔震系统中，控制力为1 400 kN，行程为600 mm；另一种安装在结构的第67层，控制力为1 000 kN，行程为115 mm
Chapultepec塔楼	墨西哥	2 000	98个阻尼器用于控制结构的地震响应，一种阻尼器的控制力为5 600 kN，另一种阻尼器的控制力为2 770 kN，行程为52 mm
中心街大桥	密苏里州，美国	2002	新建高速公路大桥，阻尼器允许自由温度变形，同时控制纵向的振动
日建设计公司东京大楼	东京，日本	2003	钢骨钢筋混凝土结构建筑，采用39片黏滞阻尼墙作为减振措施保护结构安全
旧金山新艺术博物馆	旧金山，美国	2003	结构安装26个黏滞阻尼器，配合隔震使用
美国密西西比河大桥	密西西比河，美国	2004	应用了8个黏滞阻尼器对结构进行加固
乔治·华盛顿大桥	西雅图，美国	2004	大型钢桁架桥，抗震加固，安装阻尼器用于控制桥梁振动
Pasteur-Cika Payang Bridge	印度尼西亚	2004	新建高架路桥，用来控制纵向地震的阻尼器
杰克逊街大桥	澳大利亚	2005	振动传动装置的温度变形，同时允许自由流动的控制振动
马杜拉大桥	印度尼西亚	2008	结构为双塔斜拉桥，主跨长445 m，采用了4个最大阻尼力为2 400 kN的黏滞阻尼器对结构进行振动控制
陶朗阿海港连接公路桥	陶朗阿，新西兰	2009	新的四车道公路桥，桥面使用锁定装置控制位移引起的震动
Port Mann Bridge	加拿大	2011	新建斜拉桥，使用阻尼器对桥塔和桥面进行支撑

在发达国家这种研究最早是始于军工企业，后来才开始涉足民用领域（建筑、桥梁等）。出于商业利益的考虑，尽管20世纪80年代初即有黏滞阻尼器投入实际工程中，但是早期详细的技术资料并不多见。

已有的研究认为，如果流体是纯黏性的（如牛顿流体），则阻尼器的阻尼力与活塞运动速度的某个次方成正比。当活塞运动的频率范围很广时，整个黏滞阻尼器就呈现出黏弹性流体的特征，Makris 和 Constantinou 建议用一个广义的 Maxwell 模型来模拟这一性能，即

$$F+\lambda D^{r}[F]=C_{0}D^{q}[u] \tag{1-3}$$

式中，λ——时间相关系数；

r、q——阻尼材料常数；

$D^{r}[F]$，$D^{q}[u]$——对 F 和 u 的分数维偏导；

C_0——零频率时的黏滞阻尼系数。

在活塞运动频率较低时，式(1-3)可简化为

$$F=C_{0}\dot{u}=C_{0}V \tag{1-4}$$

式中，$\dot{u}$ 和 V 为活塞运动速度。

美国泰勒公司（Taylor Devices Inc.）给出的公式为

$$F=CV^{\alpha} \tag{1-5}$$

式中，C——阻尼常数；

V——活塞运动速度；

α——一个介于 0.3～1.0 之间的数。

日本人武田寿一给出的单出杆型流体阻尼器的计算公式中，阻尼力 F 与活塞运动速度 V 的二次方成正比。

Housner G W，Bergman L A，Caughey T K 认为，绝大多数黏滞阻尼器，其输出力与活塞速度的 0.3～0.75 次方成正比。

类似的研究结果还有很多，但是这些公式的表达形式虽然各有不同，但是有一点是共同的，即都认为黏滞阻尼器是一种速度相关型的阻尼器，其阻尼力的主要影响因素是活塞的运动速度。至于造成这些公式差异的原因，主要是因不同研究者所针对的阻尼器的结构构造以及采用的分析方法不同而引起的，每个公式各有其适用范围，不宜随意照搬。

Constantinou 和 Symans 通过对装有黏滞阻尼器的一层和三层钢框架模型进行振动台试验后指出，由于阻尼器产生的阻尼力与结构的位移反力和柱中的弯矩反向，阻尼器能有效地减小结构的层间位移和剪力，而不会在柱中产生与柱弯矩同向的轴力。

黏滞阻尼器不仅仅能够用于新建建筑的振动控制，也可用于已有建筑的抗震加固，Reinhorn 等人对此进行的试验研究表明，在钢筋混凝土结构中附加黏滞阻尼器，能有效地提高结构的抗震品性，降低结构的地震反应和地震损伤程度。

在桥梁工程中，因其设计的结构性能要求，在常规黏滞阻尼器的基础上，附加了一些新的要求，如美国有学者提出了一种熔断阻尼器，并将其应用到了旧金山附近的 Richmond San Rafael 大桥上。相比于一般的黏滞阻尼器，熔断阻尼器增加了一个金属熔断装置，该装置限制阻尼器直到受力达到一个特定值时才开始进入工作状态。该项目熔断阻尼器最大阻尼力设计值为 2 270 kN，阻尼器设有一个在 1 250 kN 时断裂的金属保险片，如果阻尼器受到风荷载、刹车荷载或者小的地震荷载且受力小于 1 250 kN 时，阻尼器两端间并不运动，直到荷载达到或超过 1 250 kN 时，金属保险片断裂，阻尼器便如同一个普通的最大阻尼力为 2 270 kN 的黏滞

阻尼器一样工作。需要注意的是，该类型的熔断阻尼器，当保险片断裂以后需要及时进行更换，更换保险片后的阻尼器才可以在实际工程中继续使用，发挥熔断阻尼器的自身优势。

日本在黏滞阻尼器的研究方面也取得了很多成果。1994 年 Niwa 等人对一幢高层建筑的地震反应进行了分析和计算，这幢建筑装有日本 Kajima 公司研制的一种称为高阻尼系统的黏滞油缸，经过计算分析和试验验证，这种黏滞油缸能给结构提供 10%～20%的附加阻尼比。1987 年日本 Oiles 和 Sumitomo 建筑公司研制出了黏滞阻尼器的另一种形式——黏滞阻尼墙（Viscous Damping Wall），这种墙体由装有高黏滞油液的墙和可在其中运动的板组成，通过板与油液的相对运动产生阻尼。Arima 等人对其进行了地震模拟对比试验，结果表明加速度峰值比无黏滞阻尼墙的建筑降低 25%～70%。这种黏滞阻尼墙首先被应用于日本静冈市的 SUT Building，并且在日本鹿儿岛国际机场航站楼（Kagoshima Airport Terminal Building）的加固工程也体现出了自身的优势。在加固过程中因未对大楼外观和机场营业造成大的影响而引起广泛重视，同时也节省了造价。这种阻尼墙也曾在 1999 年用于 Tohoku University Hospital 建筑上，共安装了 266 片。

1.3.2 国内研究进展和应用现状[1][9][10][13][23-25][43-55][73-89]

国内对黏滞阻尼器的研究起步相对较晚，与此同时国外的产品已开始进入中国市场。与国外类似的是，国内也是工程应用早于（或者同步于）科学研究。1999 年中国建筑科学研究院利用法国生产的阻尼器对北京饭店进行了加固，这是我国在此方面的第一例工程。同年，北京火车站加固工程也采用了美国 Taylor 公司的 32 个黏滞阻尼器。（表 1.2 中列出了黏滞阻尼器在国内的应用情况）

在科学研究方面，自 20 世纪 90 年代以来，国内多家高校及科研院所的学者开始对黏滞阻尼器进行了探索和研究，现已取得一定的研究成果。

1998 年底，东南大学建筑工程抗震与减震研究中心与香港理工大学、南京液压机械制造厂合作，在国家自然科学基金“新型流体阻尼器控制超高柔性结构风致振动的研究与应用”（批准号：59978009）、教育部跨世纪人才基金“工程结构减振理论及其应用”（教技函〔2000〕1 号）和香港理工大学发展基金项目“Research on Wind Induced Vibration Control of the Highest Steel Tower in China”的资助下，开始着手对黏滞阻尼器进行系统的研究工作。1999 年 6 月基本完成前期研究工作，初步完成了两种类型的黏滞阻尼器——单出杆型和双出杆型黏滞阻尼器的设计，在此基础上，经过反复论证和修改，研制出了不同型号的足尺线性黏滞阻尼器产品，并针对影响阻尼器性能的各种因素进行性能试验。线性黏滞阻尼器在试验中不断得到改进和完善，已在西安长庆石油局高层科研楼、宿迁教委综合楼、南京奥体中心观光塔、北京奥运会议中心等众多工程中得到应用。目前，正在对不同构造的非线性黏滞阻尼器进行定型和完善。

在我国，哈尔滨建筑大学的欧进萍教授等于 1999 年分别对间隙式和孔隙式黏滞阻尼器进行了性能试验与理论研究，探讨了不同类型黏滞流体的特性，在幂律流体本构关系的基础上建立了黏滞阻尼器的阻尼力计算模型。随后北京工业大学研制开发了一种高耗能黏滞阻尼器，给出了阻尼器滞回模型理论公式和串联动态刚度的统一计算公式，在动态刚度的基础上提出了阻尼器耗能性能评价指标的概念，并对黏滞阻尼器进行了理论与试验研究，研制出了不同设计吨位和不同构造的阻尼器。2006 年，东南大学研制出了一种新型调节阀式黏滞阻尼器，经研究分析该类型阻尼器的性能能够达到预期的设计要求，且力学模型能够较好地反映阻尼器的实际受力情况，能有效耗散能量，保证结构及消能支撑的安全。2007年，我国交通公路规划设计院设计的当时世界跨度最大的斜拉桥——苏通大桥为了防止预想不到的特大风和地震可能导致的桥梁超量位移，设计了一种新型带限位的黏滞阻尼器。该阻尼器在两端最大位移超过±750 mm时阻尼器进入两端弹簧限位阶段，限位由非线性弹簧板实现，限位可达最大附加位移±100 mm，限位力可达9 800 kN，很好地实现了对桥梁结构的地震及风致响应的控制。限位阻尼器在国内外的很多大型桥梁工程中都被广泛地应用，并且也体现出了自身相比于普通黏滞阻尼器在桥梁工程中的巨大优势。2010年，东南大学的学者在已有的黏滞流体阻尼器基础上进行了重大改进，研发了新型幂律流体变阻尼黏滞阻尼器，并对所研发的变阻尼黏滞阻尼产品进行了足尺模型的动力性能试验，考察其工作频率范围及相应的动态力学特性。试验结果表明，其滞回曲线图形饱满，工作状况稳定，显示出典型的变阻尼特征。2013年广州大学周云教授等人提出了一种在阻尼器的尾端设计有±25 mm的可调连接杆装置的黏滞阻尼器，并在壳体表面设计了环状刻度环用于指示活塞在缸筒中的位置。可调节连接杆用于适应结构构件的施工误差，方便阻尼器现场安装，保证阻尼器连接的可靠性，并且该新型阻尼器采用了金属密封装置代替传统的橡胶密封，提高耐久性和耐腐蚀性，防止阻尼器在运行过程中漏油。2014年，北京工业大学与中国科学建筑研究院联合提出了两种新型间隙式黏滞阻尼器，一种是使用了渐缩式入口的活塞头，另一种则是在流道中设置了泄压槽装置，并且将这两种新型黏滞阻尼器都进行了钢筋混凝土框架结构的振动台试验，试验结果表明，这两种黏滞阻尼器不仅构造更加合理，在实际工程中也能很好地保证减震效果。

在消能减震技术已经极大发展的今天，有学者提出将黏滞阻尼器与其他消能减震装置联合使用，也就是"联合减震技术"，不同的阻尼器之间取长补短，各自发挥自身的优势，以取得更好的减震效果。目前在这一领域的研究尚不成熟，具体实用的减震设计计算方法仍待进一步研究完善。

近年来消能减震设计方法在理论研究和实际应用中均取得了长足进步，有学者不仅将目光集中在平地规则建筑结构，还放眼于山地掉层结构。如何利用消能减震装置提高和改善山地掉层结构的抗震性能，避免或减轻主体结构构件的损伤是山地结构分析研究的重点之一。

黏滞阻尼器在我国的应用情况如表1-2所示。

表1-2 黏滞阻尼器在我国的部分应用情况

工程名称	地 点	日期	概 况
北京饭店	北京，中国	1999	用于结构的抗震加固
北京火车站	北京，中国	1999	32个阻尼器用于结构的抗震加固，阻尼器的控制力为1 300 kN，行程为44 mm
中国革命历史博物馆	北京，中国	2000	安装黏滞阻尼器用于结构的抗震加固
秦山核电站	海盐，中国	2000	新建核电厂，热交换器安装阻尼器用于抗震
长庆石油局科研楼	西安，中国	2001	24个黏滞阻尼器用于控制高层建筑顶部设置的微波发射塔的风振响应
北京展览馆中央大厅	北京，中国	2002	安装黏滞阻尼器用于结构的抗震加固

续表

工程名称	地　点	日期	概　况
宿迁市体育馆	宿迁，中国	2002	黏滞阻尼器用于控制结构的地震和风振响应
宿迁市教委综合楼	宿迁，中国	2002	64 个黏滞阻尼器用于控制结构的地震响应
宿迁市建委综合楼	宿迁，中国	2003	设置了 16 个黏滞阻尼器，改善结构抗震性能
宿迁市宿豫区职业中学教学楼	宿迁，中国	2003	设置了 148 个黏滞阻尼器，改善结构抗震性能
北京太平桥大街人行天桥	北京，中国	2003	12 个黏滞阻尼器加于结构的调频质量阻尼器系统中，以控制大跨天桥的共振响应
北京通惠家园	北京，中国	2004	在隔震层中，共配套设置 176 套黏滞阻尼器用于结构控制
宿迁市建设大厦	宿迁，中国	2004	新建建筑，用于抗震消能
南京三桥	南京，中国	2005	新建斜拉大桥，阻尼器用来控制桥的纵向移动
北京奥林匹克公园国家会议中心	北京，中国	2005	楼盖在人行以及跳跃等荷载作用下产生共振，加速度响应超过人体舒适度的要求，极易在人的心理上造成恐慌。为此，在楼层设置 80 套减振装置
南京奥体中心科技中心观光塔	南京，中国	2005	在电梯内筒部位共设置 30 个黏滞阻尼器，有效降低观光平台的加速度峰值，满足人体舒适度要求，且综合造价明显降低
北京银泰中心	北京，中国	2005	73 个黏滞阻尼器用于控制结构的地震和风振响应
宿迁市宿豫区教师培训中心大楼	宿迁，中国	2005	设置了 115 个黏滞阻尼器，改善结构抗震性能
宿迁市宿豫区职教中心综合楼	宿迁，中国	2005	设置了 124 个黏滞阻尼器，改善结构抗震性能
台南科学公园连接桥	台南，中国	2006	阻尼器安装在桥墩上，连接后张钢筋混凝土 I 型梁的底部，抗风减震
北京银泰中心	北京，中国	2007	采用黏滞阻尼器对风荷载作用下的结构水平振动进行了控制设计
苏通长江大桥	江苏，中国	2007	采用 8 个限位黏滞阻尼器对结构进行振动控制，有效减小了结构在风振与地震作用下的响应
江阴长江大桥	江苏，中国	2007	主跨为 1 385 m 的跨江大桥，采用了 4 个最大行程为 ±1 000 mm 的黏滞阻尼器对结构进行振动控制
鱼嘴长江大桥	重庆，中国	2009	中国西部的特大型双塔悬索桥，结构采用了 4 个最大阻尼力为 1 500 kN，最大行程为 ±550 mm 的黏滞阻尼器控制结构在高烈度的地区的地震响应
盘古大观广场	北京，中国	2009	钢结构高层写字楼，采用了 108 个黏滞阻尼器，控制结构在中震下保持弹性，大震下满足规范规定的层间位移角的要求

续表

工程名称	地 点	日期	概 况
北京 A380 机库	北京，中国	2009	研究大跨度网架机库结构的减振控制效果，将黏滞阻尼器作为减震装置
大槐树文化艺术中心	洪洞，中国	2013	为限制结构罕遇地震作用下的位移，设置了 89 个最大行程为±50 mm 的黏滞阻尼器进行减震控制

参考文献

[1] 李爱群，高振世. 工程结构抗震与防灾[M]. 南京：东南大学出版社，2003.

[2]《地震工程概论》编写组. 地震工程概论[M]. 北京：科学出版社，1985.

[3] 胡聿贤. 地震工程学[M]. 北京：地震出版社，1988.

[4] 沈聚敏，周锡元，高小旺，等. 抗震工程学[M]. 北京：中国建筑工业出版社，2002.

[5] 李爱群，等. 工程结构抗震设计[M]. 北京：中国建筑工业出版社，2004.

[6] 高振世，等. 建筑结构抗震设计[M]. 北京：中国建筑工业出版社，1998.

[7] 刘大海，杨翠如，钟锡根. 高层建筑抗震设计[M]. 北京：中国建筑工业出版社，1993.

[8] 周福霖. 工程结构减震控制[M]. 北京：地震出版社，1997.

[9] 中华人民共和国国家标准. 建筑抗震设计规范(GBJ 11—89)[S]. 北京：中国建筑工业出版社，1989.

[10] 中华人民共和国国家标准. 建筑抗震设计规范(GB 50011—2001)[S]. 北京：中国建筑工业出版社，2001.

[11] Yao J T P. Concept of Structural Control[J]. ASCE, Journal of Structural Division, 1972, 98 (7): 1567-1574.

[12] 阎维明，等. 土木工程结构振动控制的研究进展[J]. 世界地震工程，1997，13(2)：8-20.

[13] 周福霖. 隔震、消能减震和结构控制技术的发展和应用(上)[J]. 世界地震工程，1989(4)：16-20.

[14] Song T T. Active Structural Control; Theory and practice[M]. Longman Scientific & Technical, John Wiley & Sons, inc, New York, 1990.

[15] Liu Ji, Min Shuliang. The Vibration Control Technology of a Seismic Structure[C]. International Symposium on Earthquake Countermeasures, 1988.

[16] 刘季，滕军. 结构振动控制的理论与实践[J]. 哈尔滨建筑工程学院学报，1990，23(4)：10-19.

[17] 李桂青，邹祖军. 结构振动控制述评[J]. 地震工程与工程振动，1987，7(1)：85-95.

[18] 李桂青，霍达，邹祖军. 结构控制理论及其应用[M]. 武汉：武汉工业大学出版社，1994.

[19] 张阿舟，姚起航. 振动控制工程[M]. 北京：航空工业出版社，1989.

[20] 钟万思，林家浩. 高层建筑振动的"鞭梢效应"[J]. 振动与冲击，1985，4(2)：5-10.

[21] 阎维明，等. 土木工程结构振动控制的研究进展[J]. 世界地震工程，1997，13(2)：8-20.

[22] 刘文峰. 结构控制技术及最新发展[J]. 世界地震工程，1997，13(4)：19-26.

[23] 叶正强，李爱群，徐幼麟. 工程结构黏滞流体阻尼器减振新技术及其应用[J]. 东南大学学报，2002，32(3)：466-473.

[24] 叶正强，李爱群，程文瀼，等. 采用黏滞流体阻尼器的工程结构减振设计研究[J]. 建筑结构学报，2001，22(4)：61-66.

[25] Li Aiqun, Zhang Zhiqiang, Chen Daozheng, et al. Wind Vibration Control and Its Application on Steel Tower of a Tall Reinforced Concrete Building[C]. Seventh International Symposium on Structural Engineering for Young Exports, 2002, Tianjing, China.

[26] H Kit Miyamoto, et al. Design of Steel Pyramid Using Viscous Dampers with Moment Frames[EB/

OL]. Structural Engineers Association of California Proceedings. Maui, Hawaii September 30, 1996. http://www.taylordevices.com/tayd.htm.

[27] Gregg Haskell, David Lee. Fluid Viscous Damping as an Alternative to Base Isolation[EB/OL]. Santa Monica, California. http://www.taylordevices.com/tayd.htm.

[28] Douglas P Taylor, Michael C Constantinou. Fluid Dampers for Applications of Seismic Energy Dissipation and Seismic Isolation[EB/OL]. http://www.taylordevices.com/tayd.htm.

[29] Michael W Mosher. Reduction of Shock Response Spectra Using Various Types of Shock Isolation Mounts[EB/OL]. Taylor Devices, Inc. North Tonawanda, NY 14120. http://www.taylordevices.com/tayd.htm.

[30] H. Kit Miyamoto, et al. Seismic Rehabilitation of a Historic Non-Ductile Soft Story Concrete Structure Using Fluid Viscous Dampers[EB/OL]. http://www.taylordevices.com/tayd.htm.

[31] Taylor Devices Seismic Dampers and Seismic Protection Products[EB/OL]. http://www.taylordevices.com/tayd.htm.

[32] Makris N, Constantinou M C, Dargush G F. Analytical model of viscoelastic fluid dampers[J]. Journal of Structural Engineering, 1993, 119 (11):3310-3325.

[33] Makris N, Constantinou M C. Fractional-derivative Maxwell model for viscous dampers[J]. Journal of Structural Engineering, 1991, 117 (9):2708-2724.

[34] Makris N, Dargush G F, Constantinou M C. Dynamic analysis of generalized viscoelastic fluids[J]. Journal of Engineering Mechanics, 1993, 119 (8):1663-1679.

[35] Constantinou M C, Symans M C. Experimental and analytical investigation of seismic response of structures with supplemental fluid viscous dampers[R]. NCEER Rep. 90-0032, State Univ. of New York at Buffalo, Buffalo, N. Y., 1992.

[36] Makris N, Constantinou M C. Viscous Damper: Testing, Modeling and Application in Vibration of Seismic Isolation[R]. NCEER Rep. 90-0028, State Univ. of New York at Buffalo, Buffalo, N. Y., 1990.

[37] Reihorn A M, Li C and Constantinou M C. Experimental and analytical investigation of seismic retrofit of structures with supplement damping: Part 1: Fluid viscous damping devices[R]. NCEER Rep. 95-0001, State Univ. of New York at Buffalo, Buffalo, N. Y., 1995.

[38] Niwa N, et al. Passive seismic response controlled high-rise building with high damping device[J]. Earthquake Engng. Struct. Dyn. 24, 1995.

[39] Miyazaki M, Mitsusaka. Design of a building with 20% or greater damping[C]. Proc. 10th World Conf. Earthquake Engng, 1992.

[40] Arima F, Miyazaki M, et al. A study on building with large damping using viscous damping wall[C]. Proc. 9th World Conf. Earthquake Engng, 1988.

[41] Jeing J C, Hideo Moritaka, Ikuo Shimoda. Three-dimensional inelastic analysis of Structure with viscous damper system: Kagoshima airport terminal building seismic retrofit[Z], 1999.

[42] Randall S E, Halsted D M, Taylor D L. Optimum vibration absorber for linear damped systems[J]. J. Mech. Des. ASME, 1981, 103: 908-913.

[43] (日)武田寿一. 建筑物隔震防振与控振[M]. 纪晓惠,陈良,鄢宁,译. 北京:中国建筑工业出版社,1997.

[44] 日本免震构造协会编. 图解隔震结构入门[M]. 叶列平,译. 北京:科学出版社,1998.

[45] 欧进萍,丁建华. 油缸间隙式黏滞阻尼器理论与性能试验[J]. 地震工程与工程振动,1999,19(4):82-89.

[46] 欧进萍,等. 被动耗能减振系统的研究与应用进展[J]. 地震工程与工程振动,1996(3):72-96.

[47] 王曙光,叶正强,丁幼亮,等. 某综合办公楼采用黏滞阻尼器的消能减震设计[J]. 建筑结构,2004(10):

21-23.
[48] 叶正强,李爱群,丁幼亮,等.某大跨人行天桥的消能减振设计(一)[J].特种结构,2003,20(1):68-70.
[49] 丁幼亮,李爱群,叶正强,等.某大跨人行天桥的消能减振设计(二)[J].特种结构,2003,20(1):71-73.
[50] 丁幼亮,李爱群,叶正强.消能减震结构有效阻尼比的计算方法研究[M]//王亚勇,李爱群,崔杰.现代地震工程研究进展.南京:东南大学出版社,2002.
[51] 杨国华,李爱群,程文瀼,等.工程结构黏滞流体阻尼器的减振机制与控振分析[J].东南大学学报,2001,31(1):57-61.
[52] 叶正强.工程结构减振粘滞流体阻尼器的动态力学性能研究[D].南京:东南大学,2000.
[53] 瞿伟廉,等.五种被动动力减振器对高层建筑脉动风振反应控制的实用设计方法[J].建筑结构学报,2001,22(2):29-34.
[54] 欧进萍,等.被动耗能减振系统的研究与应用发展[J].地震工程与工程振动,1996(3):72-96.
[55] 李忠献,等.高层建筑地震反应的优化阻尼器控制[J].建筑结构学报,1994(4):53-61.
[56] 叶正强.黏滞流体阻尼器消能减振技术的理论、试验与应用研究[D].南京:东南大学,2003.
[57] 盛敬超.液压流体力学[M].北京:机械工业出版社,1980.
[58] 赵学端,廖其奠.黏性流体力学[M].北京:机械工业出版社,1983.
[59] Streeter V L, Wylie E B. 流体力学[M].北京:高等教育出版社,1987.
[60] 机械工程手册编写组.机械工程手册[M].北京:机械工业出版社,1992.
[61] 简明化工字典编写组.简明化工字典[M].北京:化学工业出版社,1978.
[62] 中华人民共和国工业和信息化部.二甲基硅油 HG/T 2366—92[S],1992.
[63] 吴森纪.有机硅及应用[M].北京:科学技术文献出版社,1990.
[64] Wang J S, Tullis J P. Closure to "Discussion of 'Turbulent flow in the entry region of a rough pipe'"[J]. J. of Fluids Engng, 1975, 97(3):391-392.
[65] Langhaar H L. Steady flow in the transition length of straight tube[J]. J. Appl. Mech, 1942, 9 (22): 55-58.
[66] Lundgren T S. Pressure drop due to the entrance region in ducts of arbitrary cross section[J]. J. of Basic Engng. Trans, 1964, 86 (3):620-626.
[67] Model 793. 10 Multi-Purpose Test Ware User Information and Software Reference, MTS Systems Corporation, 100-068-915 E.
[68] Dean W R. Note on the motion of fluid in a curved pipe[J]. Phil. Mag, 1927, 7(4): 208-223.
[69] 邱敏,张学文,陆中劲,等.土木工程结构振动控制的研究现状与展望[J].安全与环境工程,2013,20(3):14-18.
[70] 欧进萍.结构振动控制——主动、半主动和智能控制[M].北京:科学出版社,2003.
[71] Pre-qualification testing of viscous dampers for the golden gate bridge seismic rehabilitation project[R]. A Report to T. Y. Lin International, Inc. and the Golden Bridge District, Report No EERCL/95-03. Earthquake Engineering Research Center, University of California at Berkeley, 1995.
[72] Highway Innovative Technology Evaluation Center (HITEC) of A Service Center of the Civil Engineering Research Foundation (CERF). Summary of evaluation findings for the testing of seismic isolation and energy dissipating devices[R]. CERF Report # 40404, 1999.
[73] 贾明,闫维明,张同忠,等.高耗能间隙式黏胶阻尼器的试验研究[J].北京工业大学学报,2008,34(3):292-297.
[74] 黄镇,李爱群.新型黏滞阻尼器原理与试验研究[J].土木工程学报,2009,42(6):61-66.
[75] 梁沙河,李爱群,彭枫北.幂率流体变阻尼黏滞阻尼器的动力性能试验研究[J].工业建筑,2010,40(5):39-43.

[76] 郭道远,裴星洙.同时设置金属和黏滞阻尼器的钢框架结构减震效果研究[J].工程抗震与加固改造,2010,3(6):42-47.

[77] 汪大洋,周云,王烨华,等.粘滞阻尼减震结构的研究与应用进展[J].工程抗震与加固改造,2006,84(28):22-31.

[78] 邹鹏.黏滞阻尼器应用于掉层结构框架的抗震设计方法研究[D].重庆:重庆大学,2015.

[79] 王肇民.高耸结构振动控制[M].上海:同济大学出版社,1997.

[80] 张敏,汪大洋,耿鹏飞.黏滞阻尼器在实际工程中的应用研究[J].土木工程学报,2013,46(1):45-50.

[81] 陈永祁,曹铁柱.液体黏滞阻尼器在盘古大观高层建筑上的抗震应用[J].钢结构,2009,8(24):39-46.

[82] 周云,张敏,吕继楠,等.新型黏滞阻尼器的力学性能试验研究[J].土木工程学报,2013,46(1):8-16.

[83] 陈永祁,杜义欣.液体黏滞阻尼器在结构工程中的最新进展[J].工程抗震与加固改造,2006,28(3):65-73.

[84] 汪大洋,周云,王绍合.耗能减振层对某超高层结构的减振控制研究[J].振动与冲击,2011,30(2):85-92.

[85] 苏丰阳,闫维明,王维凝.新型间隙式黏滞阻尼器对钢筋混凝土框架结构的减震效果试验研究[J].地震工程与工程震动,2014,34(6):74-83.

[86] 赵广鹏,娄宇,李培彬,等.黏滞阻尼器在北京银泰中心结构风振控制中的应用[J].建筑结构,2007,37(11):8-10.

[87] 周云.黏滞阻尼减震结构设计[M].武汉:武汉理工大学出版社,2006.

[88] 陈永祁.工程结构用液体黏滞阻尼器的结构构造和速度指数[J].钢结构,2008,23(9):48-52.

[89] 周云,汪大洋,邓雪松,等.某超高层结构三种风振控制方法的对比研究[J].振动与冲击,2009,28(2):16-21.

第 2 章　黏滞阻尼器构造与制造工艺

东南大学建筑工程抗震与减震研究中心在 20 世纪 90 年代初即开始着手对各种消能减振设备进行研究，先后与有关单位合作，研制出黏弹性阻尼器、带铅销黏弹性阻尼器、叠层橡胶垫隔震装置、金属屈服型阻尼器和竖向隔震装置等，并对黏滞阻尼器进行了理论研究与探讨。在此基础上，研制出了不同型号的双出杆型足尺黏滞阻尼器产品（见图 2-1、图 2-2）。

图 2-1　分解后的黏滞阻尼器照片

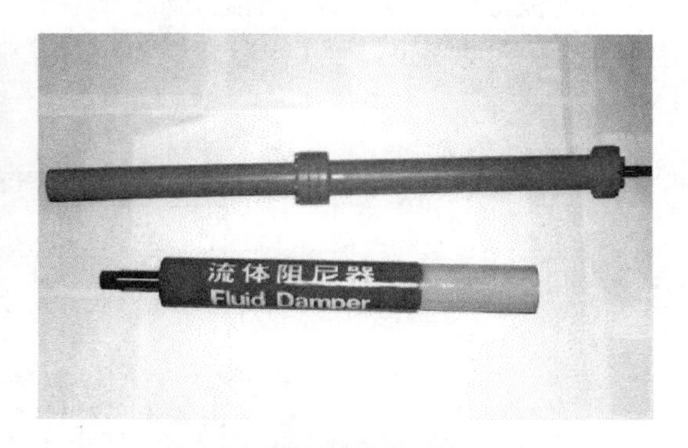

图 2-2　两种定型黏滞阻尼器成品照片

在工程应用阶段，为满足不同类型和性质工程的需要，对阻尼器的构造、连接方式、消能支撑的形式等进行了研究。几年来的不断实践表明，黏滞阻尼器在工程实际中具有重要作用，产生了极大的经济效益。但在使用过程中也发现，已开发研制的黏滞阻尼器在性能及使用上仍有待进一步优化和完善，从而使之更好地符合实际工程的需要。

2.1　黏滞阻尼器构造

黏滞阻尼器根据其构造可分为单出杆、双出杆[1]和间隙式三种型式，下面对其构造原理分别予以简要介绍。

2.1.1　单出杆型黏滞阻尼器

单出杆型黏滞阻尼器如图 2-3 所示。当活塞杆进入腔体时，油液流入调节油缸，而当活塞杆伸出腔体时，油液则从调节油缸流入油腔，用这种方法来调节油缸内的压力变化。附加调节装置可以采用压力阀和单向阀组合结构，但是这种附加调节装置的阻尼器构造和加工复杂，且不能提供较大的阻尼，不适合用于大型结构的控制，在土木工程领域的应用受到限制。

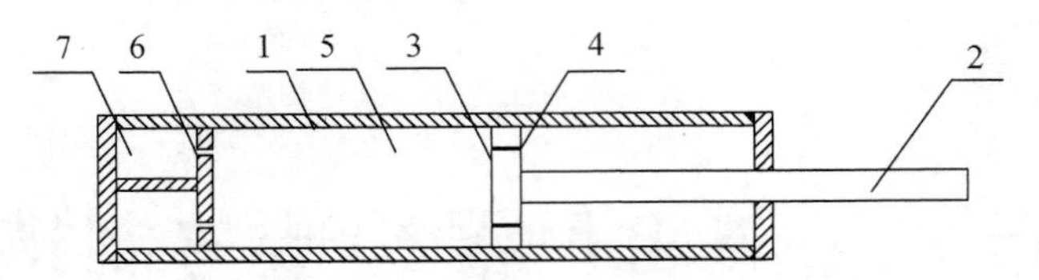

1—缸体；2—导杆；3—活塞；4—阻尼孔；5—阻尼材料；6—调节阀；7—调节油缸

图 2-3　单出杆型黏滞阻尼器

2.1.2　双出杆型黏滞阻尼器

双出杆型黏滞阻尼器如图 2-4 所示。主缸内装满黏滞流体阻尼介质，副缸内无阻尼介质，当活塞向左运动时，原来在油缸外的部分活塞导杆进入阻尼器腔体内，而活塞背面同样体积的活塞导杆则被推出主缸而进入副缸，反之亦然。这样，主缸内始终保持体积恒定，油腔内的压强也不会产生过大变化，且其构造和加工相对简单，性能可靠。

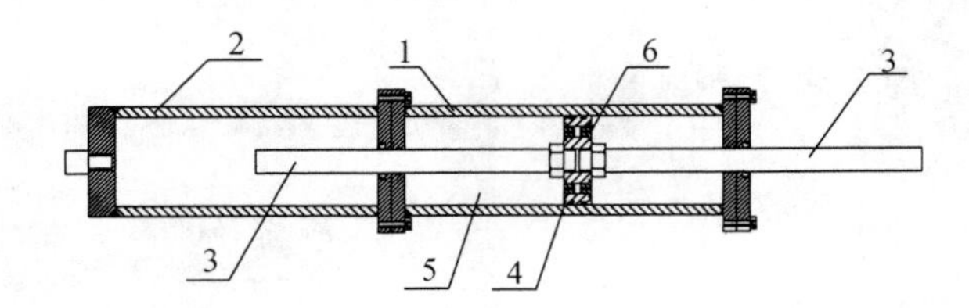

1—主缸；2—副缸；3—导杆；4—活塞；5—阻尼介质；6—阻尼孔

图 2-4　双出杆型黏滞阻尼器

2.1.3　间隙式黏滞阻尼器

间隙式黏滞阻尼器如图 2-5 所示。其工作原理是阻尼器受到外界冲击时，缸体与活塞产生相对运动，活塞一侧的容积变小，迫使黏性阻尼材料经过间隙流向体积增大的一侧，阻尼材料的剪切流动产生阻尼力来消散冲击能量。

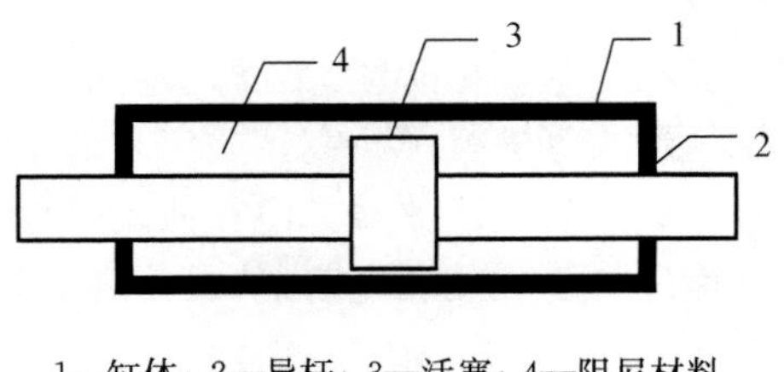

1—缸体；2—导杆；3—活塞；4—阻尼材料

图 2-5　间隙型黏滞阻尼器

2.2　黏滞阻尼器制造工艺

根据前述黏滞阻尼器的构造原理，设计了受力明确的双出杆型黏滞阻尼器。黏滞阻尼器不仅是一种液压机械产品，同时又是一种建筑消能装置，所以其设计制造要求具有高精度、良好的耐久性和稳定的工作性能。

2.2.1　缸盖设计

为便于阻尼器的批量生产，缸盖通常设计为分离式，包括三部分：压紧螺母、导向套和密封材料。导向套为环形，安装在导杆和缸筒之间，一端通过卡槽卡在缸筒上，外部通过压紧螺母与缸筒固定。缸盖的密封分缸盖（包括导向套和压紧螺母）与缸筒之间、缸盖（包括导向套和压紧螺母）与导杆之间两种情况分别加以设计。

2.2.2　主缸筒设计

阻尼器缸筒一般采用高强度合金钢无缝钢管，外部根据使用环境及工作要求采用对应的防锈措施。

2.2.3　导杆设计

导杆采用高强度合金钢实心导杆，除加工精度要求外，尚需进行镀铬防锈处理；或直接采用不锈钢材质的实心导杆。

2.2.4　活塞和阻尼孔设计

影响阻尼器的阻尼系数的主要因素是活塞有效面积（活塞面积扣除导杆截面积）和阻尼孔的大小、形状及长度。最初研究的黏滞阻尼器在活塞两面各对称开了 4 至 8 个大小相同的孔，孔内安装阻尼螺钉，阻尼螺钉上面设置阻尼孔（见图 2-6 所示）。阻尼螺钉大小规格一致，仅其上开设的阻尼孔直径有变化。对同一个阻尼器，油缸和活塞等主要部件保持不变，仅更换阻尼螺钉，即可获得不同的阻尼结果。同样，改变活塞导杆的直径，其他参数不变，则活塞的有效面积亦随之改变。

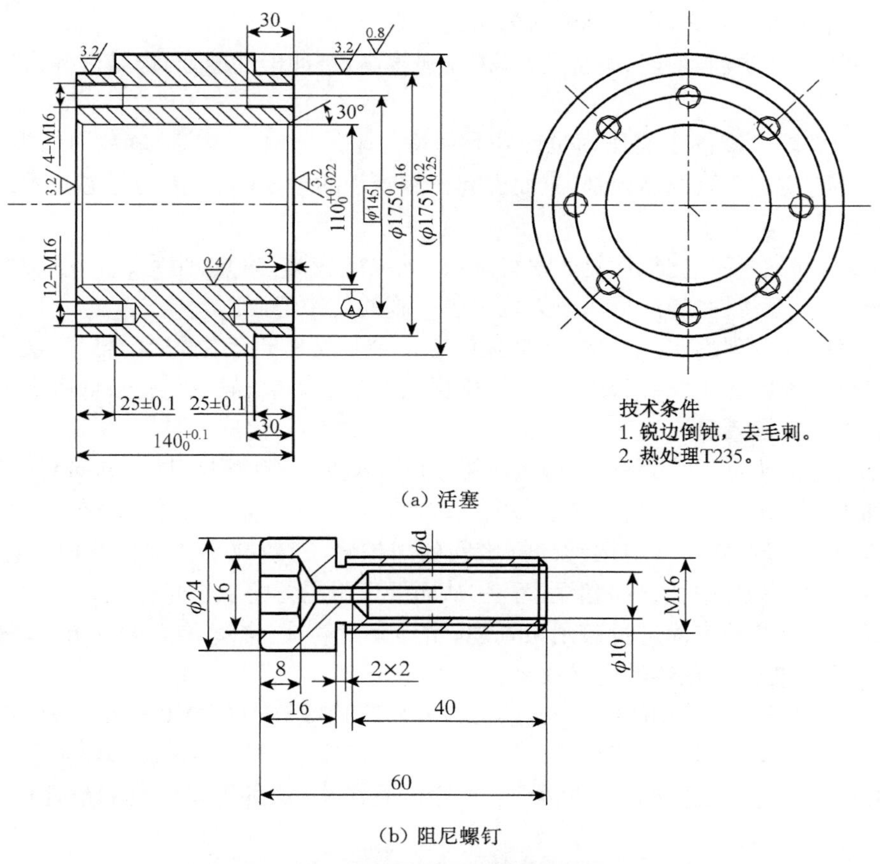

图 2-6　双出杆型流体阻尼器活塞及阻尼螺钉

2.2.5　副缸设计

阻尼器副缸内无黏滞阻尼材料，其作用是为导杆提供运动空间，并保护导杆不受外界因素的干扰。在实际工程中副缸也可以省去，与钢支撑合并使用。

2.2.6　密封措施

阻尼器的密封是预防阻尼器发生漏油的最薄弱环节，阻尼器的活塞杆和端盖间的相对运动是最容易导致漏油的部分。已开发研制的阻尼器主要从密封材料及构造措施几个方面保证了阻尼器的密封性能，黏滞阻尼器中对于预防阻尼器漏液多从密封材料、表面处理以及密封结构等方面对阻尼器的密封进行控制。通常可以从以下几个方面着手：

(1) 采用多种不同分子结构、工作状态稳定、耐磨性能优良、抗老化性能好及动态密封效果好的优质材料(材质)，对阻尼器的各相对运动零部件之间进行多道密封，提高黏滞阻尼器密封性能。主要有聚氨酯 M95 轴用油封、聚氨酯 M95 孔用油封、Y 型聚氨酯油封、尼龙 66 密封垫、聚氨酯＋铁防尘圈、双金属滑动轴承、聚四氟乙烯耐磨环和橡胶ⅡO 型密封圈等手段，并重点加强阻尼器导向套、导杆及活塞等处的防护。

聚氨酯油封是一种高强度、耐磨损材料，如果前一道密封不好，造成了黏滞阻尼介质的泄露，泄露出的高压阻尼介质会挤压聚氨酯油封的开口，从而使该型油封箍紧导杆，前道密封泄露越多、阻尼介质压力越大，聚氨酯油封的密封效果越好。

尼龙 66 密封垫耐油、耐热、耐磨性好，抗压强度高，抗冲击性能强，也是一种比较理想的密封材料。

聚氨酯＋铁防尘圈的主要作用是使外界环境与阻尼器内部隔离，避免因外界的灰尘、沙砾以及油污等物质进入阻尼器内部，进而引起密封器件的磨损，或者因对阻尼介质的污染而导致阻尼性能的变化。

聚四氟乙烯耐磨环的化学性能非常稳定，机械强度较高，耐热、耐寒、耐高压和耐磨性强，摩擦系数极低，自润滑性能好，可以极大延长摩擦副的使用寿命。

(2) 采用设计合理的密封结构，严格控制阻尼器各个密封部位的沟、槽、面以及阻尼器各动配合零部件之间的加工精度和工艺要求，确保其在处于动载、静载、高压、低压等不同工况条件下都不会发生渗漏现象。

(3) 传统金属导向套承受径向力和耐磨能力差，长期工作使得导杆与导向套间隙过大，阻尼器密封和工作稳定性变差，进而导致渗漏。因此，采用一种新型双金属导向套，可以避免钢材之间直接接触，降低导向套与运动导杆之间的摩擦力，有效减小在部件表面产生划痕的概率，提高其抗弯曲性、对中性、自润滑耐磨性，从而保证阻尼器的工作寿命。

(4) 阻尼器导杆外表面进行镀硬铬处理，增强其耐磨性、强度和抗腐蚀能力，避免导杆表面的磨损，有利于提高阻尼器的密封效果。

此外，在恶劣条件下使用的阻尼器，还可在导杆表面喷涂一层厚 0.2 mm 的镍基合金(镍铬硼硅)材料，其耐磨性是采用镀铬工艺导杆的数倍(硬度为 HV650～1060)，显微显示软基体(镍基)上弥散分布着高硬度的化合物硬质点，为多孔结构，这种组织的自润滑性极佳，对密封材料具有很好的耐磨性。

(5) 主缸筒选用特殊优质钢材的无缝厚壁钢管，并对其内表面采用冷挤压工艺，或者采用珩磨和滚压工艺，提高缸筒内表面的密度和精度，增强耐磨性，防止在工作过程中被活塞拉毛或划伤而产生泄漏。

(6) 对于阻尼器活塞可选择采用聚四氟乙烯耐磨环与橡胶ⅡO 型密封圈联合使用的方法，该方法使活塞与缸筒之间的摩擦系数极小，可有效减轻因活塞的往复运动对缸筒的磨耗，避免出现拉缸的情况，保证活塞与缸筒之间的密封。

(7) 在试验过程中发现，对于两端直接用销轴和耳环配合连接的阻尼器，如果在试验机上安装固定时对中处理不好，经过试验不断的往复循环工作后，拆解阻尼器可看到各动配合零部件之间的磨损相对要严重。为此，对实际工程中阻尼器与各种支撑之间的连接专门设计出一种万向球铰轴承(如图 2-7 所示)，减少因结构振动的随机性以及施工安装偏差带来的阻尼器两端连接之间的相对错位增大而造成的阻尼器侧向力增大对导杆密封件和导向套产生的偏磨损。同时也有利于阻尼器工作性能的稳定发挥。

(8) 阻尼器中的黏滞流体阻尼介质被污染，也会导致系统中的零部件磨损和密封性能下降。当阻尼介质中含有水分时，会促使阻尼介质形成乳化液，降低润滑、防腐作用，加速动摩擦件之间的磨损和腐蚀，造成阻尼器泄漏。当阻尼介质中含有大量气泡时，除影响阻尼器减振性能外，还会引起系统中液流的液压冲击，易损坏阻尼器的零部件而产生泄漏。所以要选用清洁无污染、符合要求的阻尼介质。并且要加强加注阻尼介质过程中的污染控制，组装和加注阻尼介质前必须彻底清洗各零部件和密封件。

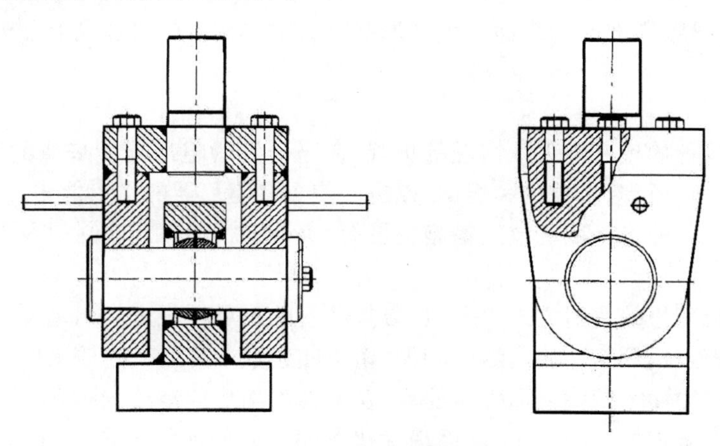

图 2-7　万向球铰轴承示意图

2.3　黏滞阻尼器性能提升

经过多年的工程实践检验，黏滞阻尼器在实际工程中发挥了重要作用，同时在应用过程中对其性能也有了更为全面的理解和把握，并且针对其在性能及使用上有待优化和完善之处，进行了深化研究，使之更好地符合实际工程的需要。

2.3.1　密封性能

1) 密封失效原因分析

黏滞阻尼器是一种消能减振装置，同时也是一种液压产品，优良的密封性能是保证其高效、长期、安全和性能稳定的重要基础。在使用过程中，如果黏滞阻尼器的密封失效将会严重影响其工作性能。

造成黏滞阻尼器密封失效的原因很多。从振动特性的角度来看，风致或地震导致的振动作用在阻尼器上表现为阻尼器活塞的往复运动。由摩擦润滑机理可知，在运动起始及运动速度很低时，密封件和活动件之间来不及和不易形成润滑膜，处于干摩擦或边界摩擦状态，在这种振动工况下，密封接触摩擦面局部温度快速上升，使密封件软化变形而失效。同时，接触摩擦力的作用引起密封件和与其相配的金属件的磨损，振动频率越高，单位时间内的摩擦次数越多，磨损越严重，而磨损下来的颗粒又不能及时从摩擦面带走，以磨粒磨损的形式进一步引起密封件和金属件的磨损，最终导致密封失效，泄漏发生。

风致或地震导致的振动作用具有随机性特点，这会造成阻尼器两端连接之间的相对错位增大，亦即阻尼器所受侧向力增大，导杆密封件和导向套承受了很大的侧压力和冲击力，密封件径向承载不均匀，进而引起偏磨或缺损，对密封件也有不可忽视的影响。

阻尼器密封件（密封材料）选用不当也是造成阻尼介质泄漏的主要影响因素之一。阻尼器在工作过程中会产生较高的温度和较大的压力，如果所选用密封件的材质不良，其耐油、耐热、耐压以及耐磨能力差，就可能引起阻尼器泄漏。

此外，合理的密封构造措施（设计制造工艺）也是决定密封性能优劣的重要环节之一。工作过程中，对于发生相对运动的零部件，如果其加工精度不够，预留间隙不匹配，可能使零件之间发生接触，将会导致零部件的表面产生划痕并随着工作次数的增加划痕逐渐加大，进而导致阻尼器漏油。

2）改进措施

为避免上述各种导致密封失效情况的出现，在已研发的阻尼器所采取的各项防护措施的基础之上，仍需不断进行诸多改进和尝试，以进一步提高阻尼器的密封能力，改善其工作性能，延长其工作寿命。目前可采取的改进措施主要有金属密封、迷宫式密封以及 U 型密封等。

（1）金属密封[2][3][4][9]

金属密封是最理想的密封方式，用这种方式密封的阻尼器很少会出现漏油的问题。

金属密封的密封机理与金属密封垫相似，密封圈预紧变形后产生较大的回弹力，在接触面上所产生的接触应力使密封圈表面发生屈服，在密封表面形成连续的贴合，表面材料的塑性流动填充了密封面上微观的凹凸不平，从而消除接触面之间的泄露通道，实现介质的密封要求。密封原理如图 2-8 所示。

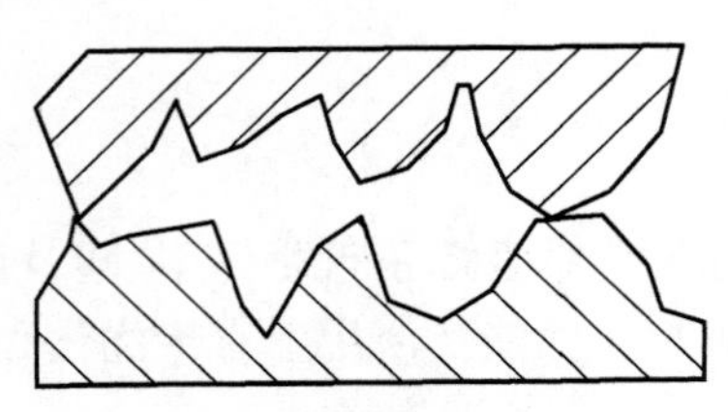

(a) 接触初始阶段

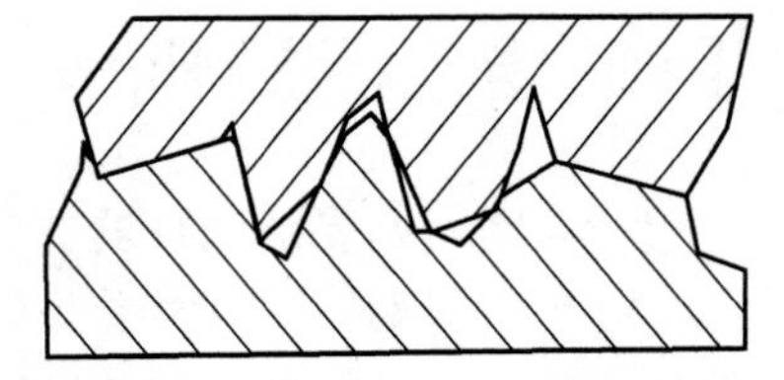

(b) 加载后密封面相互嵌合

图 2-8　金属密封过程原理图

为了保证在阻尼器中使用的密封措施具有良好的性能，通常会在金属密封面上电镀或喷涂高延伸性的补偿涂层材料，如银、铝、铜等。这些软金属在密封层的微观表面挤压过程中更容易发生塑性变形并将密封面上的缺陷填平，而且可以减少基体结构使用中的压缩量，提高使用寿命和抵抗应力松弛的能力。除此之外，阻尼器中使用的金属密封技术，对所使用的金属表面质量、密封宽度、表面接触应力以及材料的屈服强度等性能指标都有着相应的要求，以保证在使用过程中不会出现阻尼器漏油的现象。

(2) 迷宫式密封[5][6][7]

迷宫式密封可以理解为在相对应接触面的粗糙部分环形纹路较多的金属密封。迷宫式密封相比于普通的金属密封具有更多的环形密封齿，如图 2-9 所示，也因此具有了更好的密封性能，主要原因是在密封力的作用下，多层的环形波峰产生了塑性变形，两个密封接触面上的吻合程度会更好，这样便会增加流体的阻力，减少流体的泄漏。

运用流体力学的摩阻效应来解释迷宫密封，即泄漏液体在迷宫空腔中流动时，因液体黏性而产生的摩擦，使流速减慢，泄漏量减少。在迷宫式密封中，流体沿流道的沿程摩擦和局部摩擦阻力构成了摩阻效应，沿程摩擦与通道的长度和截面形状有关，局部的摩擦阻力与迷宫的弯曲数和几何形状有关。所以，当迷宫使密封的流道长、拐弯急、齿顶尖时，产生的摩阻力较大，压差损失显著，泄漏量减小。研究表明，在使用了一定密封元件的工业机械中，迷宫式密封的泄漏量基本稳定在普通金属密封无迷宫密封齿结构泄漏量的 46.3%，密封效果大幅度提高。

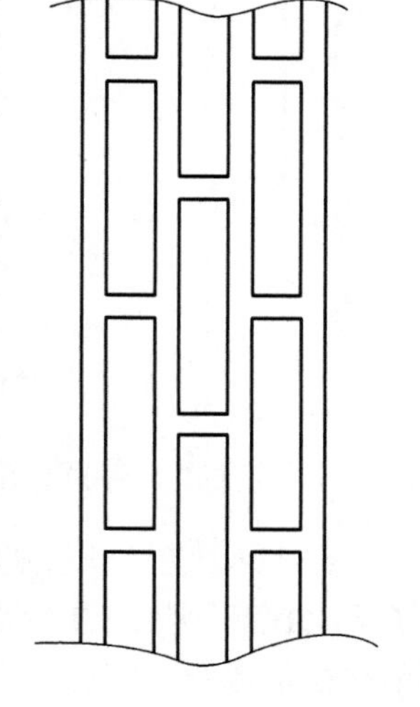

图 2-9　迷宫式密封的迷宫槽

迷宫式密封现已经在航空发动机、透平(Turbine)机械等工业机械的转子中，作为主要的密封元件投入使用，在黏滞阻尼器这种往复式活塞运动的装置以及其他迷宫式压缩机产品中也有所应用。

(3) U 形密封[8]

U 形密封是一种广泛应用在机械工业中的环向密封装置。相比于普通的平板型环状密封圈依靠螺栓压紧密封圈获得密封性能不同，U 形密封很好地克服了普通平板型环状密封的蠕变松弛问题。

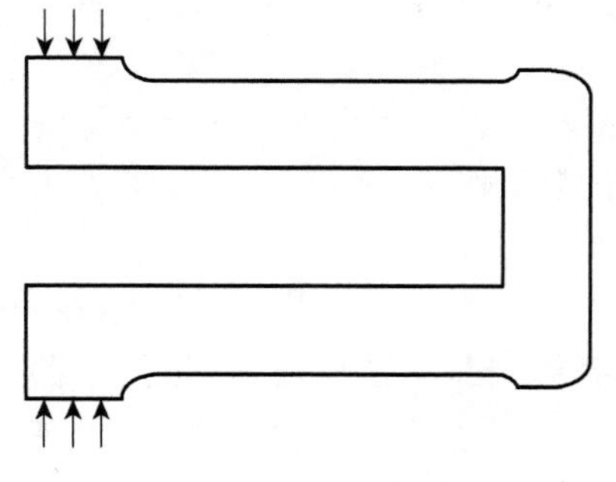

图 2-10　U 形密封简图

由于密封元件长期处于高温高压的工作环境之下，反复力作用下会导致蠕变，从而使得密封元件会有所松弛。而 U 形密封在安装中密封接触面为 U 形分叉部分的外侧，如图 2-10所示，因此 U 形密封具有较好的回弹性，当蠕变导致预紧的变形逐渐被松弛之后，U 形密封可以依靠自身结构的回弹补偿失去的预紧力。因为有着这样的优势特性，在高温高压环境下工作的环形密封元件中，例如黏滞阻尼器的活塞杆和端盖之间的密封等，都会使用到 U 形密封来保证相应的机械在工作中的密封性能。

3) 密封性能试验

将黏滞阻尼器的活塞和缸筒全部密封，采用单向静力加载至设计阻尼力的 1.5 倍时，保压时间持续 300 s，试验阻尼器的密封性能。图 2-11 为保压试验结果，从图中可以看出在达到最大值后黏滞阻尼器的最大阻尼力变化小于 5%，没有出现渗漏现象，阻尼器外观没有发现裂纹，说明试验阻尼器密封性能好，密封部件的可靠性有保证。

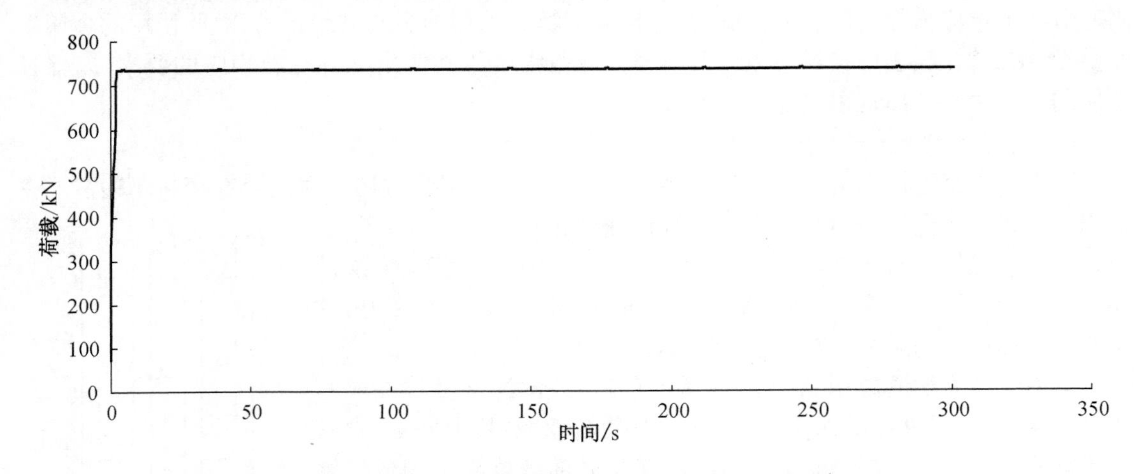

图 2-11　黏滞阻尼器保压试验阻尼力—时间的关系曲线

2.3.2　抗腐(锈)蚀性能

在土木工程领域，随着科技水平的快速发展，人类在各种环境条件下建造工程的能力得到了极大提高。阻尼器希望得到进一步的推广和应用，就需要其能够在多种较为恶劣的环境里正常稳定地发挥性能。因此，如何提高阻尼器的防锈抗腐蚀能力就显得非常重要。

在阻尼器主要零部件(缸筒、活塞、导杆、导向套等)材料的选择上，通过对采用不同材料后的经济性能比分析，选用优质钢材作为阻尼器的主要制造材料。对阻尼器的外表面(缸筒、活塞导杆等关键零件)可进行镀铬工艺处理，增强其抗腐防锈能力。

阻尼器在施工安装的过程中，必须严格做好各项抗腐防锈措施。比如不准对镀铬处理后的阻尼器用钝器敲打和摔砸，防止造成磕碰划伤。如需在周围焊接作业时，必须对阻尼器采取遮挡防护措施。在焊接后，必须对焊接件进行除渣、除毛刺和除锈工作，在此基础上，再对所有支撑杆以及连接件做两遍防锈漆的涂装，要能保证各支撑及连接构件在较长时间内不起泡，不脱落，不生锈。

阻尼器在安装完成后，还要对阻尼器及支撑的上、下接点销轴处以及镀铬外表涂抹适量的黄油，以提高整个减振装置的抗锈蚀能力，并保证整个装置的正常工作。

2.3.3　快速响应性能

对于设置阻尼器的工业与民用建筑、桥梁，当遭遇地震或突然来袭的强风时，希望阻尼器能够立即做出响应，迅速降低结构的反应，在阻尼器试验过程中进行了多种方案的尝试，总结了一些有效措施和方法。

在阻尼器自身构造上，对活塞设计了“无轴向间隙”结构，采用特殊设计的零件，将活塞与导杆锁死，从而减少运动过程中活塞对导杆的滞后影响，保证活塞与导杆同步运动。这种结构使得阻尼器对振动非常敏感，在外界输入能量的激励作用下，阻尼器响应速度快，滞回曲线饱满，很快就能取得明显的能量耗散效果。

在装配阻尼器灌注阻尼介质时，应确保阻尼介质的灌注质量，使阻尼器在初始工作时滞回曲线有缺陷(因阻尼介质没有充满阻尼器缸筒内的空隙或阻尼介质中混入气体而导致阻尼力滞后,见图 2-12 所示)的情况得到改善,阻尼器一进入工作,滞回曲线就能达到较为饱满的状态。

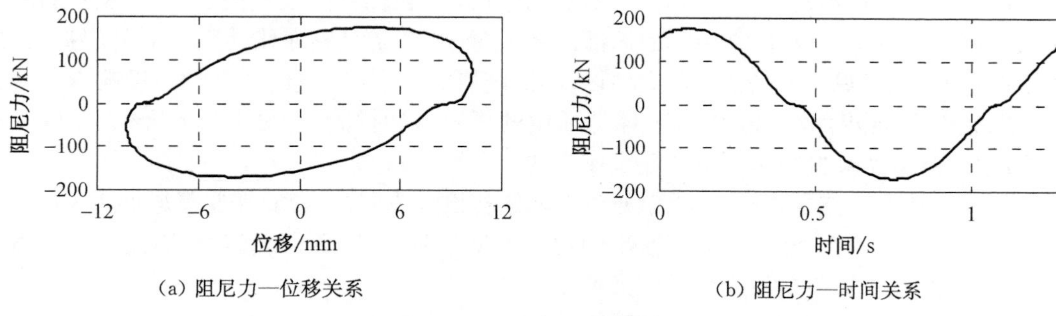

(a) 阻尼力—位移关系　　(b) 阻尼力—时间关系

图 2-12　阻尼力滞后效应

为了提高阻尼器的响应速度,在阻尼装置的安装施工过程中也采取了多种措施。为了提高阻尼器抵抗非轴向力的影响,对阻尼器与支撑的连接采用万向球铰接头,提高销轴和耳环的配合公差精度等级,以防止销轴与耳环的间隙造成阻尼器响应迟钝或失力的不良现象发生。

此外,在阻尼装置的安装过程中,强调绷紧拉实,增加了施加预紧力的措施,减少阻尼装置在起始工作前的装配间隙,使得阻尼器能够在安装完成后立即进入工作准备状态。

2.4　大阻尼系数阻尼器的设计

2.4.1　工程需求

常规用于抗振(震)设防的阻尼器,其设计容许位移在 20～30 mm 之间,阻尼系数在 10^5～10^6 N · s/m 数量级范围。但是不同结构形式、使用功能及环境条件下的桥梁工程和建筑工程,对阻尼器的性能有不同的要求。有特殊要求的工程结构,需要有专门设计的阻尼器与之相匹配,这也是要求阻尼器系列化的主要原因之一。

以某科技中心钢结构观光塔的实际工程为例,该塔高 145.3 m,在高 101.7 m 处设有一个面积约为 500 m^2 的不对称观光平台(其建筑形式如图 2-13 所示),为一典型的高耸、细长、不对称空间钢结构工程。根据专家审查会意见,该塔的结构设计要求控制用钢量,并根据结构的受力特点,采取一定的技术措施,减少观光平台处的动力加速度响应,符合国家规范对人体舒适度的规定,并保证结构安全以及满足建筑正常使用的要求。

图 2-13　观光塔建筑立面

通过对该观光塔有限元模型的计算和分析,在设计风速为 25.3 m/s 的脉动风荷载作用下,观光平台的加速度响应峰值达到 0.223 5 m/s^2，超出了规范的人体舒适度标准（<0.15 m/s^2）。如果按照传统的方法，简单地调整杆件尺寸，很难满足设计要求，而且会导致用钢量的加大和造价较大幅度的增加。

为解决这一工程难题，经过不同方案的对比分析，决定采用消能减振技术对结构进行加速度响应控制。通过优化设计，在电梯内筒部位共设置 30 个装有黏滞流体阻尼器的斜撑，有效增大了结构的阻尼，观光塔平台在此类地区设计脉动风荷载作用下的最大加速度响应下降到 0.148 1 m/s^2，满足规范对此类结构人体舒适度的要求，同时综合造价也显著降低（与常规的设计方法相比，采用减振技术可节约建设成本约 160 万元）。

要达到上述经济技术指标，并尽量减少对原结构设计方案的改动，需要阻尼器因风荷载作用仅发生小位移的工作条件下，最大输出阻尼力要能达到 300 kN，这就对黏滞流体阻尼器的性能指标，以及施工安装质量提出了较为严格的要求。

2.4.2 技术手段

为满足上述实际工程的需要，达到结构振动响应控制的要求，主要从以下三个方面着手对阻尼装置进行技术改进：

（1）黏滞流体阻尼器对结构所能提供的控制力与阻尼器两端的相对速度有关，通过多方案的优化设计，尽量将黏滞流体阻尼器设置于层间速度较大的质点（层节点）之间以取得更好的减振效果。

（2）提高阻尼装置振动响应的灵敏度，减少或改进造成其反应滞后的环节。比如在前文阐述的设计“无轴向间隙”结构活塞，提高加工精度，控制施工装配间隙等方法，尽量使得阻尼装置随结构同步发生振动响应，提高对结构的振动控制效果。

（3）改进阻尼器内部零部件的设计，提高阻尼器的阻尼系数，增大其在小位移情况下的阻尼输出力。主要通过调整阻尼器活塞的有效面积（活塞面积扣除导杆截面积）以及阻尼孔的大小、形状等手段，增大阻尼系数。

2.4.3 阻尼器力学性能试验

该工程要求阻尼器能够在小位移的情况下输出较大的阻尼力，设计出的阻尼器足尺模型需要通过试验进行测试，作为阻尼器性能评价的依据，保证阻尼器成品能够达到对结构加速度控制的指标。

为满足结构设计中对大阻尼系数的要求，研制的阻尼器采用单阻尼孔设计，选用 2 种不同孔径的阻尼螺钉进行试验，其余构造参数（如导杆直径、活塞外直径、缸筒内直径以及阻尼介质等）均不变，以研究阻尼螺钉不对称布置以及不同孔径对阻尼系数的影响。阻尼器构造参数见表 2-1 所示。

表 2-1 试验阻尼器参数

编号	缸筒内径/mm	导杆直径/mm	阻尼孔个数	阻尼孔径/mm	活塞外径/mm	阻尼介质
A	160	80	1	1.0	160	500 号甲基硅油
B	160	80	1	1.5	160	500 号甲基硅油

阻尼器性能试验在东南大学结构试验室进行，采用 MTS 疲劳试验机，由 FLEX-GT 数字控制器、MTS-793.10 软件进行加载控制。该试验机最大加载幅值为 1 000 kN，实验中控制最大加载幅值为±500 kN，加载频率为 0.1～1.5 Hz。阻尼器试验装置见图 2-14。

在试验中，夹具采用固定式连接。安装时，先将黏滞阻尼器上端通过螺栓和法兰与试验机的作动器相连(见图 2-15)，再通过作动器将阻尼器稍稍提起，然后落下将阻尼器下端与底座连接牢固(见图 2-16)。

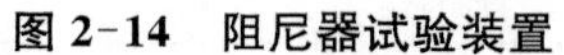

图 2-14　阻尼器试验装置

图 2-15　阻尼器上端连接

图 2-16　阻尼器底座连接

对上述 2 个阻尼器，分别采用正弦激励法进行性能试验，用按照正弦波规律变化的输入位移 u 来控制 MTS 试验机的加载系统的加载，即：

$$u = u_0 \sin(\omega t) \tag{2-1}$$

式中，u——系统输入位移(mm)；

u_0——系统输入位移幅值(mm)；

ω——加载频率(Hz)；

t——时间(s)。

通过对阻尼器 A、B 施加不同频率的正弦力，分别测得不同位移幅值下阻尼器的位移、相应的阻尼力以及对应的时间，从而得到阻尼器阻尼力随激振频率、位移幅值和阻尼孔直径变化的实际情况。阻尼器 A、B 的试验工况分别见表 2-2、表 2-3。

表 2-2　阻尼器 A 试验工况

工况	A1	A2	A3	A4	A5	A6	A7	A8
频率/Hz	0.1	0.1	0.1	0.2	0.2	0.2	0.4	0.4
幅值/mm	6	8	10	4	6	8	4	6

表 2-3　阻尼器 B 试验工况

工况	B1	B2	B3	B4	B5	B6
频率/Hz	0.1	0.1	0.1	0.2	0.2	0.2
幅值/mm	4	8	8	4	8	14
工况	B7	B8	B9	B10	B11	B12
频率/Hz	0.4	0.4	0.8	1.0	1.2	1.5
幅值/mm	4	8	4	4	4	4

通过试验，得到阻尼器 A、B 在各工况下的阻尼力—位移滞回曲线，分别如图 2-17 和图 2-18 所示。

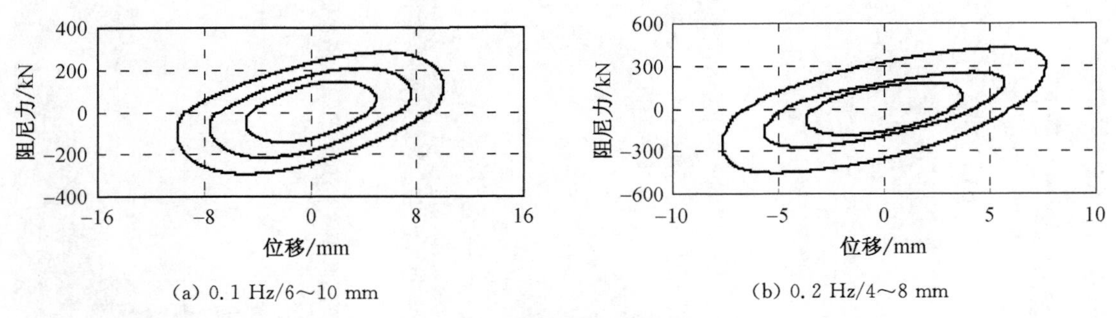

(a) 0.1 Hz/6～10 mm

(b) 0.2 Hz/4～8 mm

图 2-17　阻尼器 A 试验结果

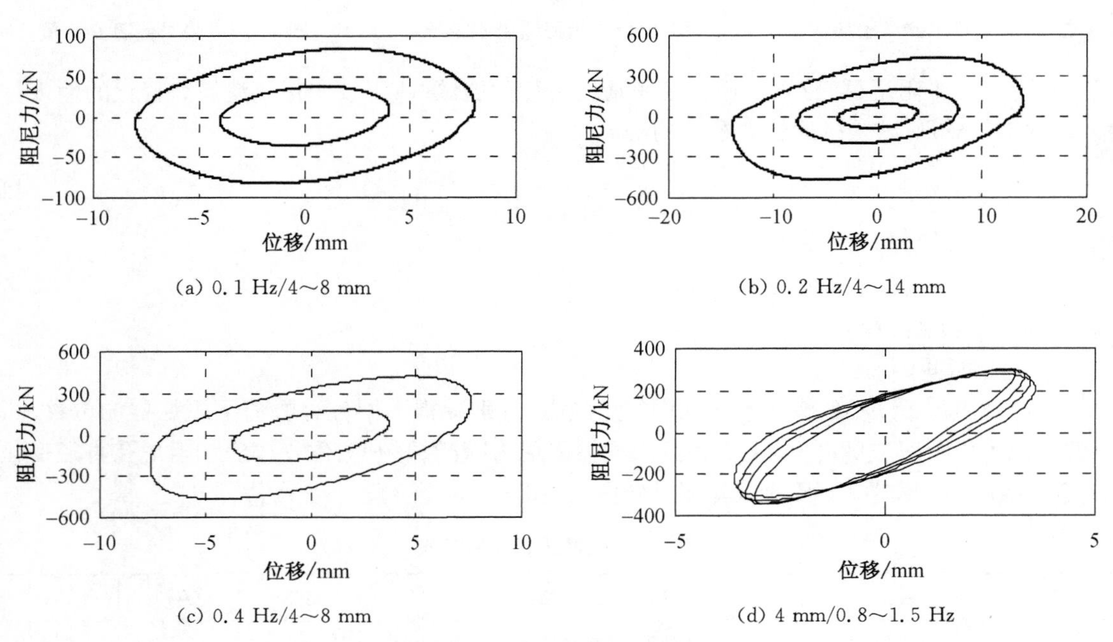

(a) 0.1 Hz/4～8 mm

(b) 0.2 Hz/4～14 mm

(c) 0.4 Hz/4～8 mm

(d) 4 mm/0.8～1.5 Hz

图 2-18　阻尼器 B 试验结果

根据试验得到单孔阻尼器的力—位移滞回曲线，该类型阻尼器滞回比较饱满，耗能能力较强。在观光塔基频(0.4 Hz)附近，较小的振动幅值下，阻尼器即可产生较大的阻尼力

(300 kN)，能够满足对观光塔加速度控制的要求。

为满足设计要求，该型阻尼器在活塞上仅仅设置单阻尼孔来进行能量耗散，阻尼孔孔径很小，且在活塞上成不对称布置，其阻尼力—位移滞回曲线出现一定的倾斜，表明阻尼器具有一定的刚度(参见图 2-19、图 2-20)。

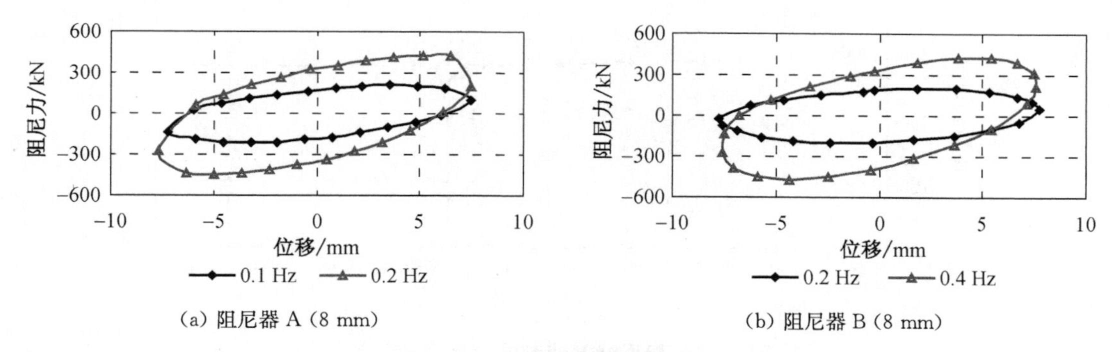

图 2-19　阻尼器刚度变化趋势

图 2-19 对阻尼器 A 和 B 的刚度变化情况进行对比，由图可以看出，该型阻尼器在外界激励作用下，均存在一定的刚度。在较小的激励频率下(0.1 Hz、0.2 Hz)，阻尼器就已经出现刚度，并且随着加载频率的增加，阻尼器的刚度有逐步增大的趋势。

图 2-20 为阻尼器 A 和 B 在相同加载工况下(f=0.4 Hz、u_0=4 mm)的阻尼力—位移滞回曲线，由图可以看到，阻尼器 A 在同条件工作时，相对阻尼器 B 的刚度更为明显。定性分析认为，由于 A 型阻尼器的阻尼孔径较小，在外界能量输入使阻尼器往复运动时，尤其是激励频率较高的情况下，阻尼介质更难以及时流经活塞上的阻尼孔所致。

因为该阻尼器主要用于结构的风振控制，所以对阻尼器连续进行了频率为 0.1 Hz、幅值为±20 mm 的 650 个循环的疲劳试验。图 2-21 给出了与试验中第 10、第 30、第 40、第 610 和第 650 个循环相对应的阻尼力—位移滞回曲线。由图可以看出，由疲劳试验得到的阻尼器滞回曲线始终非常饱满，受拉和受压状态的阻尼力基本对称，各个循环曲线吻合较好，试验全过程阻尼器未出现异常情况。

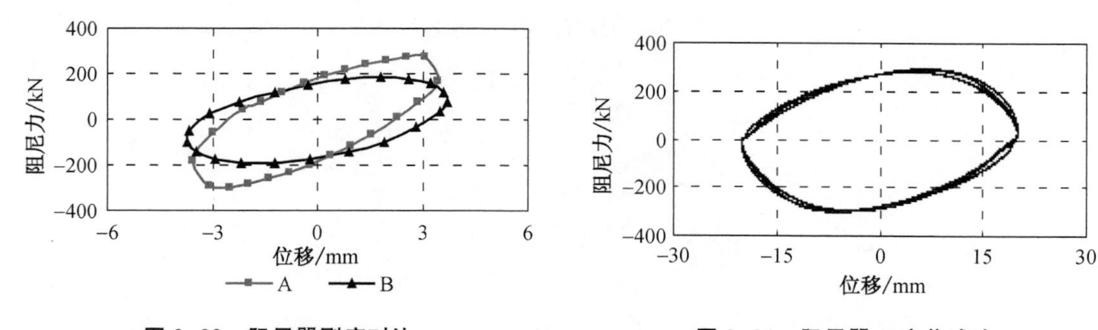

图 2-20　阻尼器刚度对比

图 2-21　阻尼器 B 疲劳试验

通过疲劳试验结果，得到该型阻尼器的最大阻尼力为 300 kN，最小阻尼力为 280 kN，经过 650 个循环后，阻尼力幅值降低 20 kN，约为最大值的 6.7%。且由试验可知，该阻尼器经过 40～50 个循环后，最大阻尼力基本能够保持稳定。

对照抗震规范，在最大允许位移幅值下，按允许的往复周期循环 60 圈后，主要性能衰减量不超过 10%的要求，该阻尼器没有明显的低周疲劳现象，抗疲劳性能可以满足要求，工作性能稳定。其最大阻尼力随循环次数的变化情况见图 2-22。

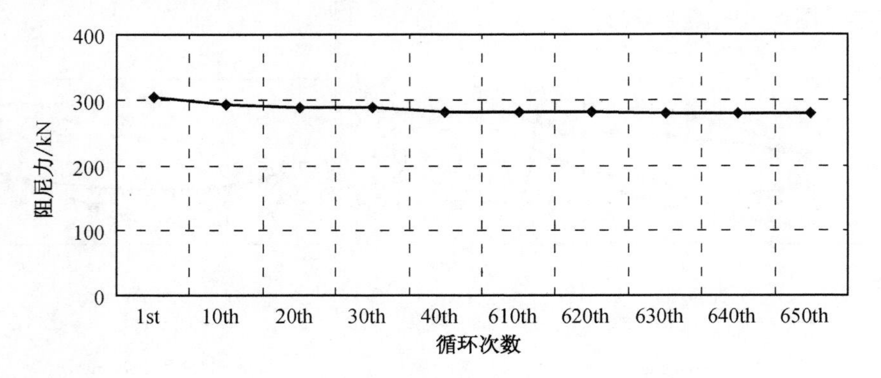

图 2-22　阻尼器 B 疲劳试验阻尼力变化

该观光塔建造完工后进行验收时，正遇大风暴雨天气。在观光平台上，未感觉到明显振感，表明采用大阻尼系数黏滞阻尼器对结构风振响应控制效果良好。

参考文献

[1] 叶正强. 黏滞流体阻尼器消能减振技术的理论、试验与应用研究[D]. 南京：东南大学，2003.

[2] 马良喆，陈永祁. 金属密封无摩擦阻尼器介绍及工程应用[J]. 工程抗震与加固改造，2009，31(5)：46-51.

[3] 廖传军，王道连，王洪锐，等. 典型异型金属密封的特点及应用[J]. 低温工程，2014(4)：55-60.

[4] 崔晓杰. 金属密封的研究进展及密封机理分析[J]. 石油机械，2010(39)：102-108.

[5] 李志刚，李军，丰镇平. 迷宫密封泄漏特性影响因素的研究[J]. 西安交通大学学报，2010，44(3)：16-21.

[6] 刘兴旺，赵曼，李超，等. 涡旋压缩机的径向迷宫密封研究[J]. 机械工程学报，2012，48(21)：99-107.

[7] 刘兴旺，余建平，齐学义. 迷宫式涡旋齿和无迷宫涡旋齿切向密封性能对比[J]. 机械工程学报，2010，46(8)：183-189.

[8] 毛剑锋，张军辉，王炜哲，等. 汽轮机进汽阀 U 型密封高温强度与密封性能分析[J]. 中国机电工程学报，2013，33(2)：104-112.

[9] 彭旭东，王煜明，黄兴，等. 密封技术的现状与发展趋势[J]. 液压气动与密封，2009(4)：4-12.

第3章 细长孔式黏滞阻尼器原理与性能研究

利用黏滞阻尼器(Viscous Damper)进行结构振动控制的研究是20世纪80年代以来国际上出现的课题。时至今日,全球已在数以百计的工程中使用了黏滞阻尼器,涉及高层建筑、高耸结构、桥梁、铁道、体育馆、海洋石油平台甚至卫星发射塔等多种结构形式。

这种研究在发达国家最早始于军工企业,其在黏滞阻尼器的研究和开发方面投入了很大的财力、物力。随着研究的深入,这一技术逐步进入民用领域,如航空航天、铁路机车、汽车、机械设备以及土木工程等,均取得了比较满意的使用效果。但是出于商业利益的考虑,国外对此类产品仅有一些大致的介绍,详细的设计、生产和应用等技术资料并不多见,处于技术垄断地位,比如我国于1999年对北京火车站的抗震加固工程,采用的就是美国的黏滞阻尼器产品。

国内对黏滞阻尼器的研究相对起步较晚,自20世纪90年代以来国内几所高校、科研院所的学者才开始对黏滞阻尼器进行了初步的探索,并在一些文章中介绍其基本概念和原理,也设计出了一些黏滞阻尼器成品,但是国内对黏滞阻尼器的研究和开发还远未达到系统化、系列化的程度。

东南大学工程抗震与减震研究中心在20世纪90年代开始着手对黏滞阻尼器进行研究,研制出双出杆型黏滞阻尼器,该阻尼器在活塞上设有薄壁孔,虽然该阻尼器滞回曲线比较饱满,但不能满足实际工程中对非线性阻尼器的性能要求。因此,本章介绍了细长孔式黏滞阻尼器,并对该型阻尼器的力学性能和计算模型进行理论分析和试验研究,为阻尼器在实际工程中的推广和应用提供设计依据和计算分析方法。

3.1 阻尼介质基本性能

黏滞阻尼器的工作机理主要是由黏性液体流经不同构造形式与尺寸的小孔或间隙产生的摩阻力来耗散外界输入的能量,满足工程结构安全性与舒适性的要求。因此,对于黏滞阻尼器的研制,既要设计出满足要求且便于批量制造的阻尼器结构形式,又要选择合适的黏滞流体作为阻尼介质。

在自然界中,真实的流体都具有黏性,但是针对每一个不同的具体流动问题,黏性所起到的作用并不完全相同。求解绕流物体升力、表面波的运动,黏性作用不起主导作用,而黏滞阻尼器为了达到理想的耗能效果,其阻尼介质通常选用高黏性液体,根据其内部流体的运动形式,研究流体的黏性阻力等问题时,流体的黏性作用则不可忽视。所以,为了研究黏滞阻尼器的工作原理,首先需要掌握阻尼介质的基本特性。

3.1.1 流体黏性

液体由分子组成，液体分子之间存在着相互吸引的内聚力，液体分子与接触的固体分子之间还作用有附着力。因此在液体流动时，流体各处的速度存在差异，运动较快的流层可以带动运动较慢的流层，反之，运动较慢的流层则阻滞运动较快的流层，不同速度之间的流体相互制约，产生类似固体摩擦过程的力，即当流体发生剪切变形时，流体内部就产生阻滞变形的内摩擦力。这种性质称为流体的黏性，用来表征流体抵抗剪切变形的能力。

根据牛顿内摩擦定律，流体在运动时，切应力 τ 与流体运动的剪切变形角速度，即层间速度梯度成正比，数学表述为

$$\tau = \mu \frac{\mathrm{d}u}{\mathrm{d}z} \tag{3-1}$$

式中，μ 为动力黏度，又称动力黏性系数。

流体的动力黏度 μ 与它的密度 ρ 的比值称为运动黏度 υ，即

$$\upsilon = \frac{\mu}{\rho} \tag{3-2}$$

只有牛顿流体才具有这种可以严格称之为黏度的概念，所有非牛顿流体都需要两个或两个以上的参数来描述其黏稠特性，但为了方便，以表观黏度（等于切应力与剪切变形角速度之比）来近似描述非牛顿流体的黏稠特性。

黏度是流体最重要的参数之一，它反映了流体的运动特性和耗能能力。影响黏性流体黏度的主要因素是温度，温度升高，黏性流体的黏度降低。此外黏度与压强也有关系，压强越大，流体的黏度也越大[1-2]。阻尼介质黏度的变化对阻尼器的性能有较大影响，故应尽可能选用黏温关系比较稳定的黏性流体阻尼材料。

3.1.2 流体种类

在流体力学中，通常将剪切应力与流体运动的剪切变形角速度满足式（3-1）的流体称为牛顿流体，反之，不符合上述定律的流体都称为非牛顿流体[2][4]，可分为以下三类：

1）纯黏性非牛顿流体

该类流体静止时呈各向同性，当受剪切时应力的合力仅与变形率有关，与剪切的持续时间无关，故又称为非时变性非牛顿流体。如塑性流体（油漆、泥浆、稀润滑脂和牙膏等），伪塑性流体，胀塑性流体（橡胶、纸浆、颜料、淀粉糊等），以及雷纳-里伍林流体（胶质炼乳、熔化沥青等）。

目前黏滞流体阻尼器所采用的阻尼介质多为伪塑性流体与塑性流体。伪塑性流体又称为剪切稀化流体，该种类型的流体主要为具有长分子链结构的高聚物溶体或溶液，以及具有细长纤维或颗粒的悬浮液。长链分子或颗粒之间由于理化作用，形成松散状的结构形式，当外力作用下流体产生剪切流动时，原本松散、杂乱的结构被逐步破坏，并且沿流动方向进行排列，剪切流速越快，纤维或颗粒的排列就越整齐，流动遇到的阻力越小，从而使这种流体的表观黏度随着剪应变速度的加大而减小。

塑性流体也叫作宾汉流体，该流体的流变性质主要由其自身内部结构所决定，且为多相流体。流体内部作为分散相的颗粒分散于连续相中，分散的颗粒之间存在很强的相互作用，在流

体静止状态下形成网状的结构形式。若要使流体产生流动，必须使得施加剪切应力的大小足以破坏这种网状结构。

2）时间依存流体

时间依存流体主要有触变型流体和震凝型流体两种类型。该类流体在等温条件下，保持固定的变形率，随着时间的推移，应力（黏性）逐渐增大或减小；或者在固定的应力作用下，随着时间的推移变形率逐渐减小或增加，例如油墨等，即为此类流体。

3）黏弹性流体

该类流体既具有黏性，又具有弹性，既有固体的特性，流动时又能像流体一样因摩擦损失而耗散能量。与黏性流体的区别主要在于黏弹性流体在外力消失后能产生部分应变恢复，与弹性固体的区别主要在于黏弹性流体存在因分子运动和变化产生的蠕变现象。

3.1.3　层流、紊流与判据

流体因为具有黏性，所以在运动过程中受到摩擦阻力的作用，为了克服阻力就要产生能量损失，这也是黏性流体材料产生阻尼的原因。

为了研究流体摩擦阻力的规律，国内外许多学者做了大量理论和试验研究，雷诺(Osborne Reynolds)发现液体在流动时存在两种不同的状态[1-3]。在流体运动时，如果质点没有横向脉动，不引起液体质点的混杂，而是层次分明，能够维持安定的流束状态，这种流动称为层流。如果流体运动时，质点具有脉动速度，引起流层间质点的相互错杂交换，称为紊流或湍流。当流体的流动速度小于某一数值时，其流动状态为层流；增加其流速至超过某一临界值时，流动状态转变为紊流。反之，流体的流速减小至某一临界值时，则会由紊流转化为层流，流态转变时的速度称为临界流速。由紊流转变为层流时的平均流速要比层流转为紊流时小，称其为下临界流速；反之，层流转化为紊流时的流速则称为上临界流速。

雷诺通过研究，不仅发现了流体的不同流态，还揭示了流体在不同流态时摩阻力的性质。通过试验并结合伯努利方程，层流的能量损失与流速的一次方成正比，紊流时与流速的1.75～2次方成正比。因此，计算流体摩阻力，确定能量损失，首先必须确定流体的流动状态。

如果将流体的密度 ρ、黏度 μ、特征尺度（圆管可用管道内径 d 表示）和流体的特征速度 u 四个物理量写成以下无量纲形式：

$$Re = \frac{\rho u d}{\mu} \tag{3-3}$$

结果发现，尽管 ρ，μ，u 和 d 各不相同，但以它们的值合成的无量纲数却基本相同，这个无量纲数称为雷诺数。如果以下临界速度 u_{k1} 代入式(3-3)，得到的雷诺数称为下临界雷诺数，如果以上临界速度 u_{k2} 代入式(3-3)，得到的雷诺数称为上临界雷诺数，即

下临界雷诺数：

$$Re = \frac{\rho u_{k1} d}{\mu} = \frac{u_{k1} d}{\upsilon} = 2\ 320 \tag{3-4}$$

上临界雷诺数：

$$Re' = \frac{\rho u_{k2} d}{\mu} = \frac{u_{k2} d}{\upsilon} = 13\ 800 \tag{3-5}$$

式中，υ——流体的运动黏度，表达式见式(3-2)。

在流体力学中，通常用下临界雷诺数作为判断流体在圆管中流动形态的标准：

$$Re = \frac{\rho \bar{u} d}{\mu} = \frac{\bar{u} d}{\upsilon} < 2\,320 \text{ 时，为层流} \tag{3-6}$$

$$Re = \frac{\rho \bar{u} d}{\mu} = \frac{\bar{u} d}{\upsilon} \geqslant 2\,320 \text{ 时，为紊流} \tag{3-7}$$

式中，$\bar{u}$——管道中流体平均流速。

雷诺建议的下临界数为 2 320，一般情况下，这一数值较难取到，故将下临界值 Re 取 2 000，即以 $Re = 2\,000$ 作为管道内层流与紊流的判断依据。根据设计要求与试验情况可知，黏滞流体阻尼器在正常工作状态下，流经阻尼孔时阻尼介质的流态绝大多数为层流。由于不同阻尼器在构造与工艺上的差别，在有些情况下也可能会出现紊流。

3.1.4 硅油的基本性能

理想的阻尼介质其基本性能应具有以下几方面的特点：①高黏度；②理想黏性；③高闪点；④对温度的敏感性差；⑤抗老化；⑥不易挥发。根据现有的国内外研究报告，黏滞阻尼器的阻尼介质多为液压油、有机硅油以及悬浊液等。

液压油[5]在液压系统中主要是传递力和运动，此外在不同系统中还起到润滑、冷却、防腐和防锈等作用。根据液压油性能和用途的不同，主要有机械油、汽轮机油、航空液压油等品种。液压油凝固点相对较高，黏温关系不稳定，无法满足黏滞阻尼器在不同使用环境下均能正常工作的性能要求。

硅油(Silicone oil)[6-8]是一种分子结构中含有硅元素的高分子合成材料，为聚硅氧烷液体油状物，其主分子链由硅原子和氧原子交替组合构成一个稳定的结构(—Si—O—Si—O—)。由于组成基团的类型不同，形成不同的聚合物分子结构，使得硅油的基本性能各有差异，满足多种使用需要。其中甲基硅油的性能在此类物质中比较典型，对其研究也比较成熟。

甲基硅油为无色半透明黏稠状液体。由于硅氧键的稳定性和甲基的憎水性，以及甲基硅氧烷聚合体半无机半有机的结构特点，甲基硅油具有良好的耐热、耐氧化和耐低温性能，其闪点高，不易挥发，黏温系数低，耐压缩力大，表面张力小，化学性稳定，对金属无腐蚀，电(绝缘)性能好，并且抗水防潮，对生物体(包括人类)无毒害作用，使用温度范围为−50～300 ℃。

通过添加不同阻尼介质阻尼器的对比试验研究发现[9]，甲基硅油相对液压油等其他阻尼介质更能满足阻尼器设计性能的要求。所以在本书的研究工作中，对阻尼介质的选择以硅油类聚合物为主。

此外，可以在硅油中添加一定比例的其他材料，对阻尼介质的物理性能进行调整，制作成不同黏度和特性的硅油基黏滞流体材料，以满足不同阻尼器的设计和性能要求。

3.2 细长孔式黏滞阻尼器耗能机理

本章介绍的黏滞阻尼器在活塞上设有细长阻尼孔(阻尼孔构造见图 3-1 所示)，当阻尼器工作时，随着活塞的往复运动，阻尼介质相应的由活塞两边的高压腔经过细长的阻尼通道流往低压腔。在黏滞流体反复流经阻尼通道的过程中，流体因克服摩擦等影响因素而耗散外界输入的机械能或机械功。

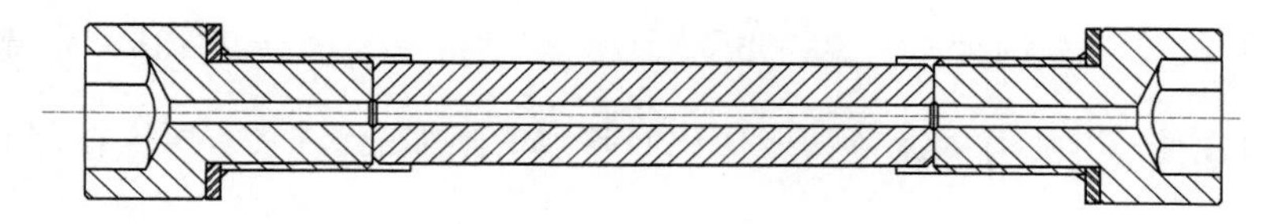

图 3-1　细长阻尼孔构造

阻尼器耗散的能量从流体的角度分析，主要是流体在通道中的流动损失，该损失可以分为流体的沿程阻力损失和局部阻力损失两种形式。沿程阻力损失主要发生在截面形式、尺寸、曲率半径等几何参数基本不变或变化很小的长通道结构中，沿整个通道长度分布，并且与流体摩擦力的大小有关。局部阻力损失主要在流体通道的局部产生，例如通道断面尺寸、曲率发生变化的部位。流体在这些部位被迫出现较大的速度波动，或者被迫改变流向，或者两者兼有，从而干扰了流体的正常运动，产生了撞击、分离脱流、旋涡等现象，带来了附加的阻力，从而产生局部性的流动损失。

具体来说，当阻尼器处于工作状态时，黏滞流体从阻尼器缸筒内的大空间进入细长阻尼孔后，在阻尼孔进口有一段距离的流场受到进口断面尺寸变化的影响；流体沿长度方向的流态逐渐变化，阻尼孔进口的影响渐趋消失，经过一定距离后，流动达到稳定状态；最后流体从阻尼孔另一端出流。由于阻尼器在工作时活塞的往复运动，黏滞流体反复流经阻尼孔，在进口起始段、充分发展段以及出流段都会产生能量的损耗。沿程阻力损失沿整个通道长度分布，局部阻力损失则主要出现在进口起始段和出流段。

3.2.1　进口起始段能量损耗

当该类型黏滞阻尼器在工作状态时，黏滞流体从缸内大断面处流入细长阻尼通道，在通道进口有一段距离流场因受进口的影响，液体流动状态沿孔道长度方向逐渐变化，进口的影响渐趋消失，经过一定长度后，流动达到稳定，这一流场变化段即为进口起始段，起始段以后的流动则为充分发展的流动。

流体在流经阻尼通道的进口处时，入口为光滑的圆角，流速分布比较均匀，由于黏性的原因，在通道接近管壁处产生附面层，附面层沿流动方向逐渐向通道中心线扩展。在附面层内流速向通道壁递减为零，由连续性原理可知，附面层内流速的减小，将导致通道中部的流速增加，故沿流动方向各断面上流速分布不断改变，在离进口处距离为 l_1 的断面上，附面层基本扩展到管轴处，该断面的流动基本已完全扩展，如图 3-2 所示。从进口处至距离为 l_1 的断面称为起始段。因为起始段内各断面的流速分布不断改变，使得其能量损失与完全扩展段不同。

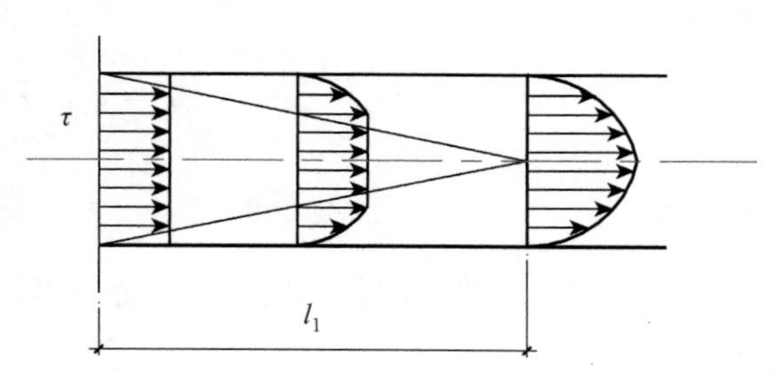

图 3-2　进口起始段流速分布

紊流时由于流体质点的混杂，断面流速分布比较均匀，故起始段长度 l_1 比较小，在离进口约 $15d$（d 为阻尼通道内径）以后，摩阻系数 λ 就和完全扩展段摩阻系数相同[10]，所以对于细长阻尼孔紊流情况，其起始段较短，影响也小，可以忽略不计。

层流时起始段长度 l_1 约为 $\frac{l_1}{d}=0.058Re$[11]，也有学者认为 $\frac{l_1}{d}=0.13Re$[12]，起始段内除由黏滞摩擦引起的损失外，还有因流体动能变化而导致的附加能量损失，所以在起始段内产生的能量损耗 E_{m1} 为

$$E_{m1}=\frac{32\mu l_1\bar{u}}{\rho g d^2}+k\frac{\bar{u}^2}{2g} \tag{3-8}$$

式中 $\bar{u}$ 为平均流速。由理论分析和试验结果可得到 k 值约为 1.16～1.33[11, 13]。

3.2.2 充分发展段能量损耗

对于细长阻尼孔内的恒定层流，层流的流线安定，流体质点只有轴向流速，没有横向流动。在充分发展段，因为附面层已经扩展到整个通道，各断面上的流速不再改变。此外，因阻尼孔径较细，且阻尼通道内存在较大压强，所以可以忽略这部分流体重力的影响。为简化分析，可近似将阻尼孔看作水平通道。阻尼孔通道为等截面轴对称圆直管，取圆柱坐标系（参见图 3-3），根据不可压缩牛顿流体的运动方程，即纳维尔-斯托克斯方程（又称 Navier-Stokes 方程，简称 N-S 方程），可得

$$r\frac{\mathrm{d}^2u}{\mathrm{d}r^2}+\frac{\mathrm{d}u}{\mathrm{d}r}+\frac{\Delta pr}{\mu l}=0 \tag{3-9}$$

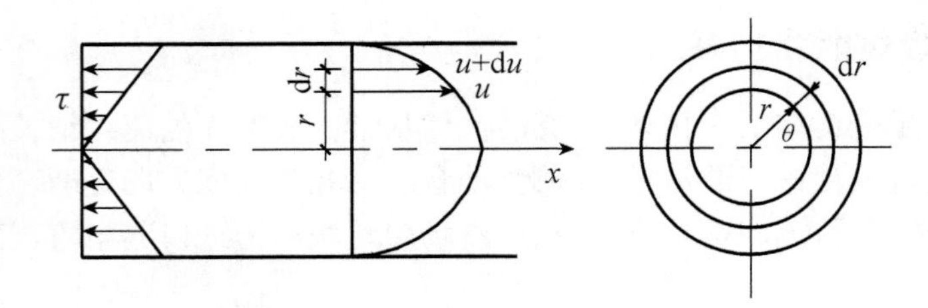

图 3-3 等截面圆管层流流速分布

积分后可得

$$u=c_1\ln r-\frac{\Delta pr^2}{4\mu l}+c_2 \tag{3-10}$$

在孔轴线处，$r\to 0$，u 为有限值，故 $c_1=0$；在孔壁处，$r=\frac{d}{2}$，$u=0$，则有 $c_2=\frac{\Delta pd}{16\mu l}$。

所以层流时等截面圆孔通道内充分发展段流速分布规律为

$$u=\frac{\Delta p}{4\mu l}\left(\frac{d^2}{4}-r^2\right) \tag{3-11}$$

由式(3-11)可以得到流量 Q：

$$Q=\int \mathrm{d}Q=\int 2\pi ur\,\mathrm{d}r=\int_{0}^{\frac{d}{2}}\frac{\pi\Delta p}{2\mu l}\left(\frac{d^2}{4}-r^2\right)r\mathrm{d}r=\frac{\pi d^4\Delta p}{128\mu l} \tag{3-12}$$

平均流速 $\bar{u}$ 为

$$\bar{u}=\frac{Q}{\frac{\pi}{4}d^2}=\frac{\Delta p d^2}{32\mu l} \tag{3-13}$$

由此可求得流体在圆管中流经 l 距离后的压降 Δp 为

$$\Delta p=\frac{32\mu l\bar{u}}{d^2} \tag{3-14}$$

在等截面直圆管道内充分发展段，黏滞流体运动时由于摩擦阻力引起的沿程能量损失为 E_l，由伯努利方程

$$\frac{p_1}{\rho g}=\frac{p_2}{\rho g}+E_l \tag{3-15}$$

可得

$$E_l=\frac{p_1-p_2}{\rho g}=\frac{\Delta p}{\rho g} \tag{3-16}$$

将式(3-14)代入式(3-16)可得层流时细长阻尼孔充分发展段能量损耗 E_l 为

$$E_l=\frac{32\mu l\bar{u}}{\rho g d^2} \tag{3-17}$$

紊流时流体质点的速度大小和方向随时间无规律变化，各流层之间有质点交换，交换后质点的动量会发生改变，引起附加切应力。所以在紊流中除由流体黏性产生的阻力外，还有因质点混杂产生动量交换而引起的阻力，且也是主要成分。

根据 L. Prandtl, J. Nikuradse, H. Blasius, C. F. Colebrook, L. F. Moody 等学者的研究[1]，紊流时能量损失 E_l 为

$$E_l=\lambda\frac{\rho}{d}\frac{\bar{u}^2}{2g} \tag{3-18}$$

式中 λ 为摩阻系数，对于光滑管，当 $Re<10^5$ 时，有 $\lambda=\frac{0.3164}{Re^{\frac{1}{4}}}$。

3.2.3　出流段能量损耗

在黏滞流体流出阻尼孔时，由于流经通道逐渐扩大(见图 3-4 所示)，再到出活塞断面处突然扩大，流速沿流向降低，压强增大。因流体黏性的影响，在接近管道壁面处流速较小，如果流体动能不足以克服正的压强梯度，将会使得流体在近壁面处产生滞止，导致流体与管道壁面分离脱流，形成旋涡进而增加能量损失。扩散角 θ 的增

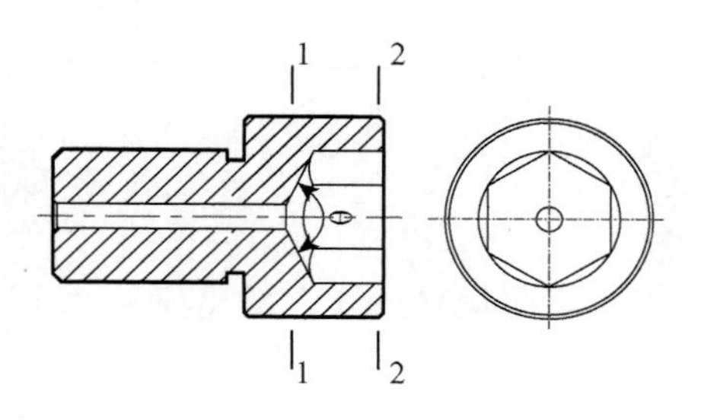

图 3-4　阻尼孔出口构造

加将使压强梯度加大而增加分离脱流损失。

对于细管内流体向大容器出流的情况，根据运动流体的动量定理和图 3-4 中 1-1、2-2 断面的伯努利方程可以得到出流段断面扩大的能量损耗 E_{m2} 为

$$E_{m2}=\frac{\alpha_1\bar{u}_1^2-2\beta_1\bar{u}_1\bar{u}_2+(2\beta_2-\alpha_2)\bar{u}_2^2}{2g} \tag{3-19}$$

式中，α——断面上的实际动能与以平均流速计算的动能的比值，即动能修正系数；

β——断面上的实际动量与以平均流速计算的动量的比值，即动量修正系数。

α、β 的值与断面上的流速分布有关，流速分布越不均匀，其值也越大；流速分布较均匀时，α、β 的值接近于 1。当流体为紊流时，近似取 $\alpha_1=\alpha_2=\beta_1=\beta_2=1$。故式(3-19)可以写成

$$E_{m2}=\frac{(\bar{u}_1-\bar{u}_2)^2}{2g} \tag{3-20}$$

由于流量恒定，得 $\bar{u}_1A_1=\bar{u}_2A_2$，根据式(3-20)可得

$$E_{m2}=\frac{(\bar{u}_1-\bar{u}_2)^2}{2g}=\left(1-\frac{A_1}{A_2}\right)^2\frac{\bar{u}_1^2}{2g}=\zeta_1\frac{\bar{u}_1^2}{2g} \tag{3-21}$$

因为 $A_2\gg A_1$，可近似使 $\bar{u}_2\approx 0$，$\dfrac{A_1}{A_2}\approx 0$，故紊流时可近似取 $\zeta_1=1$。

当为层流时，通常取 $\zeta_1=2$。

3.3 细长孔式黏滞阻尼器阻尼力理论计算公式

3.3.1 牛顿流体阻尼器阻尼力理论计算公式

根据上述分析可知，牛顿流体通过细长阻尼孔道以后，总能量损失 E_f 为

$$E_f=E_{m1}+E_l+E_{m2} \tag{3-22}$$

若流体在流经通道前后压降为 Δp，则根据式(3-22)有

$$\Delta p=E_f\rho g=\frac{32\mu l_1\bar{u}}{d^2}+\frac{k\rho\bar{u}^2}{2}+\frac{32\mu l\bar{u}}{d^2}+\frac{\zeta_1\rho\bar{u}_1^2}{2} \tag{3-23}$$

因为孔长 $L=l_1+l$，且 $\bar{u}=\bar{u}_1$，所以式(3-23)又可以写为

$$\Delta p=E_f\rho g=\frac{32\mu L\bar{u}}{d^2}+\frac{k\rho\bar{u}^2}{2}+\frac{\zeta_1\rho\bar{u}^2}{2} \tag{3-24}$$

设阻尼器缸筒内径、活塞外径均为 D_1，导杆直径为 D_2，活塞长度为 L。又因为

$$\Delta p=\frac{F}{A}\qquad A=\frac{\pi(D_1^2-D_2^2)}{4}$$

故得到以牛顿流体为阻尼介质的阻尼力 F 理论计算公式为

$$F=\frac{\pi(D_1^2-D_2^2)\rho}{4}\left(\frac{32\upsilon L\bar{u}}{d^2}+1.6\bar{u}^2\right) \tag{3-25}$$

式(3-25)建立了阻尼力 F 与阻尼介质流经阻尼孔平均流速 $\bar{u}$ 之间的关系，为便于设计，需要掌握阻尼力 F 与活塞相对运动速度 V 之间的变化规律，故假设活塞上开有 n 组孔径为 d 的阻尼圆孔(为方便设计和制造，阻尼孔的直径通常为同一尺寸)，流经活塞上各阻尼孔的流体连续性方程为

$$\frac{\pi(D_1^2-D_2^2)}{4}V=n\frac{\pi d^2}{4}\bar{u} \tag{3-26}$$

由式(3-25)、式(3-26)可得

$$F=\frac{\pi(D_1^2-D_2^2)^2\rho}{4n^2d^4}\left[32\upsilon nLV+1.6(D_1^2-D_2^2)V^2\right] \tag{3-27}$$

式(3-27)即为以牛顿流体为阻尼介质的阻尼力 F 关于速度 V 理论计算公式。本章介绍的阻尼器所配置的较低黏度的阻尼介质(硅油基黏滞材料-1)即为牛顿流体，故可参考式(3-27)作为设计制造和结构计算的依据。

3.3.2　非牛顿流体阻尼器阻尼力理论计算公式

根据前述分析可知，阻尼器的耗能性能主要与黏滞流体在流动时的内摩擦力以及阻尼通道的构造形式有关。流体因为具有黏性，所以在运动过程中受到摩阻力的作用，为了克服这一影响，必然需要损失一定的机械能，即耗散外界输入的能量。

对于不同类型的流体，黏度与流体运动时剪切速度、剪切应力的关系不尽相同，所以其在运动过程中耗散能量的规律也不完全一样。式(3-27)给出了牛顿流体的 F—V 关系，在阻尼器的设计中，也常常选用非牛顿流体作为阻尼介质，因此也需要掌握非牛顿流体阻尼器的 F—V 变化规律。

由前文的介绍可知，非牛顿流体的种类较多，各自的本构关系也不同，对于其中的非时变性非牛顿流体(以下简称非牛顿流体)，根据文献[4, 14]可定义其剪应变速度函数为

$$\dot{\gamma}=f(\tau) \tag{3-28a}$$

或

$$-\frac{\mathrm{d}u}{\mathrm{d}r}=f(\tau) \tag{3-28b}$$

由式(3-28)可得非牛顿流体的圆管沿流体流向速度分布的规律为

$$u=-\int_0^R f(\tau)\mathrm{d}r+C \tag{3-29}$$

式中，u ——距圆管中心轴 r 处的流体流速；

　R ——圆管截面半径；

C——积分常数。

根据黏性流体在管壁处流速为零，即边界条件为 $r=R, u=0$，得到积分常数 C 为

$$C=\int_0^R f(\tau)\mathrm{d}r \tag{3-30}$$

因此

$$u=\int_r^R f(\tau)\mathrm{d}r \tag{3-31}$$

非牛顿流体管流的剪切应力分布规律为

$$\tau=\tau_w\frac{r}{R} \tag{3-32}$$

式中，τ——距圆管中心轴 r 处的剪切应力；

τ_w——管壁处的剪切应力。

由式(3-31)和式(3-32)可得黏性流体流速的一般表达式为

$$u=\frac{R}{\tau_w}\int_\tau^{\tau_w} f(\tau)\mathrm{d}\tau \tag{3-33}$$

由式(3-33)可得通过管长为 L 的流量 Q 为

$$Q=\int_0^R 2\pi r u\,\mathrm{d}r=2\pi\int_0^R r u\,\mathrm{d}r \tag{3-34}$$

对式(3-34)进行分部积分，得到

$$Q=\pi r^2 u\Big|_0^R+\int_0^R \pi r^2\left(-\frac{\mathrm{d}u}{\mathrm{d}r}\right)\mathrm{d}r \tag{3-35}$$

根据边界条件为 $r=R$，$u=0$，可得

$$\pi r^2 u\Big|_0^R=0 \tag{3-36}$$

所以有

$$Q=\int_0^R \pi r^2 f(\tau)\mathrm{d}r \tag{3-37}$$

对式(3-37)的积分变量进行变换，可得

$$Q=\frac{\pi R^3}{\tau_w^3}\int_0^{\tau_w} f(\tau)\tau^2\mathrm{d}\tau \tag{3-38}$$

根据文献[4]可知，黏性流体剪切应力沿径向的分布规律为

$$\tau=\frac{\Delta p r}{2L} \tag{3-39}$$

式中，Δp——黏性流体经过长度为 L 的管道后的压力损失，也即管道两端的压差。

所以管壁处（$r = R$）的剪切应力 τ_w 为

$$\tau_w = \frac{\Delta p R}{2L} \tag{3-40}$$

由式(3-38)～式(3-40)可得

$$Q = \frac{8\pi L^3}{\Delta p^3}\int_0^{\tau_w} f(\tau)\tau^2 \mathrm{d}\tau \tag{3-41}$$

因活塞的相对运动速度为 V，净截面面积为 A，这里假定在活塞上共有 n 组孔径为 d 的阻尼圆孔（为方便设计和制造，阻尼孔的直径通常为同一尺寸，$d=2R$），根据流体连续性原理，得到

$$V = \frac{8\pi n L^3}{\Delta p^3 A}\int_0^{\tau_w} f(\tau)\tau^2 \mathrm{d}\tau \tag{3-42}$$

阻尼介质选定后，则根据其流体类型，可以确定剪应变速度函数 $f(\tau)$ 的具体表达式，经分析可知，$\int_0^{\tau_w} f(\tau)\tau^2 \mathrm{d}\tau$ 是一个包含 Δp、d、L、μ（或表观黏度 η）等参数的表达式，故其实质为关于 Δp 的表达式。

因此，由式(3-42)得到活塞相对运动速度 V 与压降 Δp 之间的关系，为表述方便简洁，现定义其函数关系为

$$\Delta p = g(V) \tag{3-43}$$

又因为 $F = \Delta p \cdot A$，最终得到采用非牛顿流体作为阻尼介质的阻尼器阻尼力 F 的理论计算公式为

$$F = \Delta p \cdot A = g(V) \cdot A \tag{3-44}$$

根据以上分析可知，在对黏滞阻尼器进行设计或性能分析时，对于选用不同配方阻尼介质的阻尼器，其阻尼力 F 的理论计算公式可按以下标准流程推导得到：

(1) 确定所选用阻尼介质的流体类型以及对应的本构方程 $f(\tau)$；

(2) 将其代入式(3-34)或式(3-41)得到圆管层流的流量 Q；

(3) 根据流体连续性原理，由式(3-42)、式(3-43)得到活塞相对运动速度 V 与阻尼孔两端压降 Δp 之间的关系；

(4) 再代入式(3-44)得到相应黏滞阻尼器的 F—V 计算公式。

假设调制的阻尼介质本构关系满足幂律方程，即

$$\dot{\gamma} = f(\tau) = \left(\frac{\tau}{k}\right)^{\frac{1}{\alpha}} \tag{3-45}$$

式中，k ——稠度系数；

α ——流动指数。

依据上述分析方法，将式(3-45)代入式(3-42)，得到

$$V = \frac{\pi n\alpha}{A(1+3\alpha)}\left(\frac{d}{2}\right)^{\frac{1+3\alpha}{\alpha}}\left(\frac{\Delta p}{2kL}\right)^{\frac{1}{\alpha}} \tag{3-46}$$

对式(3-46)进行变换后,可以写成

$$\Delta p = \frac{2kL}{\left(\frac{d}{2}\right)^{1+3\alpha}}\left[\frac{VA(1+3\alpha)}{\pi n\alpha}\right]^{\alpha} \tag{3-47}$$

将式(3-47)代入式(3-44)并整理后,可以得到采用幂律流体(Power-law Fluid)作为阻尼介质的黏滞阻尼器阻尼力 F 关于速度 V 的计算公式:

$$F = \pi kL\left[\frac{2(1+3\alpha)}{n\alpha}\right]^{\alpha}\frac{(D_1^2-D_2^2)^{\alpha+1}}{d^{3\alpha+1}}V^{\alpha} \tag{3-48}$$

文献[15]中也得到类似的公式,令

$$C_p = \pi kL\left[\frac{2(1+3\alpha)}{n\alpha}\right]^{\alpha}\frac{(D_1^2-D_2^2)^{\alpha+1}}{d^{3\alpha+1}} \tag{3-49}$$

则式(3-48)可以简写为

$$F = C_p V^{\alpha} \tag{3-50}$$

式(3-45)中,k、α 均为常数,本构关系满足幂律方程的阻尼介质,如果 $\alpha<1$,为剪切稀化流体,本章阻尼器配置的高黏度阻尼介质(硅油基黏滞材料-2 以及硅油基黏滞材料-3)即为此类型流体;若 $\alpha>1$,则为剪切稠化流体。如果 $\alpha=1$, $k=\mu$,幂律方程则变换为牛顿流体的本构方程,故式(3-44)对于牛顿流体也同样成立,计算时只需将 $f(\tau)=\tau/\mu$ 代入公式,即可得到与式(3-27)忽略局部阻力损失影响后同样的结果:

$$F = \frac{8\pi\mu L\ (D_1^2-D_2^2)^2}{nd^4}V = CV \tag{3-51}$$

如果黏滞阻尼器所选用的阻尼介质为宾汉流体(Bingham Fluid),则其本构方程为

$$\dot{\gamma} = f(\tau) = \frac{1}{\eta_p}(\tau-\tau_0) \tag{3-52}$$

式中, τ_0 ——屈服值;

η_p ——塑性黏度。

τ_0、η_p 在一定的温度和压力下为常数,根据宾汉流体的本构方程可知,对该类型流体施加的切应力只有超过屈服值 τ_0 时才能产生流动,且切应力与应变速度呈线性关系。

同样根据以上推导方法,可以得到以宾汉流体为阻尼介质的黏滞阻尼器阻尼力计算公式为

$$F = \frac{8\pi L\eta_p\ (D_1^2-D_2^2)^2}{nd^4}V + \frac{4\pi L(D_1^2-D_2^2)}{3d}\tau_0 \tag{3-53}$$

令

$$C_b = \frac{8\pi L\eta_p (D_1^2 - D_2^2)^2}{nd^4} \tag{3-54}$$

$$F_{b0} = \frac{4\pi L(D_1^2 - D_2^2)}{3d}\tau_0 \tag{3-55}$$

则式(3-53)可以简写为

$$F = C_b V + F_{b0} \tag{3-56}$$

式中，F_{b0} 表示使工作介质在阻尼孔内产生流动克服屈服应力 τ_0 所需的初始力。

同理，对于满足卡森流体(Casson Fluid)本构关系的阻尼介质，有

$$\dot{\gamma} = f(\tau) = \frac{1}{\eta_c}(\sqrt{\tau} - \sqrt{\tau_c})^2 \tag{3-57}$$

式中，τ_c ——卡森屈服值；

η_c ——卡森黏度。

同样方法，可以得到卡森流体黏滞阻尼器阻尼力计算公式为

$$F = \frac{8\pi L\eta_c (D_1^2 - D_2^2)^2}{nd^4}V + \left[\frac{32\ 768\eta_c L^2 (D_1^2 - D_2^2)\tau_c}{49nd^5}V\right]^{\frac{1}{2}} + \frac{8\pi L(D_1^2 - D_2^2)}{7d}\tau_c \tag{3-58}$$

令

$$C_{c1} = \frac{8\pi L\eta_c (D_1^2 - D_2^2)^2}{nd^4} \tag{3-59}$$

$$C_{c2} = \frac{32\ 768\eta_c L^2 (D_1^2 - D_2^2)\tau_c}{49nd^5} \tag{3-60}$$

$$F_{c0} = \frac{8\pi L(D_1^2 - D_2^2)}{7d}\tau_c \tag{3-61}$$

则式(3-58)可以简写为

$$F = C_{c1}V + (C_{c2}V)^{\frac{1}{2}} + F_{c0} \tag{3-62}$$

通过以上分析与推导，得到了以非牛顿流体作为阻尼介质的黏滞阻尼器力学模型。在公式(3-44)的推导过程中，没有考虑流体局部阻力损失的影响，对于采用较高黏度阻尼介质的细长孔式黏滞阻尼器，由于阻尼孔道长径比较大，故这部分损耗在所耗散的总机械能中所占比重较小，为分析问题简便起见，近似忽略其影响。

需要说明的是，以上公式在推导过程中，借助了众多流体力学的基本理论，很多推导步骤具有相应的前提条件，也即最终的阻尼器 F—V 计算公式是在一定假定的基础上所得，该公式能否准确反映阻尼器的实际性能，还需通过试验进行验证或修正。

3.4 细长孔式黏滞阻尼器性能试验研究

3.4.1 试验目的

通过黏滞流体阻尼器动力性能试验，揭示阻尼器阻尼力与阻尼孔面积大小、阻尼孔长度、活塞运动速度和阻尼材料黏度等各种参数之间的关系。试验的主要目的包括：

(1) 通过改变振动频率、位移幅值、阻尼材料黏度和阻尼孔径大小等参数，测定各种动力条件下流体阻尼器的力—位移关系曲线，了解阻尼器的动力性能；

(2) 掌握阻尼孔长度、阻尼孔孔径等构造参数对阻尼器力学性能的影响规律；

(3) 为采用黏滞阻尼器的消能减振结构计算提供设计依据。

3.4.2 试验设备

试验采用东南大学结构试验室 MTS 1 000 kN 疲劳试验机，由 FLEX-GT 数字控制器、MTS793.10 软件按照预先编制的波形控制加载[16]，进行黏滞阻尼器的动力性能试验。该试验机最大加载力为 1 000 kN，最大加载行程±75 mm，阻尼器安装如图 3-5 所示。

图 3-5 阻尼器安装图

3.4.3 试验阻尼器

试验用细长孔式黏滞阻尼器，活塞上等间距对称开有四个孔，其中两个孔装配细长阻尼螺钉作为阻尼孔，其他两个孔用无孔螺钉封堵，阻尼孔在活塞两侧对称布置。阻尼器各种参数如表 3-1 所示。

表 3-1 细长孔式黏滞阻尼器规格

编号	缸筒内径 /mm	导杆直径 /mm	阻尼孔径 /mm	阻尼孔长 /mm	阻尼孔数 量	阻尼介质
S1	180	90	3.0	114	2	硅油基黏滞材料-1
S2	180	90	2.6	114	2	硅油基黏滞材料-1
S3	180	90	2.4	114	2	硅油基黏滞材料-1
S4	180	90	2.2	114	2	硅油基黏滞材料-1
S5	180	90	2.0	114	2	硅油基黏滞材料-1
S6	180	90	2.4	114	2	硅油基黏滞材料-2
S7	180	90	2.4	114	2	硅油基黏滞材料-3
S8	180	90	2.0	114	2	硅油基黏滞材料-2
S9	180	90	2.4	45	2	硅油基黏滞材料-3

续表

编号	缸筒内径/mm	导杆直径/mm	阻尼孔径/mm	阻尼孔长/mm	阻尼孔数量	阻尼介质
S10	180	90	1.8	114	2	硅油基黏滞材料-2
S11	180	90	2.4	70	2	硅油基黏滞材料-4
S12	180	90	2.4	114	2	硅油基黏滞材料-4
S13	180	90	3.2	70	2	硅油基黏滞材料-5
S14	180	90	3.2	114	2	硅油基黏滞材料-5
S15	180	90	3.2	114	2	硅油基黏滞材料-5
S16	180	90	3.2	114	2	硅油基黏滞材料-6

注:随黏滞材料编号的增加,阻尼介质的表观黏度提高。

3.4.4 试验方案

试验中用按照正弦波规律变化的输入位移 u 来控制 MTS 试验机系统进行加载,通过对阻尼器施加不同频率和变化规律的位移,分别测得不同位移幅值下阻尼器的位移、相应的阻尼力以及对应的时间,从而得到阻尼器阻尼力随加载波形、加载频率、位移幅值和阻尼孔直径变化的动力特性。

试验加载频率范围为 0.1～1.5 Hz;位移幅值范围为±(5～50 mm)(在某些频率下,因加载系统油源及蓄能器的限制,未进行高频率、大位移情况下的动力试验);对阻尼器施加某一频率按照正弦规律变化的控制位移,从小到大逐级输入控制位移。每一加载工况进行 5 至 10 个循环(对于频率较高且位移较大的工况,加载系统需要一个逐步补偿和逼近的过程,故试验循环数适当增加),试验工况见表 3-2。

表 3-2 阻尼器试验工况

工况	1	2	3
频率/Hz	0.1	0.25	0.5
幅值/mm	15～50 mm (5 mm 递增)	15～50 mm (5 mm 递增)	15～50 mm (5 mm 递增)
工况	4	5	6
频率/Hz	0.75	1.0	1.5
幅值/mm	15～50 mm (5 mm 递增)	2 mm 递增加载 且 $F<600$ kN	2 mm 递增加载 且 $F<600$ kN

3.4.5 试验结果与分析

1) 阻尼介质黏度对阻尼器性能的影响

通过试验得到的阻尼力—位移滞回曲线为一个类似于椭圆的曲线,曲线平滑、稳定、饱满,

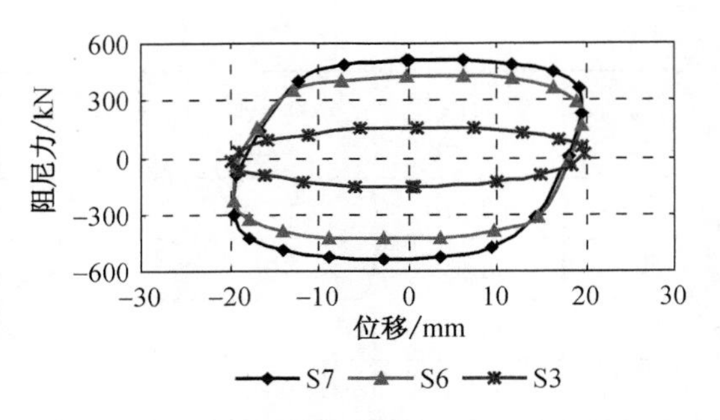

图 3-6　阻尼介质黏度对阻尼器性能的影响

附加刚度很小，基本对称于坐标轴。对于阻尼器S1～S5(阻尼介质为硅油基黏滞材料-1)，其滞回曲线形状接近于椭圆，而阻尼器S6(阻尼介质为硅油基黏滞材料-2)和S7(阻尼介质为硅油基黏滞材料-3)，滞回曲线形状介于椭圆和矩形之间。在相同工况条件下，后者滞回曲线包围的面积更大，耗能能力相对来说更强，如图3-6所示。图3-6表示在频率为0.25 Hz，幅值为±20 mm的正弦波加载条件下，阻尼器S3、S6、S7的阻尼力—位移滞回关系曲线。

为掌握阻尼介质黏度对阻尼器性能产生影响的本质，对不同黏度的阻尼介质进行了本构关系试验，即利用旋转黏度计测定流体的表观黏度与剪切速率的关系以及剪切应力与剪切速率的关系。

根据试验的结果可知，在较小的剪切速率作用下，高黏度的流体相对于低黏度的流体能产生更大的剪切应力。由图3-6可以看出，在相同加载条件下，阻尼器S7相比S6、S3产生更大的阻尼力。

根据试验可知，对于硅油基黏滞材料-1，其剪切应力与剪切速率基本为线性关系，可以判定其为牛顿流体；对其余阻尼介质，根据其表观黏度与剪切速率的关系，可以判定为非牛顿流体。故黏度的变化导致流体本构关系不同，这也是造成构造相同但采用不同黏度阻尼介质的阻尼器输出力—位移关系曲线形状有差异的根本原因。

2) 活塞运动速度对阻尼器性能的影响

根据本章3.3节的分析可知，由于阻尼器的构造和采用阻尼介质的不同，使得阻尼器的计算公式各不相同，但黏滞阻尼器为一种速度相关型阻尼器这一点是共同的，活塞运动速度是影响输出阻尼力大小的主要因素之一。

通过阻尼器力学性能试验可以看出，在同一温度和加载频率下，随着输入位移幅值的增加，滞回环所包围的面积逐渐增大，耗能能力也随输入位移幅值的增大而增强。与此类似，在同一温度和控制位移下，随着加载频率的增大，滞回曲线逐渐趋于饱满，阻尼力随加载频率的增大而增大，耗能能力也随加载频率的增大而增强(如图3-7所示)。图3-7为阻尼器S3在正弦波加载，位移幅值为±10 mm，加载频率分别为0.1 Hz、0.25 Hz、0.5 Hz时的阻尼力—位移关系曲线。

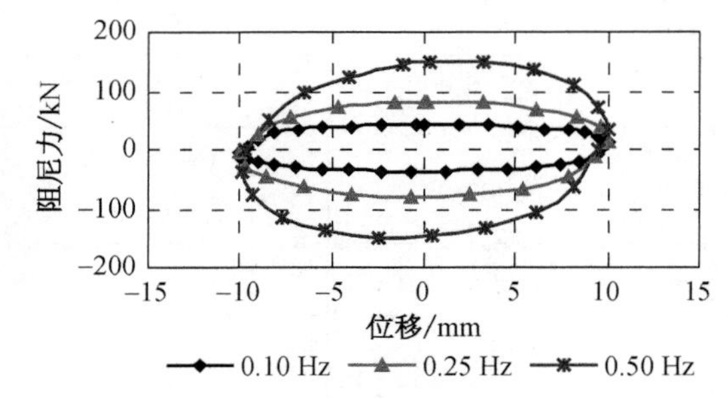

图 3-7　活塞运动速度对阻尼器性能的影响

试验时在相同的输入波形(比如均为正弦波)控制下，加载频率相同改变控制位移幅值，或控制位移幅值相同调整加载频率，或两者均发生变化，其本质就是使阻尼器活塞的相对运动速度产生变动，从而研究阻尼器在活塞不同运动速度时的力学性能。

从试验结果和理论分析都可以发现，阻尼器输出阻尼力的大小并不独立地受加载频率和位移幅值的影响，其输出力在根本上是与活塞的最大运动速度相关。同一阻尼器在受到外界激励后，无论运动频率和幅值是多少，只要活塞的最大相对运动速度相同，其输出的阻尼力就相同(参见图 3-8)。

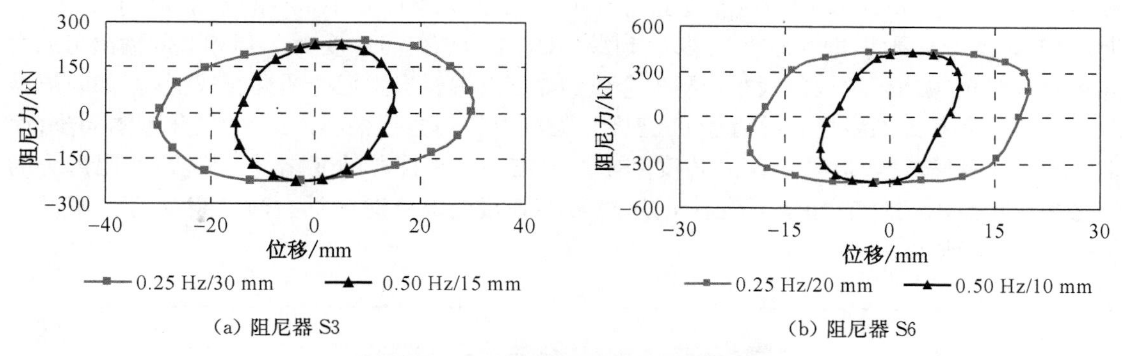

图 3-8　最大加载速度相同时阻尼器滞回曲线

为了研究阻尼力 F 与活塞相对运动速度 V 的变化规律，通过在试验中采集的不同阻尼器在不同工况下的阻尼力、位移以及采样时间之间对应的数据，经数学处理可得到相应的阻尼力关于速度的滞回曲线(参见图 3-9)。

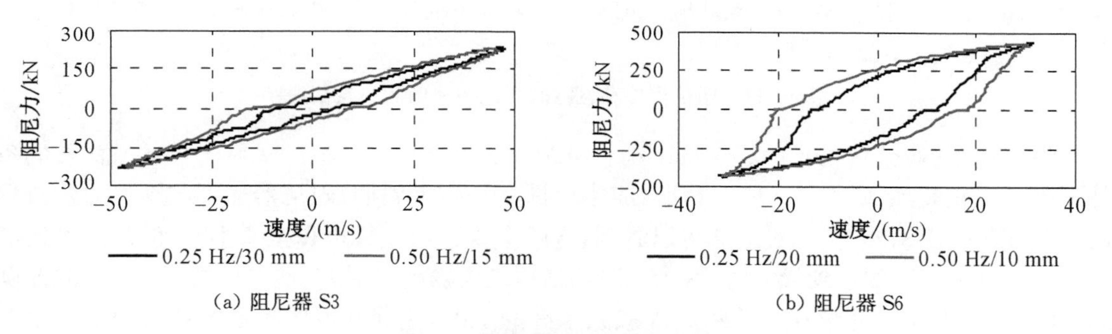

图 3-9　阻尼器 *F*—*V* 关系曲线

由图 3-9 可以看出，不同阻尼器的阻尼力—速度关系曲线形状并不相同。以上试验工况均为正弦波加载，阻尼器 S3 与 S6 在构造上完全一样，两者只有阻尼介质的黏度不同。根据前文所述，当阻尼介质黏度增加到一定程度以后，将会由牛顿流体转变为非牛顿流体，所以造成 S3 与 S6、S7 的 F—V 关系曲线形状不同。这一现象通过图 3-10的对比后尤为明显。

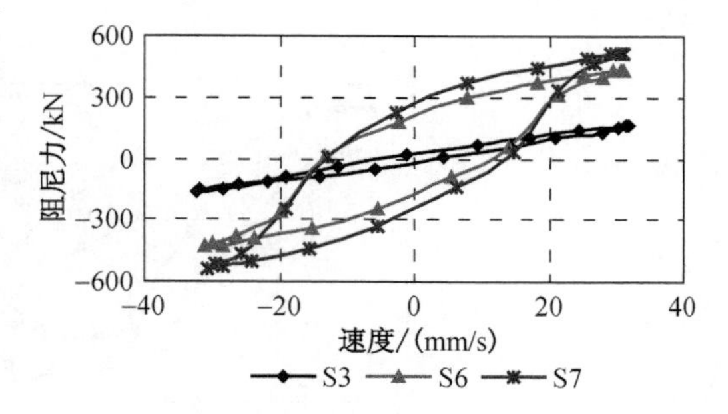

图 3-10　相同试验工况下 *F*—*V* 曲线

从图 3-9 还可以看到，同一阻尼器在最大加载速度相同但加载频率和幅值不同的工况下，F—V 关系曲线却并不完全重合，一般加载频率大的工况，F—V 曲线包围的面积也相对较大。此外，由图 3-10 还可得知，不同阻尼器在同一个工况(频率 0.25 Hz、幅值±20 mm、正弦波加载)的往复运动过程中各自的 F—V 关系曲线并不重叠为一条线，且在活塞运动速度为 0 时，阻尼器输出力并不为 0。

将阻尼器 S3 与 S6 在频率 $f=0.25$ Hz、幅值为 $u_0=\pm 20$ mm 及正弦波加载条件下一个周期内阻尼器位移、速度与阻尼力在时域展开，如图 3-11 所示。对于正弦波加载工况，位移时程方程为 $u=u_0\sin(\omega t)$，则相应速度变化为 $v=u_0\omega\cos(\omega t)$，式中 $\omega=2\pi f$。在时间为 1/4 周期，即 1 s（或 3/4 周期，即 3 s）时，位移达到最大（最小）点，此时速度为 0，但相应的输出阻尼力并不为 0，此时输出阻尼力的大小与阻尼介质的黏度有关。当阻尼介质黏度较低时（如阻尼器 S3），对应速度 0 点的阻尼力接近于 0，速度与阻尼力的相位差很小，二者的变化基本同步；而黏度较高的阻尼器（如阻尼器 S6），速度和阻尼力均超前于位移的变化，但是速度与阻尼力的变化并不同步，阻尼力在相位上落后于速度，故在速度为 0 点时阻尼力尚未衰减到 0，阻尼力仍较大而不能忽略。

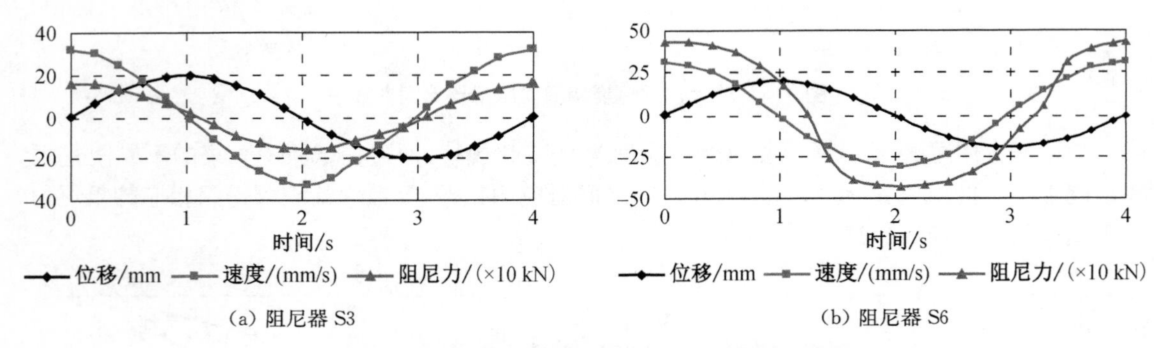

(a) 阻尼器 S3　　(b) 阻尼器 S6

图 3-11　阻尼器位移、速度、阻尼力—时间关系曲线

将阻尼器 S6 分别在 $f=0.25$ Hz、$u_0=\pm 20$ mm 及 $f=0.50$ Hz、$u_0=\pm 10$ mm 的控制条件下进行正弦波加载，取 2 s 内（分别对应半个周期和一个周期）阻尼器速度与阻尼力的时程曲线（如图 3-12 所示）。通过对比可以看到，这两个工况加载频率和幅值不同，但是最大速度一样。当其加载速度达到最大时，两个工况均达到最大输出阻尼力，且大小相等。当加载速度为 0 时，两个工况的阻尼力均不为 0，加载频率高的工况，速度 0 点的阻尼力相对较高。由此可见，加载速度 0 点对应的输出阻尼力不仅与阻尼器采用介质的黏度有关，还与阻尼器的工作激励条件相关。

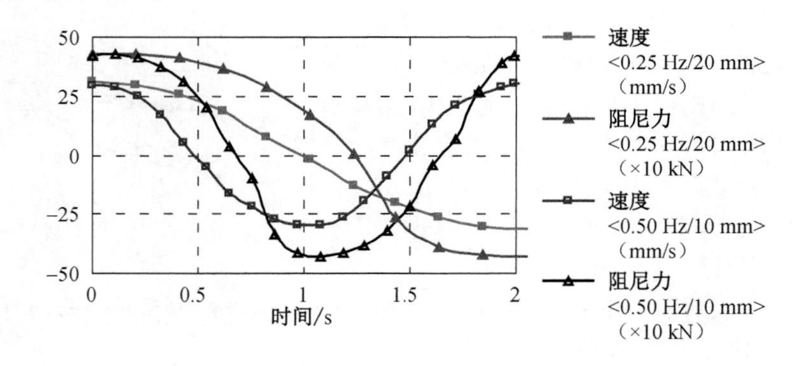

图 3-12　阻尼器速度、阻尼力时程曲线

图 3-11、图 3-12 表达的是阻尼器在外界激励下往复运动的过程中所表现出的基本性能，当阻尼器在遭遇外界激励的开始以及停止时段，其位移、速度与阻尼力的关系略有不同。

图 3-13 为阻尼器 S3 在 f=0.5 Hz、u_0=±20 mm、f=1.0 Hz、u_0=±10 mm 及正弦波加载条件下起始阶段各参数随时间的变化情况。通过图 3-13 可知，在初始阶段，阻尼器反馈的速度、阻尼力均随外界输入位移由 0 开始变化。速度与阻尼力的变化基本同步进行，但其变化周期较位移变换的周期短，在一个位移加载周期内，速度与阻尼力的变换约已完成 5/4 个周期，从而使得阻尼器在第 2 个位移加载周期开始时，速度与阻尼力在相位上已较位移超前 1/4 个周期，其后的位移、速度和阻尼力变化规律如图 3-11、图 3-12 所示。

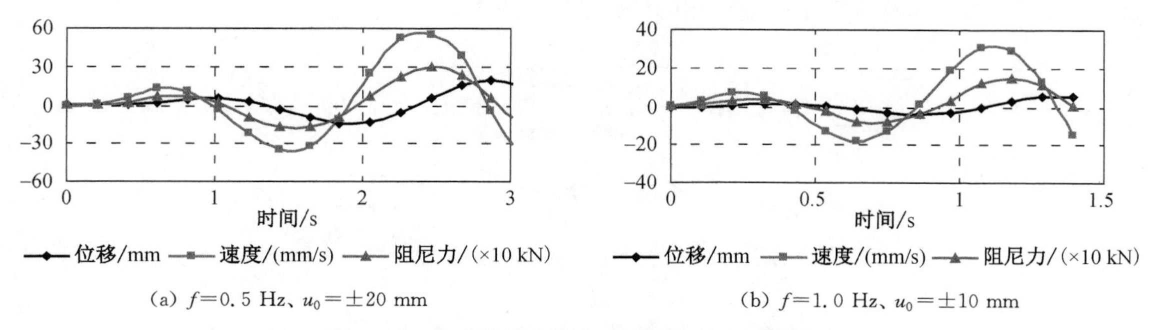

(a) f=0.5 Hz、u_0=±20 mm　　(b) f=1.0 Hz、u_0=±10 mm

图 3-13　运动起始段位移、速度、阻尼力时程曲线

图 3-14 为阻尼器 S3 在 f=0.5 Hz、u_0=±20 mm、f=1.0 Hz、u_0=±10 mm 及正弦波加载条件下停止阶段各参数随时间的变化情况。由图 3-14 可以看出，在控制位移的最后一个周期内，随着输入位移幅值的减少，速度和阻尼力的相位再次逐步超前，并且在输入位移停止在初始位置时，又提前 1/4 个周期，速度和力也同时衰减为 0。在最后一个循环前的位移、速度和阻尼力变化规律仍然如图 3-11、图 3-12 所示。经过整个循环加载过程后，速度和阻尼力的变化相位累计超前位移变化 $1/(2f)$ 的相位。

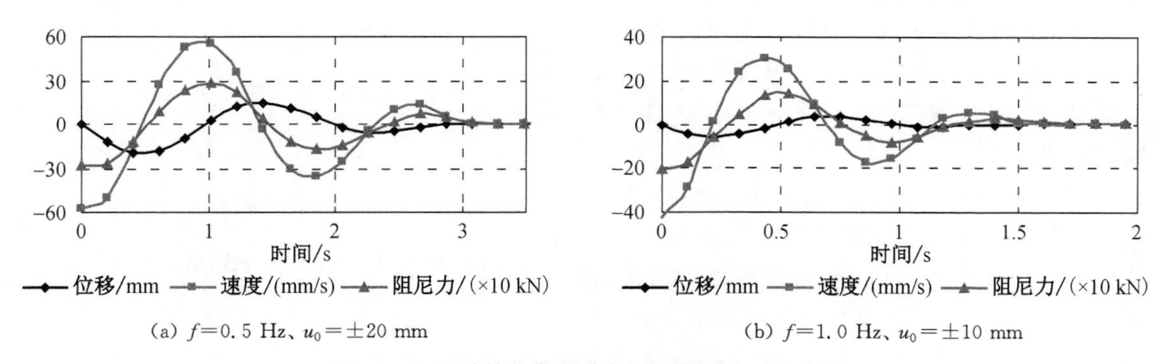

(a) f=0.5 Hz、u_0=±20 mm　　(b) f=1.0 Hz、u_0=±10 mm

图 3-14　运动停止段位移、速度、阻尼力时程曲线

当阻尼介质黏度比较高时，位移、速度、阻尼力在运动起始段和运动停止段的变化规律与低黏度阻尼介质时的情况基本一样，只是阻尼力的相位介于速度和位移之间，而低黏度阻尼介质速度与阻尼力基本同步变化。

3) 阻尼孔径对阻尼器性能的影响

通过本章的阻尼器耗能机理分析可知，阻尼孔径的大小也是影响阻尼器性能的一个重要参数之一。阻尼孔径确定后，实际决定了活塞上阻尼孔流通面积的大小，进而影响到阻尼器在工作时，阻尼介质在流经阻尼孔时的流动形态参数，包括流量、平均流速、流速分布形式等，并最终影响阻尼器的滞回曲线形态及最大输出阻尼力等性能参数。

通过试验可以看到，保持输入位移幅值、激励频率和阻尼介质不变，随着阻尼孔增大，最大阻尼力减小，滞回环逐渐趋于扁平，耗能能力降低；反之，随着阻尼孔的减小，最大阻尼力增大，滞回环逐渐趋于饱满，耗能能力也随之增大。图 3-15 为阻尼器 S1～S5 在 $f=0.5$ Hz、$u_0=\pm15$ mm 正弦波加载条件下的阻尼力—位移滞回关系曲线。阻尼器 S1～S5 除阻尼孔径不同外，其余构造以及阻尼介质均相同。由图中可以看到，随着阻尼孔径的减小，不仅滞回曲线更加趋于饱满，而且形状也发生一定程度的变化。

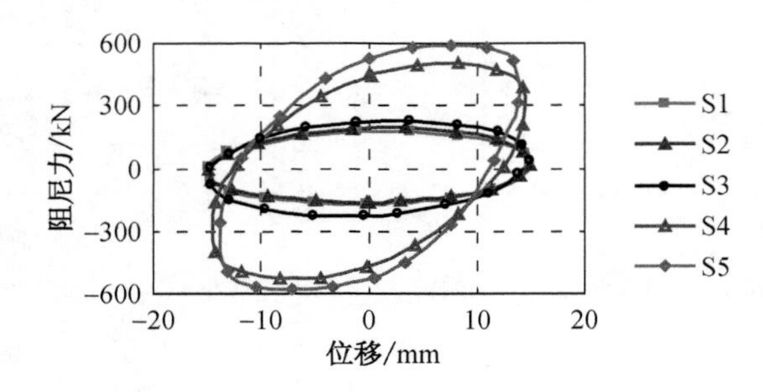

图 3-15　阻尼孔径对性能的影响

从参与试验对比的阻尼器来看，当阻尼孔径大于或等于 2.4 mm 时，阻尼力—位移滞回曲线基本对称于坐标轴；当阻尼孔径进一步减小时，滞回环出现了一定程度的倾斜，表明此时阻尼器已具有一定的刚度。

经过分析后认为，当活塞进行往复运动时，如果活塞上的阻尼孔过小，则有可能阻尼介质在活塞两端压差作用下不能及时从高压区域通过阻尼孔流到低压区域，而活塞的运动幅度又必须与外界激励相谐调，故压缩阻尼介质产生一定的弹性变形，也包括活塞导杆在外力作用下自身产生的弹性变形，最终导致阻尼器出现瞬时刚度。

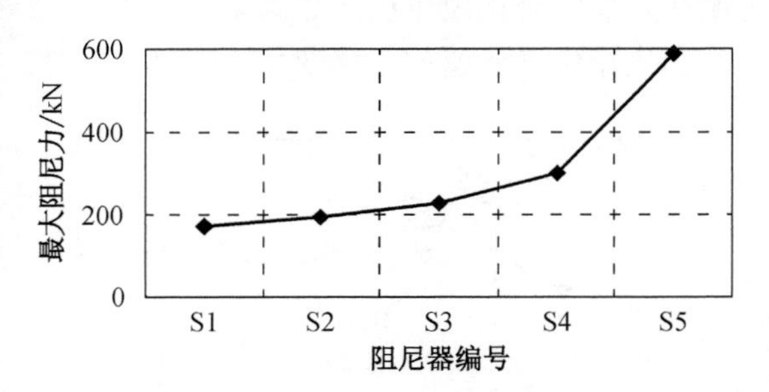

图 3-16　阻尼孔径对最大阻尼力的影响

图 3-16 为阻尼器 S1～S5 在 $f=0.5$ Hz、$u_0=\pm15$ mm 正弦波加载条件下的最大阻尼力变化趋势。从图中可以看出，在最大加载速度相同的情况下，随着阻尼孔的逐步减小，相应的最大阻尼力依次递增。

以上只是定性分析，为了更准确地把握最大阻尼力与阻尼孔径的关系，研究了在同一工况下，最大阻尼力之比与阻尼孔面积之比间的相互关系(参见图 3-17)。在图 3-17(a)中，给出了四条曲线，分别是阻尼孔面积比曲线，对应最大阻尼力比曲线，以两者各自的关系拟合曲线及拟合公式。由图 3-17(a)可以看到，对于阻尼器 S1～S5，其阻尼孔面积比曲线大致呈一水平线，其曲线拟合公式中，二次项和一次项的系数均很小，可近似为一常数。而最大阻尼力之比曲线的拟合公式则是一非线性方程。通过图 3-17(b)可见，最大阻尼力之比与阻尼孔面积比之间关系的拟合曲线，采用二阶多项式的拟合精度要高于线性拟合，故最大阻尼力的增加与阻尼孔截面面积的减小并不成正比关系，也即这两个参数不是线性相关。

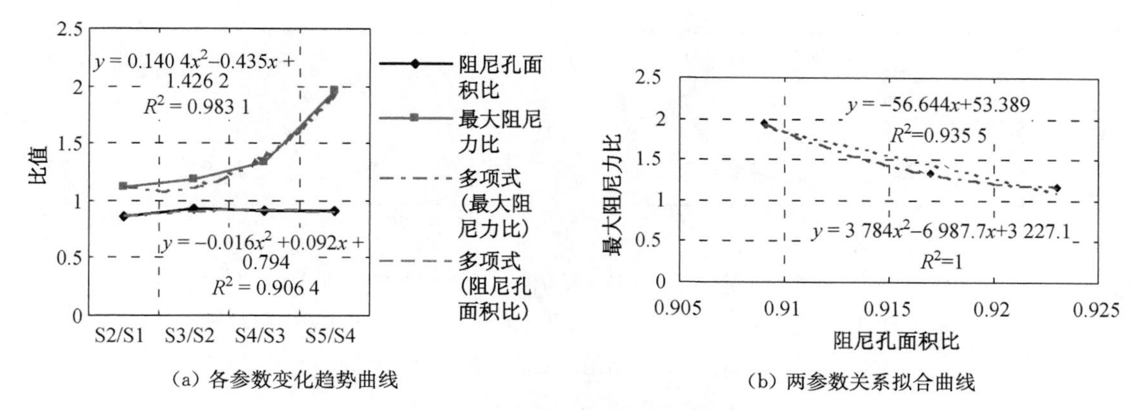

(a) 各参数变化趋势曲线　　(b) 两参数关系拟合曲线

图 3-17　阻尼孔径与最大阻尼力关系

4）阻尼孔长对阻尼器性能的影响

流体力学中规定[1-3]，在直径为 D 的通道中，假设阻尼孔的直径为 d，长度为 l，当 $0 < l/d \leqslant 0.5$ 时，该孔为薄壁小孔；当 $0.5 < l/d \leqslant 4$ 时，为厚壁小孔或短孔；当 $l/d > 4$ 时，为细长小孔。阻尼孔长径比的变化，会导致流体通过阻尼孔时流场发生改变，影响到流体通过小孔产生的液阻(或压降)的大小。

根据本章阻尼器耗能机理分析可知，阻尼孔长决定了阻尼介质通过阻尼孔时流场的形态以及沿程能量损耗的多少，进而影响到阻尼器在工作时的阻尼力—位移滞回曲线形状以及最大输出阻尼力等性能参数。

通过试验可以看到(参见图 3-18)，保持输入位移幅值、激励频率和阻尼介质不变，随着阻尼孔长度的增加(S9 阻尼孔长为 45 mm，S7 阻尼孔长为 114 mm)，相应的最大输出阻尼力增大，滞回环趋于饱满，耗能能力随之增大。

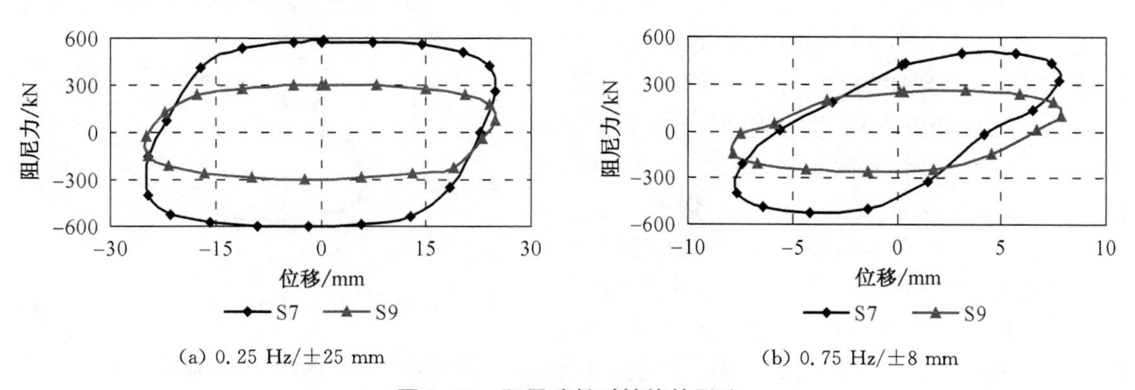

(a) 0.25 Hz/±25 mm　　(b) 0.75 Hz/±8 mm

图 3-18　阻尼孔长对性能的影响

5）环境温度对阻尼器性能的影响

保持激励频率、输入位移和阻尼介质不变，随着环境温度的改变，滞回环包络面积的大小有所变化，总体变化规律是，随着环境温度的升高，阻尼力有所减小(但是也有个别例外)，然而降幅不明显(参见图 3-19)。

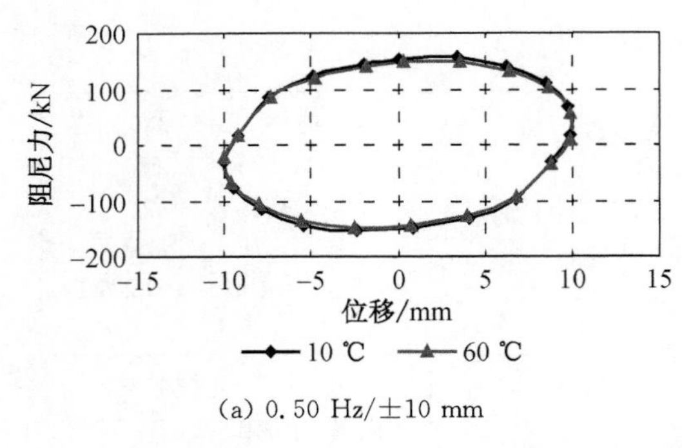

(a) 0.50 Hz/±10 mm

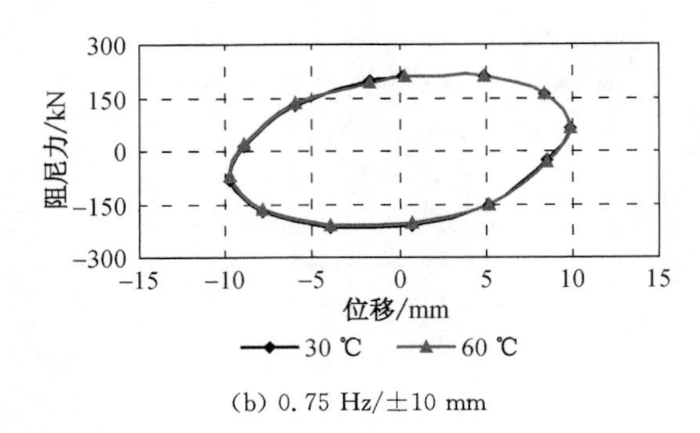

(b) 0.75 Hz/±10 mm

图 3-19 阻尼器温度相关性能

图 3-19 为阻尼器 S3 在 $f=0.5$ Hz、$u_0=\pm 10$ mm、$f=0.75$ Hz、$u_0=\pm 10$ mm 及正弦波加载条件下，不同工作温度情况下的阻尼力—位移滞回曲线。由图 3-19 可知，阻尼器在不同温度环境下的工作性能比较稳定，对于阻尼器 S3 而言，其在 10～60 ℃范围内，不同加载频率下，滞回曲线都比较饱满，最大阻尼力的波动范围在 5%以内，耗能能力稳定。

对于在－20～10 ℃范围内黏滞阻尼器的力学性能，文献[9]中已做过相应的试验研究。试验结果表明，阻尼器的输出力在相同的外界激励作用下，受温度的影响也比较小。

6) 阻尼介质充填质量对阻尼器性能的影响

由前述内容可知，阻尼器在正常工作情况下，性能稳定且可靠。但是在试验过程中也发现，如果阻尼器主缸内留有空隙(即阻尼介质未充满)时，阻尼器的力与位移之间的关系曲线在二、四象限产生缺口，将不能闭合为一个饱满的椭圆或类似椭圆的封闭曲线。

事实上，尽管在阻尼器的设计与制造过程中，考虑并采用了多道措施，例如同时设置灌油孔与排气孔，对小间隙部位灌油的特殊处理等手段，但在自然环境下要想完全去除阻尼介质中的气泡或溶解于阻尼介质中的气体(当环境温度升高时，气体将会析出)还是非常困难的，要达到这一目的，必须设计一套特殊的装备(包括真空设备，加压设备和阀的配合)和简便的操作流程。

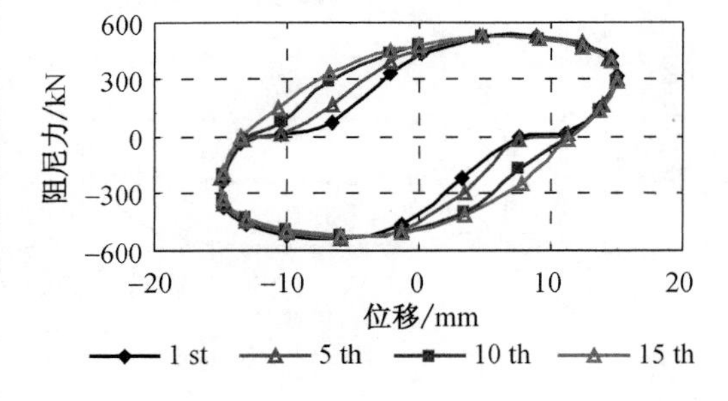

图 3-20 未注满介质阻尼器循环加载性能

通过试验可以发现，对于阻尼介质未注满的阻尼器，在初始加载的情况下，阻尼力—位移滞回曲线在二、四象限会产生一些空缺，影响了阻尼器的耗能能力，但是在对阻尼器反复加载时，可以看到滞回环出现空缺的部位随着加载次数的递增，也在逐渐地得到补充，经过一定次数的循环加载，最终恢复为一个较为饱满的滞回环(参见图 3-20，该图为阻尼器 S8 在 $f=0.25$ Hz、$u_0=\pm 15$ mm 及正弦波循环加载工况下的阻尼力—位移滞回曲线变化趋势)。

经分析认为，产生这一现象的主要原因是当阻尼器在反复加载时，一方面在一定压力作用下使得阻尼器内部各零件之间的配合间隙逐步为阻尼介质所填充；另一方面由于阻尼器将外界输入的机械能转化为热能耗散掉，阻尼介质的温度逐渐升高，使得阻尼介质内的气体慢慢析出并聚集于阻尼器内腔的上端，此时流经阻尼孔的介质所含气体或气泡已经越来越少，所以随着循环次数的增加，滞回曲线也逐步恢复饱满。

7）阻尼器刚度问题

通过对一定数量的阻尼器性能试验发现，多数情况下，阻尼器受到外界能量输入后，导杆带动活塞往复运动，外界激励衰减后，活塞随即停止运动，不像弹簧在外界作用力消失后恢复到初始状态，可见黏滞流体阻尼器基本无刚度。

但是随着阻尼器在工程上应用范围的不断扩大，对阻尼器性能（特别是对大吨位阻尼器）的要求也不断增多，因此需要对阻尼孔径等阻尼器内部构造不断做出调整或改变，这些措施会使活塞两端压差增大，活塞与阻尼通道构造复杂，如若外界激励频率提高或因大吨位要求阻尼孔道设计尺寸较小或阻尼介质黏度较大时，阻尼介质不能迅速由高压区域通过阻尼孔道流向低压区域，而活塞和导杆的运动为了同外界激励相谐调，必然会在高压下压缩阻尼介质，同时自身也发生微小的应变，这些应变累计起来形成阻尼器整体的弹性变形，从而使得阻尼器具有一定的瞬时刚度。

图 3-21 为阻尼器 S3 在正弦加载情况下的阻尼力—位移滞回曲线，随着加载频率的递增，滞回曲线由 0.1 Hz 时的呈双轴对称逐步发展到 1.0 Hz 情况下出现偏转，说明加载频率的高低会影响到阻尼器的瞬时刚度大小。

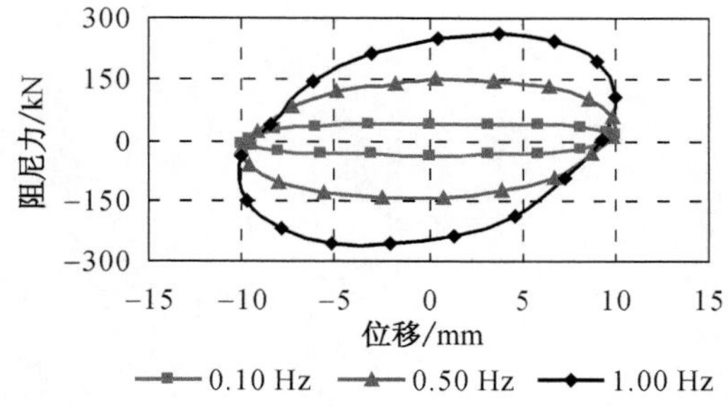

图 3-21　阻尼器性能与加载频率关系

图 3-6 表明在相同的加载工况下，阻尼介质的黏度会影响到阻尼器的瞬时刚度。阻尼介质黏度越高，阻尼器在一定加载频率和幅值下出现的瞬时刚度也越大。

图 3-15 说明在相同的加载工况下，阻尼孔径的尺寸也会对阻尼器的瞬时刚度产生影响。阻尼孔尺寸越小，阻尼器表现出的瞬时刚度越大。

此外，瞬时刚度的大小还与阻尼介质和阻尼器活塞、导杆的弹性模量有关。尽管通常采用的阻尼介质不易被压缩，钢材的弹性模量也很大，但是大吨位阻尼器在工作状态时，传递给导杆、活塞的拉压力和阻尼介质的压强都非常大，使得阻尼介质、导杆和活塞产生一定的弹性变形，从而使得阻尼器表现出一定的瞬时刚度。

参考文献

[1] 盛敬超. 液压流体力学[M]. 北京：机械工业出版社，1980.

[2] 赵学端，廖其奠. 黏性流体力学[M]. 北京：机械工业出版社，1983.

[3] Streeter V L, Wylie E B. 流体力学[M]. 北京：高等教育出版社，1987.

[4] 沈仲棠，刘鹤年. 非牛顿流体力学及其应用[M]. 北京：高等教育出版社，1989.

[5] 机械工程手册编写组. 机械工程手册[M]. 北京：机械工业出版社，1992.

[6] 简明化工字典编写组. 简明化工字典[M]. 北京：化工出版社，1978.

[7] 中华人民共和国工业和信息化部. 二甲基硅油　HG/T 2366—2015[S]，2015.

[8] 吴森纪. 有机硅及应用[M]. 北京：科学技术文献出版社，1990.

[9] 叶正强. 黏滞流体阻尼器消能减振技术的理论、试验与应用研究[D]. 南京：东南大学，2003.

[10] Wang J S, Tullis J P. Turbulent flow in the entry region of a rough pipe[J]. J. of Fluids Engng, 1972, 96 (1)：62-68.

[11] Langhaar H L. Steady flow in the transition length of straight tube[J]. J. Appl. Mech, 1942, 9 (22)：

55-58.
[12] 钟声玉,王克光. 流体力学和热工理论基础[M]. 北京:机械工业出版社,1980.
[13] Lundgren T S. Pressure drop due to the entrance region in ducts of arbitrary cross section[J]. J. of Basic Engng, 1964, 86 (3):620-626.
[14] 陈文芳. 非牛顿流体力学[M]. 北京:科学出版社,1984.
[15] 丁建华,欧进萍. 油缸孔隙式黏滞阻尼器理论与性能试验[J]. 世界地震工程,2001,17(1):30-35.
[16] Model 793. 10 Multi-Purpose Test Ware User Information and Software Reference. MTS Systems Corporation, 100-068-915 E.

第4章　螺旋孔式黏滞阻尼器原理与性能研究

黏滞阻尼器的结构形式是影响其性能优劣的主要因素。对于不同结构形式阻尼器的研究，有助于开发出耗能能力更强、性能更稳定的阻尼器。

普通的黏滞阻尼器能够满足实际工程对非线性的设计要求，且性能稳定、耗能能力强，但是在设计大吨位阻尼器时，调整孔长或孔径在工艺上受到限制。因此，本章介绍一种螺旋孔式黏滞阻尼器，可以在保持阻尼孔径的情况下，有效增加阻尼孔长度，满足大吨位阻尼器的设计要求。本章对该型阻尼器的耗能机理及恢复力模型进行了理论分析和试验研究，揭示了该型阻尼器的耗能规律，验证了其优良的力学性能，并提出了该类型阻尼器的简便设计和计算方法。

4.1　圆截面螺旋管道黏性流动特性

本章节介绍的黏滞阻尼器在活塞上设有螺旋式阻尼孔(阻尼孔构造见图4-1所示)。螺旋通道是一种曲线管道，在流体力学领域，通常把平面弯管、扭管、螺旋管道等通称为曲线管道。早在20世纪初，人们就已开始对曲线管道内的流体流动进行研究，其中Dean是曲线管道流动研究的开拓者[1][2]，利用摄动方法求解了圆截面封闭环形管道内的黏性流动，并首次在理论上发现截面上存在二次流动，为曲线管道流体流动的研究奠定了理论基础。此后又有很多学者做了大量研究工作，取得了一些重要成果，但是由于曲线管道流动的复杂性以及流体性能的不同，仍存在不少问题有待进一步解决。

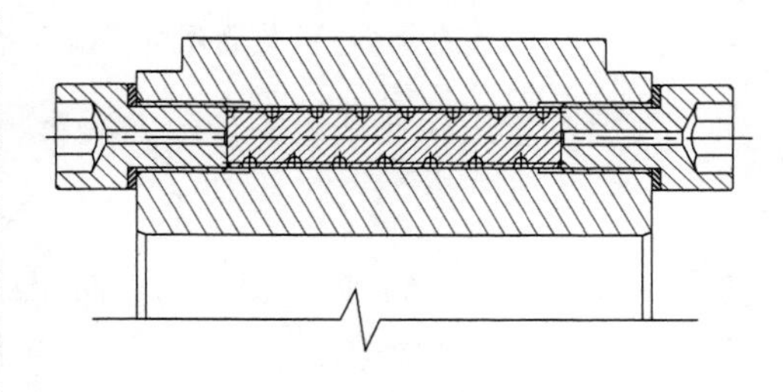

图4-1　螺旋阻尼孔构造

对于平面弯管，管道中心线的形状仅由曲率κ决定，而螺旋管道为双参数曲线管道，其管道中心线的形状需要由曲率κ和挠率τ共同确定[3][4]。由于挠率的影响，流动的上下对称性不再存在，平面弯管流动的结论不符合螺旋管道的流动规律。20世纪80年代以后，Murata、Wang、Germano等开始对螺旋管道内流体进行研究，在理论上取得了一定进展[3-22]。

4.1.1　正交螺旋坐标系的构建

对物理问题进行计算分析时，选择的坐标系应该具有坐标轴与计算区域的边界相适应的特性。流体运动的边界是各式各样的，对不同的流体力学问题，其内在规律不依赖于所选择的坐标系，但是根据不同的情况选择合适的坐标系，可以更好地满足边界条件，并能有效简化计算过程和提高数值结果精度。

根据在空间任意一点上三个坐标面是否相互垂直，可以将坐标系分为正交坐标系和非正交坐标系两大类。由于能用解析形式表示的坐标系种类有限，为适应实际工程中各种计算区域形状的不同需要，近几年应用数值方法生成适体坐标系的技术得到很大发展[23-26]。

根据螺旋管道的特点（见图 4-2 所示），可以构建出正交螺旋坐标系（见图 4-3 所示），以便给出适于求解螺旋管道流体流动的基本方程[27][28]。

假定螺旋管的螺距为 $H = 2k\pi$，k 为常数。

若螺旋管管道半径为 r，螺旋管中心线曲率半径为 R，则曲率 κ 和挠率 τ 可表示为[29]

$$\kappa = \frac{R}{R^2 + k^2},\ \tau = \frac{k}{R^2 + k^2} \tag{4-1}$$

以$\{x, y, z\}$为笛卡儿直角坐标系（见图 4-3），

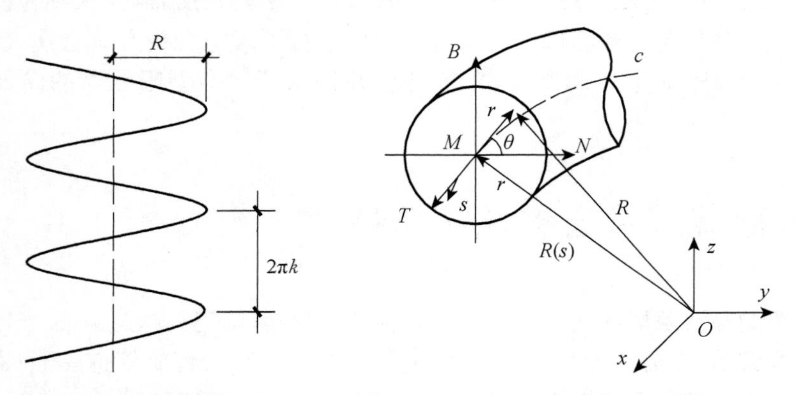

图 4-2　圆截面螺旋管道　　　　图 4-3　正交螺旋坐标系

则螺旋管道中心线 c 的参数方程为：

$$R(s) = (x_0(s),\ y_0(s),\ z_0(s)) \tag{4-2}$$

式中 s 为中心线 c 的弧长，设 c 为三阶可微的有向正则空间曲线，取 s 增加的方向为正方向，则曲线 c 上任一点 $M(x_0(s), y_0(s), z_0(s))$ 处的切向矢量为：

$$\boldsymbol{T}(s) = \frac{\mathrm{d}R(s)}{\mathrm{d}s} = \left(\frac{\mathrm{d}x_0(s)}{\mathrm{d}s}, \frac{\mathrm{d}y_0(s)}{\mathrm{d}s}, \frac{\mathrm{d}z_0(s)}{\mathrm{d}s}\right) \tag{4-3}$$

令

$$\boldsymbol{N}(s) = \frac{1}{\kappa}\frac{\mathrm{d}T(s)}{\mathrm{d}s} \tag{4-4}$$

则 $\boldsymbol{N}(s)$ 为中心线 c 在 M 点的主法向矢量。

定义矢量 $\boldsymbol{B}(s)$ 为

$$\boldsymbol{B}(s) = \boldsymbol{T}(s) \times \boldsymbol{N}(s) \tag{4-5}$$

称 $\boldsymbol{B}(s)$ 为中心线 c 在 M 点的副法向矢量。

因此，矢量簇 $(T(s), N(s), B(s))$ 可以构成一个右手正交标架[30]。

在 (N, B) 平面内建立极坐标 (r, θ)，固定于螺旋管道中心线 c 上，建立螺旋坐标系 (r, θ, s)，如图 4-3 所示。根据 Germano[7]关于螺旋坐标正交化结构的方法，保留切向矢量 $\boldsymbol{T}(s)$，将 $\boldsymbol{N}(s)$ 和 $\boldsymbol{B}(s)$ 同时绕 $\boldsymbol{T}(s)$ 旋转某一角度 $(\phi(s)+\phi_0)$，$\phi(s)$ 取下面的形式：

$$\phi(s)=-\int_{s_0}^{s}\tau(z)\mathrm{d}z \tag{4-6}$$

其中 ϕ_0 和 s_0 取任意值。

则螺旋管中任意一点位置矢量为

$$R=R(s)+r\cos(\theta+\phi(s)+\phi_0)\boldsymbol{N}(s)+r\sin(\theta+\phi(s)+\phi_0)\boldsymbol{B}(s) \tag{4-7}$$

故有

$$\mathrm{d}R\cdot\mathrm{d}R=(\mathrm{d}r)^2+r^2(\mathrm{d}\theta)^2+[1-\kappa r\cos(\theta+\phi(s)+\phi_0)]^2(\mathrm{d}s)^2 \tag{4-8}$$

由式(4-6)定义，ϕ_0 和 s_0 可以取任意值，现取 $\phi_0=\pi/2$，则根据式(4-8)可得旋转后螺旋坐标系的协变度量张量为

$$\left.\begin{aligned}g_{rr}&=1\\g_{\theta\theta}&=r^2\\g_{ss}&=M^2\\g_{r\theta}&=g_{\theta r}=0\\g_{\theta s}&=g_{s\theta}=0\\g_{rs}&=g_{sr}=0\end{aligned}\right\} \tag{4-9}$$

式中 M 为

$$M=1+\kappa r\sin(\theta+\phi(s)) \tag{4-10}$$

由式(4-9)可知，旋转后的螺旋坐标系满足正交条件 $(g_{ij}=0(i\neq j))$，为一正交坐标系。该正交坐标系的局部标架为[28]：

$$\left.\begin{aligned}e_r&=\boldsymbol{B}(s)\cos(\theta+\phi)-\boldsymbol{N}(s)\sin(\theta+\phi)\\e_\theta&=-r[\boldsymbol{B}(s)\sin(\theta+\phi)-\boldsymbol{N}(s)\cos(\theta+\phi)]\\e_s&=M\boldsymbol{T}(s)\end{aligned}\right\} \tag{4-11}$$

在正交螺旋坐标系 (r, θ^*, s) 中，$\theta^*=\theta+\phi$，下文为表述的方便，略去 θ 上标 *，以 θ 代表 θ^*。

4.1.2　螺旋管内流体流动的控制方程

为了能够定量描述各种流动的物理现象，必须建立合适的数学模型，将已知的流体动力学基本定律如质量守恒定律、动量守恒定律等，用数学方程进行描述，此类数学方程多为由微分方程表示的定解问题。在相应的定解条件（即初始条件和边界条件）下，求解这些数学方程，进而模拟出具体的流体动力学问题和实际工程问题。

流体力学中，质量守恒方程通常称之为连续方程，其表述的物理意义是：单位时间内流入流体微元体中的质量，等于同一时间增量内流出该微元体的质量。流体流动的连续方程以散度的形式可表述为

$$\frac{\partial \rho}{\partial t}+\nabla\cdot(\rho V)=0 \tag{4-12}$$

式中，ρ——流体密度；

V——速度矢量，$V=\{u,\ v,\ w\}$。

假定黏滞流体在无限长、等径圆截面、常数曲率和挠率的圆柱螺旋管中做定常、充分发展的等温层流流动，且忽略进出口的影响。

因为定常流动，所以速度关于时间的导数为零，即：

$$\frac{\partial u}{\partial t}=\frac{\partial v}{\partial t}=\frac{\partial w}{\partial t}=0 \tag{4-13}$$

因为充分发展流，故轴向压力梯度为常数，速度沿轴向不发生变化，即：

$$\frac{\partial p}{\partial s}=\text{const},\ \frac{\partial u}{\partial s}=\frac{\partial v}{\partial s}=\frac{\partial w}{\partial s}=0 \tag{4-14}$$

对于定常流动，当流体通过管道的距离大于管道的半径，小于曲率半径时，流动即为充分发展流[31]。对于非定常流动，若流动是脉动的，经过一段时间后，流动可以看为充分发展流[32]。如果流动按正弦或余弦规律波动，通过实验验证，流动可以达到充分发展状态[33]。

在正交螺旋坐标系中，根据式(4-9)、式(4-11)、式(4-12)及上述条件，可得连续方程为：

$$\frac{u}{r}+\frac{\partial u}{\partial r}+\frac{1}{r}\frac{\partial v}{\partial \theta}-\frac{\tau}{M}\frac{\partial w}{\partial \theta}+\frac{\kappa\sin\theta}{M}u+\frac{\kappa\cos\theta}{M}v=0 \tag{4-15}$$

式中，$u,\ v,\ w$ 分别为速度矢量 V 在 $r,\ \theta,\ s$ 方向(即径向、切向和轴向)的速度分量。

在流体力学中，动量守恒表示微元体中流体的动量对时间的变化率等于外界作用于该微元体上的各种力之和。根据这一定律和前述条件，可以推导出螺旋管道中流体在正交螺旋坐标系下的动量方程为[27][34]：

$$\rho\left[u\frac{\partial u}{\partial r}+\left(\frac{v}{r}-\frac{\tau w}{M}\right)\frac{\partial u}{\partial \theta}-\frac{v^2}{r}-\frac{\kappa\sin\theta}{M}w^2\right]=-\frac{\partial p}{\partial r}+\frac{\partial \tau_{rr}}{\partial r}+\frac{1}{r}\frac{\partial \tau_{\theta r}}{\partial \theta}-\frac{r}{M}\frac{\partial \tau_{sr}}{\partial \theta}+$$

$$\frac{\tau_{rr}-\tau_{\theta\theta}}{r}+\frac{\kappa\cos\theta}{M}\tau_{\theta r}+\frac{\kappa\sin\theta}{M}(\tau_{rr}-\tau_{ss}) \tag{4-16a}$$

$$\rho\left[u\frac{\partial v}{\partial r}+\left(\frac{v}{r}-\frac{\tau w}{M}\right)\frac{\partial v}{\partial \theta}+\frac{uv}{r}-\frac{\kappa\cos\theta}{M}w^2\right]=-\frac{1}{r}\frac{\partial p}{\partial \theta}+\frac{\partial \tau_{r\theta}}{\partial r}+\frac{1}{r}\frac{\partial \tau_{\theta\theta}}{\partial \theta}-\frac{\tau}{M}\frac{\partial \tau_{s\theta}}{\partial \theta}+$$

$$\left(\frac{2}{r}+\frac{\kappa\sin\theta}{M}\right)\tau_{r\theta}+\frac{\kappa\cos\theta}{M}(\tau_{\theta\theta}-\tau_{ss}) \tag{4-16b}$$

$$\rho\left[u\frac{\partial w}{\partial r}+\left(\frac{v}{r}-\frac{\tau w}{M}\right)\frac{\partial w}{\partial \theta}+\frac{\kappa\sin\theta}{M}uw+\frac{\kappa\cos\theta}{M}vw\right]=-\frac{1}{M}\frac{\partial p}{\partial s}+\frac{\partial \tau_{rs}}{\partial r}+\frac{1}{r}\frac{\partial \tau_{\theta s}}{\partial \theta}-$$

$$\frac{\tau}{M}\frac{\partial \tau_{ss}}{\partial \theta}+\left(\frac{1}{r}+\frac{2\kappa \sin \theta}{M}\right)\tau_{rs}+\frac{2\kappa \cos \theta}{M}\tau_{\theta s} \tag{4-16c}$$

式(4-16)中 p 为流体微元体上的压力，τ_{ij} 为流变方程参数。

4.1.3　螺旋管内流体二次流动分析

二次流动是区别于主流的次要流动。流体在直管道内流动时，管道截面上压力分布比较均匀，而在弯曲管道内流动时，需要在管道内外侧产生一定的压力差来提供向心力，以维持流体的弯曲运动。由于压差的影响，在顺轴向流动主流的基础上，还将在垂直于主流流向的截面上产生二次流动，使整体流动沿管道轴线方向呈螺旋状前进。

由于螺旋管道内二次流动的存在，使得弯曲管道内的摩擦力比同情况下直管要大，压力损失也相应增加。

4.1.4　螺旋管内流体流动方程的近似解析解

针对各种流动现象，建立合适的数学模型，用数学方程描述已知的流体动力学基本定律，这些方程通常用微分方程来表示，且多为非线性和非稳定性方程，只有很少量特定条件下的问题，可以根据求解问题的特性对方程和边界条件作相应简化得到解析解。

摄动法是求解流体力学非线性微分方程的基本方法之一。摄动法有参数摄动法和坐标摄动法两种，其中前者较为常用[35]。在使用参数摄动法时，需要先将非线性方程无量纲化，使得方程形式简单而便于求解，且使所求的解不受度量单位的限制，从而具有一定的代表性。方程无量纲化以后，选择适当的无量纲量作为摄动参数，再选用渐进序列进行参数展开，进而求得问题的一致有效渐进解。

这里首先对前述流体控制方程进行无量纲处理，定义以下无量纲量：

$$r^{*}=\frac{r}{r_c},\ \theta^{*}=\theta,\ s^{*}=\frac{s}{r_c},\ (u^{*},\ v^{*})=\frac{(u,v)r_c}{\upsilon},$$

$$w^{*}=\frac{w}{w_m},\ p^{*}=\frac{pr_c^2}{\rho\upsilon^2},\ \kappa^{*}=\kappa r_c,\ \tau^{*}=\tau r_c \tag{4-17}$$

式中，r_c——圆截面螺旋管半径；

υ——运动黏度；

ρ——流体密度；

p——轴向压力；

w_m——螺旋管轴向平均速度。

下文中，为公式表达简洁起见，略去无量纲量上标“*”。

将上述无量纲量式(4-17)代入式(4-15)、式(4-16)，可以得到相应的无量纲控制方程，构成螺旋管道内充分发展定常层流流动的数学物理模型。

定义流函数 $\psi(r,\ \theta)$：

$$\frac{1}{r}\frac{\partial \psi}{\partial \theta}=Mu,\ -\frac{\partial \psi}{\partial r}=Mv-\tau rw \tag{4-18}$$

假定无量纲曲率和无量纲挠率为小量，$\kappa=\varepsilon\ll 1$，$\tau=\lambda\varepsilon\ll 1$，以其为摄动参数，摄动解可以统一为如下形式[36]：

$$\psi=\psi_0+\varepsilon\psi_1+\varepsilon^2\psi_2+\varepsilon^3\psi_3+\cdots \tag{4-19}$$

将式(4-19)代入无量纲控制方程，整理 ε 各阶项的系数，得到各阶摄动方程。再求解各阶摄动方程，从而得到方程的摄动解。

零阶摄动解为圆截面直管内的压差流(Poiseuille 流)，其中

$$\psi_0=0,\ w_0=1-r^2,\ p_0=-4s \tag{4-20}$$

$\psi_0=0$，故圆截面直管内不存在二次流动；w_0 为 r 的函数，所以 w_0 在圆截面上的等值线为一系列同心圆；p_0 为 s 的函数。

同样方法，可以求得牛顿流体在螺旋管中层流流动的完全二阶摄动解[34]为：

$$\psi=-\frac{1}{4}\tau(r^4-2r^2+1)+\frac{1}{6}\kappa\tau(r^5-2r^3+r)\sin\theta+\kappa\frac{Re}{288}(r^7-6r^5+9r^3-4r)\cos\theta-\frac{\kappa\tau Re^2}{69\ 120}(r^{11}-9r^9+30r^7-50r^5+41r^3-13r)\sin\theta \tag{4-21a}$$

$$w=(1-r^2)+\frac{3}{4}\kappa(r^3-r)\sin\theta+\frac{\kappa\tau Re}{576}(3r^7-8r^5-24r^3+29r)\cos\theta+\frac{\tau Re^2}{11\ 520}(r^9-10r^7+30r^5-40r^3+19r)\sin\theta+\frac{\kappa\tau Re^3}{29\ 030\ 400}(20r^{13}-294r^{11}+1\ 575r^9-4\ 550r^7+7\ 630r^5-7\ 350r^3+2\ 969r)\cos\theta \tag{4-21b}$$

$$p=-4s+\frac{\kappa\tau}{6Re}(3r^3-r)\cos\theta+\frac{1}{12}\kappa(2r^5-6r^3+9r)\sin\theta+\frac{\kappa\tau Re}{17\ 280}(3r^9-30r^7+90r^5-120r^3+101r)\cos\theta \tag{4-21c}$$

同理也可求得 u、v 的二阶摄动解。

4.1.5 螺旋管内流体流动方程的数值解

摄动法是一种理论分析方法，能够对物理问题进行定性和定量分析，揭示物理问题的本质。但该方法具有小参数的局限性，使其适用范围较窄，若需得到中等参数下的流动规律，则必须进行数值计算。

描述流体运动的数学方程通常为非线性微分方程，只有很少量特定条件下的问题，可以根据求解问题的特性对方程和边界条件作相应简化得到解析解，而绝大多数实际问题只有通过数值计算才能得到结果。

在数值方法中，有限差分法十分简便，但对于不规则区域的适用性较差，而有限体积法则能较好地解决这一问题。在采用有限体积法进行流体力学数值计算时，首先假定以 ϕ 表示通用变量，将无量纲方程统一表述为：

$$\frac{\partial rJ_r}{\partial r} + \frac{\partial J_\theta}{\partial \theta} = rJ \tag{4-22}$$

式中，$J_r = u\phi - \frac{\partial \phi}{\partial r}$，$J_\theta = v\phi - \frac{1}{r}\frac{\partial \phi}{\partial \theta}$。

当 ϕ 分别代表 u，v，w 时，可以得到相应的 J 的表达式。

用有限体积法对方程(4-22)进行离散，离散时将求解区域划分为互不重叠的有限控制体积，用离散的网格代替原来的连续空间，每个网格点都位于控制体积的中心，将微分方程在包围该节点的微元体积上积分，有限体积法得到一组节点的离散方程，再将方程组联立，即可求得相应的数值解。计算时，给定轴向压力梯度或 Re 数，以及曲率 κ、挠率 τ，就可以确定流场，先计算二次流的速度 u、v，再计算轴向速度 w 和流函数 ψ。

4.2　螺旋管道内黏性流动能量损失分析

根据前述分析可知，在螺旋管道内，黏滞流体整体流动沿管轴方向呈螺旋状前进，我们可以通过解析方法或数值计算的方法求得流体运动的径向、周向和轴向运动速度 u、v、w 及其分布特点。

在螺旋管道进、出口位置各取一个断面，两断面间螺旋管道长设为 l，根据能量守恒原理即伯努利方程，可以得到

$$Z_1 + \frac{p_1}{\rho g} + \frac{\bar{w}_1^2}{2g} = Z_2 + \frac{p_2}{\rho g} + \frac{\bar{w}_2^2}{2g} + E_\omega + E_f \tag{4-23}$$

式中，Z_1、Z_2——分别为进、出口断面的位置势能；

$\frac{p_1}{\rho g}$、$\frac{p_2}{\rho g}$——分别为进、出口断面的压强势能；

$\frac{\bar{w}_1^2}{2g}$、$\frac{\bar{w}_2^2}{2g}$——分别为进、出口断面的平均轴向速度动能；

E_ω——出口断面由二次流动产生的平均旋转动能；

E_f——两断面间螺旋管道长度 l 上的沿程能量损失。

因为两断面间高差较小，可以假定 $Z_1 \approx Z_2$；此外，螺旋管内流动为定常、充分发展的等温层流流动，且忽略进出口的影响，所以 $\bar{w}_1 \approx \bar{w}_2$，故式(4-23)又可以表述为

$$\frac{p_1 - p_2}{\rho g} = E_\omega + E_f \tag{4-24}$$

通过式(4-24)可知，黏滞流体在流经螺旋管道后，其压能的损失主要由两部分构成，一部分为流体的沿程阻力损失 E_f，另外一部分为由于螺旋管道二次流的存在，部分流体机械能转化为出口断面的旋转动能 E_ω，即旋转动能是通过损失部分压能而获得，这部分压能损失也可以称为旋转流的附加损失。

4.3 螺旋孔式黏滞阻尼器理论计算公式

根据前述的分析方法,结合本章设计的螺旋孔式黏滞阻尼器的构造参数,经过计算可知,螺旋管道中的二次流动为单涡旋结构,在轴向流动和二次流动的共同作用下,整体流动沿管道轴线方向呈螺旋状前进。因此,黏滞流体在螺旋管道流动过程中的阻力损失主要表现为流体沿螺旋线前进时的沿程阻力损失。

根据文献[37]的推导可知,流体流经平直圆管的压力损失 Δp 为

$$\Delta p = \rho \bar{w}^2 \frac{l}{d} f_s\left(Re, \frac{\varepsilon}{d}\right) \tag{4-25}$$

式中,l ——管道长度;

d ——管道直径;

$\bar{w}$ ——管道轴向平均流速;

ε ——管壁粗糙尺度。

所以对于平直管道,其沿程阻力损失可以表述为

$$E_f = \lambda \frac{l}{d} \frac{\bar{w}^2}{2g} \tag{4-26}$$

式中,λ 为摩阻系数,令 $\lambda = 2f_s\left(Re, \frac{\varepsilon}{d}\right)$,反映管道中流体的流态以及管壁粗糙对管壁处的切应力的影响。

圆管壁面对黏滞流体产生的摩擦阻力,可以用管壁处的切应力乘以管壁面积表示。假定管壁处的轴向切应力为 τ_0,则摩擦阻力 $R_f = \tau_0 \chi l$,这里 χ 为湿周。

该摩擦阻力与管道进出口断面的压力 F_1、F_2 相平衡,所以有

$$(p_1 - p_2)A = R_f = \tau_0 \chi l \tag{4-27}$$

也即

$$\tau_0 = \frac{(p_1 - p_2)A}{\chi l} = \frac{\Delta p d}{4l} \tag{4-28}$$

由式(4-25)、式(4-28)可得

$$\tau_0 = \frac{\rho \bar{w}^2}{4} f_s\left(Re, \frac{\varepsilon}{d}\right) = \frac{1}{8}\lambda_1 \rho \bar{w}^2 \tag{4-29}$$

式中,λ_1 ——管内流体轴向运动时的摩阻系数。

同理,可以得到管壁的周向切应力 τ_ω 为

$$\tau_\omega = \frac{1}{8}\lambda_2 \rho \bar{v}^2 \tag{4-30}$$

式中，λ_2 ——管内流体周向运动时的摩阻系数；

$\bar{v}$ ——管内流体周向流动的平均速度。

根据能量守恒原理，阻力做功的功率应等于流体功率的损失值，所以有

$$\rho g Q \Delta h = \tau_0 A \bar{w} + \tau_\omega A \bar{v} \tag{4-31}$$

这里，$A = 2\pi R l$，$\bar{v} = \frac{1}{2} v_R$，$Q = \pi R^2 \bar{w}$，代入式(4-31)得到

$$\rho g \pi R^2 \bar{w} \Delta h = \frac{1}{8} \lambda_1 \rho \bar{w}^2 \cdot 2\pi R l \bar{w} + \frac{1}{8} \lambda_2 \rho \bar{v}^2 \cdot 2\pi R l \bar{v} \tag{4-32}$$

整理后得到

$$\Delta h = \frac{l \bar{w}^2}{4Rg} \left[\lambda_1 + \lambda_2 \left(\frac{\bar{v}}{\bar{w}} \right)^3 \right] \tag{4-33}$$

令 $\lambda = \lambda_1 + \lambda_2 \left(\frac{\bar{v}}{\bar{w}} \right)^3$，$d = 2R$，

所以式(4-33)又可表述为

$$\Delta h = \lambda \frac{l}{d} \frac{\bar{w}^2}{2g} = E_f \tag{4-34}$$

这里，λ 可以看作是螺旋管道内流体流动的摩阻系数，其值大小与雷诺数 Re、管壁相对粗糙度 $\frac{\varepsilon}{d}$ 以及流体周向与轴向运动速度的相对值 $\frac{\bar{v}}{\bar{w}}$ 有关，其中 $\frac{\bar{v}}{\bar{w}}$ 反映了流体由于在螺旋管道中运动，产生二次流动(周向运动)所引起的摩阻损失。

所以，螺旋管道内流体流动的摩阻系数 λ 也可以表述为

$$\lambda = f_s \left(Re, \frac{\varepsilon}{d}, \frac{\bar{v}}{\bar{w}} \right) \tag{4-35}$$

这样，就得到了黏滞流体在螺旋管道中流动时，其轴向流动和周向流动产生的沿程阻力损失 E_f。此外，由前述分析可知，由于螺旋管道二次流的存在，部分流体机械能将转化为出口断面的旋转动能 E_ω，从而引起压能损失。

为分析简便起见，假定圆截面螺旋通道内因二次流动产生的周向流速沿径向近似呈线性分布，即周向流动(单涡旋)是以断面中心为圆心，以相同的角速度 ω 进行的旋转运动，所以周向流体的速度分布可以表示为

$$v_r = \omega r \tag{4-36}$$

则管壁处的流速为 $v_R = \omega R$。

通道断面的平均旋转动能 E_ω 为

$$E_\omega = \frac{1}{\pi R^2} \int_0^R 2\pi r \frac{(\omega r)^2}{2g} \mathrm{d}r = \frac{R^2 \omega^2}{4g} = \frac{v_R^2}{4g} = \frac{\bar{v}^2}{g} \tag{4-37}$$

因为螺旋通道中，流体的轴向平均速度为 $\bar{w}$，切向平均速度为 $\bar{v}$，可得流速的偏转角度为

$\alpha = \arctan\left(\frac{\bar{v}}{\bar{w}}\right)$，所以 $\bar{v} = \tan\alpha \cdot \bar{w}$。

因此，式(4-37)可写为

$$E_{\omega} = \tan\alpha \frac{\bar{w}^2}{g} \tag{4-38}$$

综合式(4-24)、式(4-34)和式(4-38)可得

$$\frac{\Delta p}{\rho g} = E_{\omega} + E_f = \tan\alpha \frac{\bar{w}^2}{g} + \lambda \frac{l}{d} \frac{\bar{w}^2}{2g} \tag{4-39}$$

若螺旋通道的轴向长度(活塞宽度)为 L，螺距为 $2\pi k$，则有

$$l = nL = \frac{\pi d}{2\pi k} L = \frac{d}{2k} L \tag{4-40}$$

代入式(4-39)并整理可得

$$\Delta p = \rho\left(\tan\alpha + \frac{\lambda L}{4k}\right)\bar{w}^2 \tag{4-41}$$

通过以上推导，得到了螺旋管道内黏滞流体考虑摩阻损失和旋转动能的影响后，压降 Δp 与轴向平均流速 $\bar{w}$ 之间的关系。

设阻尼器缸筒内径、活塞外径均为 D_1，导杆直径为 D_2。

又因为

$$\Delta p = \frac{F}{A},\ A = \frac{\pi(D_1^2 - D_2^2)}{4} \tag{4-42}$$

故得到阻尼力 F 与轴向平均流速 $\bar{w}$ 之间的关系为：

$$F = \frac{\pi(D_1^2 - D_2^2)\rho}{4}\left(\tan\alpha + \frac{\lambda L}{4k}\right)\bar{w}^2 \tag{4-43}$$

式(4-43)建立了阻尼力 F 与阻尼介质流经阻尼孔平均流速 $\bar{w}$ 之间的关系，为便于设计，需要掌握阻尼力 F 与活塞相对运动速度 V 之间的变化规律。

现假设活塞上开有 n 组孔径为 d 的阻尼圆孔(为方便设计和制造，阻尼孔的直径通常为同一尺寸)，流经活塞上各阻尼孔的流体连续性方程为

$$\frac{\pi(D_1^2 - D_2^2)}{4} V = n \frac{\pi d^2}{4} \bar{w} \tag{4-44}$$

由式(4-43)、式(4-44)可得

$$F = \frac{\pi (D_1^2 - D_2^2)^3 \rho}{4n^2 d^4}\left(\tan\alpha + \frac{\lambda L}{4k}\right)V^2 \tag{4-45}$$

式(4-45)即为螺旋孔式黏滞阻尼器的阻尼力 F 与速度 V 的理论计算公式。

需要说明的是，上式并不是说阻尼力 F 与活塞相对运动速度 V 之间成 2 次方关系，因

为在式(4-45)中，还有一些跟螺旋管道内流体流态相关的参数 $\tan\alpha$、λ，它们的取值受流体的轴向和二次流动周向速度分布形式等因素的影响，进而影响到与活塞运动速度之间的关系。

以上内容借助了众多流体力学的基本理论，介绍了流体在螺旋管道内的流动特点。在此基础上，推导出螺旋孔式阻尼器的阻尼力计算公式。该公式在推导过程中，很多推导步骤都具有相应的前提条件，而且为推导和表述方便，对螺旋管内的流体流动特性参数也做了一定的简化。但是，由于螺旋管内流体流动的复杂性，为了尽量包含螺旋管道流动的特性，得到的阻尼器 F—V 计算公式仍然不直观，且不便于工程的应用。因此，需要对其进一步进行简化。

现假定螺旋管道中液体速度方向均沿轴线方向，且速度值相等；此外，螺旋管道水力直径小于螺旋曲率直径，故可将螺旋管道上任一微小弧段视为直线流道。

对于牛顿流体圆截面螺旋管道流，其在微小弧段上的压降为

$$\mathrm{d}p = \frac{32\mu\bar{w}}{d^2}\mathrm{d}l \tag{4-46}$$

式中，μ ——牛顿流体动力黏度。

因为

$$\mathrm{d}l = R\mathrm{d}\theta \tag{4-47}$$

式中，R——螺旋管中心线曲率半径(参见图 4-2)。

将式(4-47)代入式(4-46)，沿螺旋管道积分并整理后，可得螺旋管道上流体压降与平均流速的关系为

$$\Delta p = \frac{32\mu\bar{w}}{d^2}2\pi R\frac{L}{H} = \frac{64\pi R\mu L}{Hd^2}\bar{w} \tag{4-48}$$

式中，H——螺旋管的螺距(参见图 4-2)。

设阻尼器缸筒内径、活塞外径均为 D_1，导杆直径为 D_2。根据式(4-42)，得到以牛顿流体为阻尼介质的螺旋孔式黏滞阻尼力理论计算公式为

$$F = \frac{16\pi^2 R\mu L\ (D_1^2 - D_2^2)^2}{nHd^4}V \tag{4-49}$$

对于采用幂律流体作为阻尼介质的黏滞阻尼器，同理可得圆截面螺旋管道流在微小弧段上的压降为

$$\mathrm{d}p = \frac{4k}{d}\left[\frac{2(3\alpha+1)}{\alpha d}\right]^{\alpha}\bar{w}^{\alpha}\mathrm{d}l \tag{4-50}$$

式中，k ——稠度系数；

α ——流动指数。

将式(4-50)沿螺旋管道积分并整理后，可得

$$\Delta p = \frac{8\pi RkL}{Hd}\left[\frac{2(3\alpha+1)}{\alpha d}\right]^{\alpha}\bar{w}^{\alpha} \tag{4-51}$$

最后得到以幂律流体为阻尼介质的螺旋孔式黏滞阻尼力理论计算公式为

$$F=\frac{2\pi^2 RkL(D_1^2-D_2^2)^{\alpha+1}}{Hd^{3\alpha+1}}\left[\frac{2(3\alpha+1)}{n\alpha}\right]^{\alpha}V^{\alpha} \tag{4-52}$$

通过式(4-24)可知，黏滞流体在流经螺旋管道后，其压能的损失主要由两部分构成：一部分为流体的沿程阻力损失 E_f，另外一部分由于螺旋管道二次流动的存在，部分压能转化为出口断面的旋转动能 E_ω。式(4-49)及式(4-52)在推导过程中，为简化公式和应用方便，未考虑二次流动引起的损失，且上述公式还需通过阻尼器性能试验对其进行修正。

4.4 螺旋孔式黏滞阻尼器力学性能试验研究

4.4.1 试验方案

试验采用东南大学结构试验室 MTS 1 000 kN 疲劳试验机，由 FLEX-GT 数字控制器、MTS793.10 软件按照预先编制的波形控制加载，进行黏滞流体阻尼器的动力性能试验。通过改变振动频率、位移幅值、阻尼材料黏度和阻尼孔径大小等参数，测定各种工况下阻尼器的力—位移关系曲线，并通过对所采集的试验数据进行分析，揭示阻尼器阻尼力与活塞运动速度等各参数之间的关系。

本次试验所选用的阻尼器在活塞上等间距对称开有四个对穿孔洞，其中两个孔用来装配螺旋型阻尼螺钉作为阻尼孔，其他两个孔用无孔螺钉封堵，阻尼孔在活塞两侧对称布置。该型试验用阻尼器的各种参数如表 4-1 所示。

表 4-1 试验用螺旋孔式黏滞流体阻尼器规格

编号	主缸筒内直径/mm	活塞导杆直径/mm	阻尼孔直径/mm	螺旋管螺距/mm	螺旋管中心线曲率半径/mm	阻尼孔长度/mm	阻尼孔数量/个	阻尼介质
H1	180	90	3.0	10	7	410	2	硅油基黏滞材料-1
H2	180	90	4.0	10	7	410	2	硅油基黏滞材料-2

注：随黏滞材料编号的增加，阻尼介质的表观黏度提高。

试验中用按照正弦波规律变化的输入位移 u 来控制 MTS 试验机系统进行加载，分别测得不同位移幅值下阻尼器的位移、相应的阻尼力以及对应的时间，从而得到阻尼器阻尼力随加载波形、加载频率、位移幅值变化的动力特性。

试验加载频率范围为 0.1～1.5 Hz；位移幅值范围为±(5～50) mm(在某些频率下，因加载系统油源及蓄能器的限制，未进行高频率、大位移情况下的动力试验)；每一加载工况进行 10～20 个循环(对于频率较高且位移较大的工况，加载系统需要一个逐步补偿和逼近的过程，故试验循环数适当增加)。试验工况见表 4-2 所示。

表 4-2　阻尼器试验工况

工况	1	2	3	4
频率/Hz	0.1	0.25	0.5	0.75
幅值/mm	15～50 mm (5 mm 递增)	15～50 mm (5 mm 递增)	15～50 mm (5 mm 递增)	15～50 mm (5 mm 递增)
工况	5	6	7	
频率/Hz	1.0	1.25	1.5	
幅值/mm	2 mm 递增加载 且 $F<600$ kN	2 mm 递增加载 且 $F<600$ kN	2 mm 递增加载 且 $F<600$ kN	

试验中各阻尼器根据具体情况不同，试验工况略有调整。

4.4.2　试验结果与分析

1）试验结果

通过试验，得到阻尼器 H1、H2 在上述各工况下的阻尼力—位移滞回曲线。因篇幅所限，由图 4-4 至图 4-5 表示其中部分试验结果。

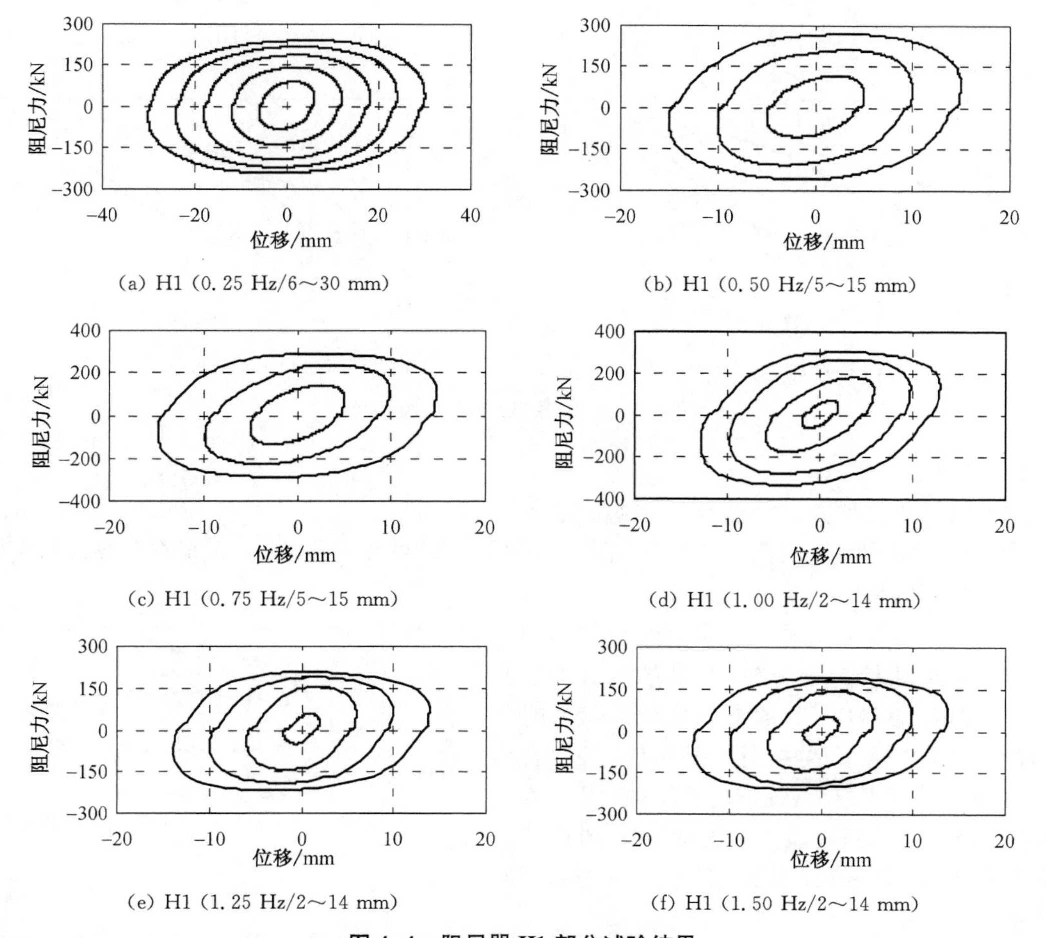

(a) H1 (0.25 Hz/6～30 mm)　(b) H1 (0.50 Hz/5～15 mm)

(c) H1 (0.75 Hz/5～15 mm)　(d) H1 (1.00 Hz/2～14 mm)

(e) H1 (1.25 Hz/2～14 mm)　(f) H1 (1.50 Hz/2～14 mm)

图 4-4　阻尼器 H1 部分试验结果

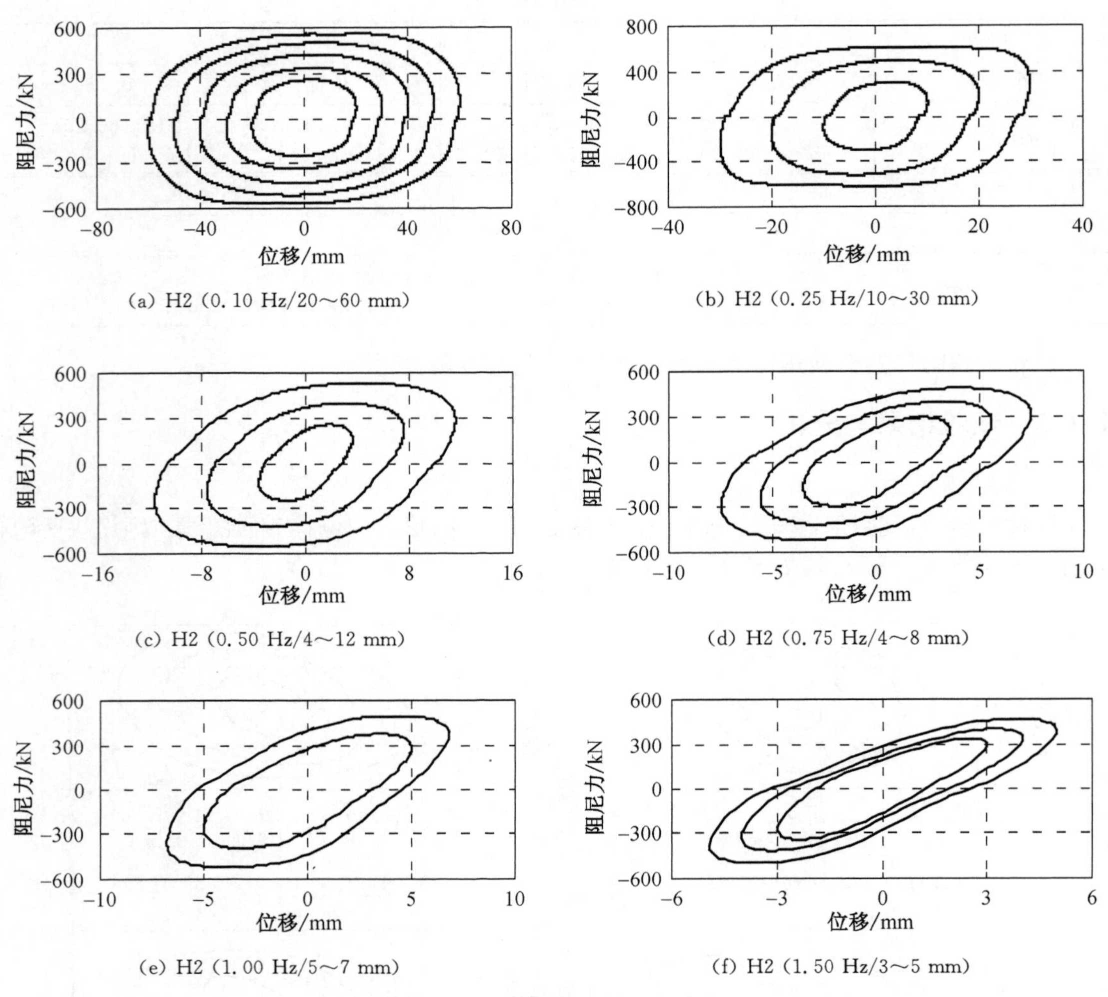

(a) H2 (0.10 Hz/20～60 mm)

(b) H2 (0.25 Hz/10～30 mm)

(c) H2 (0.50 Hz/4～12 mm)

(d) H2 (0.75 Hz/4～8 mm)

(e) H2 (1.00 Hz/5～7 mm)

(f) H2 (1.50 Hz/3～5 mm)

图 4-5　阻尼器 H2 部分试验结果

2) 试验结果分析

(1) 阻尼介质黏度对阻尼器性能的影响

由试验所得螺旋孔式阻尼器的阻尼力—位移滞回曲线平滑饱满，当阻尼介质黏度较高时，带有一定的瞬时刚度。

阻尼器 H1(阻尼介质为硅油基黏滞材料-1)，其滞回曲线形状接近于椭圆，阻尼器 H2(阻尼介质为硅油基黏滞材料-2)的滞回曲线形状为略微倾斜的平行四边形。在相同工况条件下，后者滞回曲线包围的面积更大，耗能能力更强(图 4-6 表示在频率为 0.25 Hz，幅值为±30 mm 的正弦波加载条件下，阻尼器 H1、H2 的阻尼力—位移滞回关系曲线)。

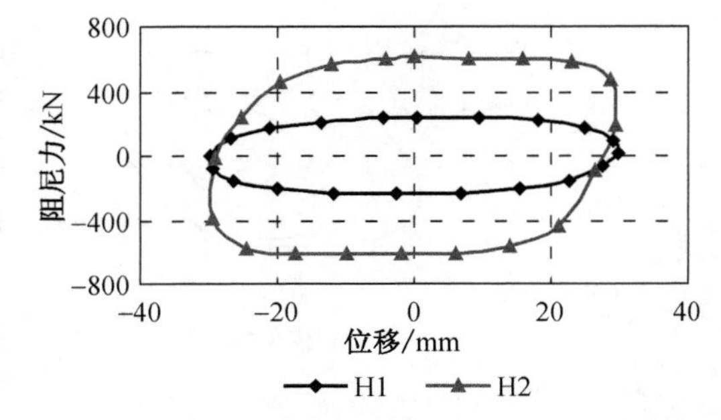

图 4-6　阻尼介质黏度对阻尼器性能的影响

（2）活塞运动速度对阻尼器性能的影响

由于黏滞流体阻尼器为一种速度相关型阻尼器，尽管螺旋孔式阻尼器的构造与细长孔式阻尼器不同，但是活塞运动速度依旧是影响输出阻尼力大小的主要因素之一。在试验工程中，通过调整加载频率或改变控制位移幅值，使阻尼器活塞的相对运动速度产生变化，研究阻尼器在活塞不同运动速度时的力学性能。

通过阻尼器力学性能试验可以看到，在同一温度和加载频率下，随着输入位移幅值的增加，滞回环所包围的面积逐渐增大，耗能能力也随输入位移幅值的增大而增强（参见图 4-4、图 4-5）。在同一温度和控制位移下，随着加载频率的增大，滞回曲线逐渐趋于饱满，阻尼力随加载频率的增大而增大，耗能能力也随加载频率的增大而增强（如图 4-7 所示）。图 4-7 为阻尼器 H2 在正弦波加载，位移幅值为 ± 10 mm，加载频率分别为 0.1 Hz、0.25 Hz、0.5 Hz 时的阻尼力—位移关系曲线。

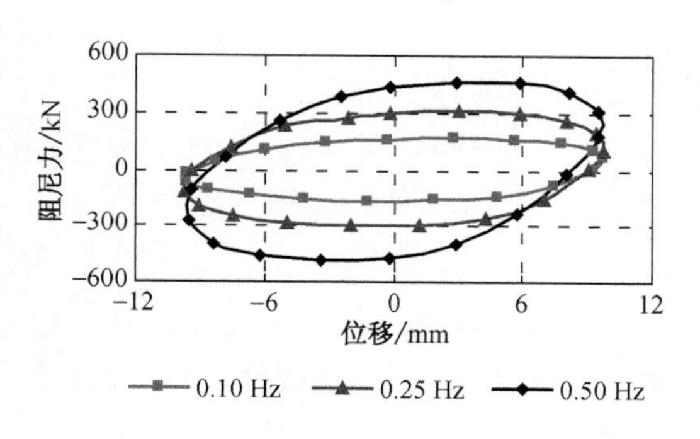

图 4-7　加载频率对阻尼器性能的影响

通过试验可以发现，螺旋孔式阻尼器输出阻尼力的大小受加载频率和位移幅值的影响，但其本质是与活塞的最大运动速度相关。由图 4-4、图 4-5 和图 4-7 可以看到，阻尼器输出阻尼力的大小随加载频率和位移幅值的变化而改变，但是经过进一步分析可知，同一阻尼器在受到外界激励后，无论运动频率和幅值是多少，只要活塞的最大相对运动速度相同，其输出的阻尼力就相同（参见图 4-8）。

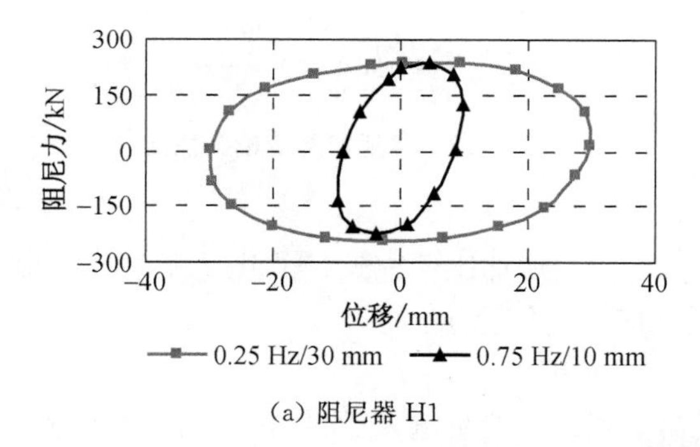

(a) 阻尼器 H1

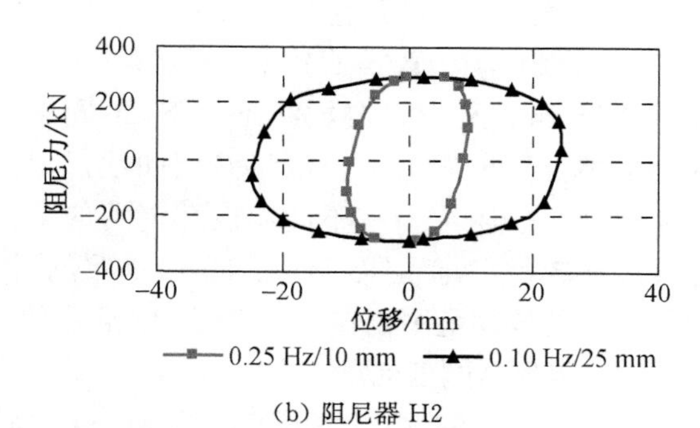

(b) 阻尼器 H2

图 4-8　最大加载速度相同时阻尼器性能

由前述分析知，阻尼器输出阻尼力 F 的大小与活塞的运动速度 V 相关，为了研究阻尼力 F 与活塞运动速度 V 之间的规律，通过在试验中采集的不同阻尼器在不同工况下的阻尼力、位移以及采样时间之间对应的数据，经过数学方法处理就可得到阻尼力与速度的关系曲线（参见图 4-9）。

由图 4-9 可以看出，在活塞往复运动过程中，阻尼器的阻尼力—速度关系曲线并不重叠为一条线，而是形成一个包络一定面积的闭合曲线，且不同阻尼器的包络曲线形状并不相同，阻尼器 H1 的 F—V 包络曲线形状接近于梭形，而阻尼器 H2 的 F—V 包络曲线形状则更类似于 S 形，这主要是不同阻尼介质的本构关系不同所致。

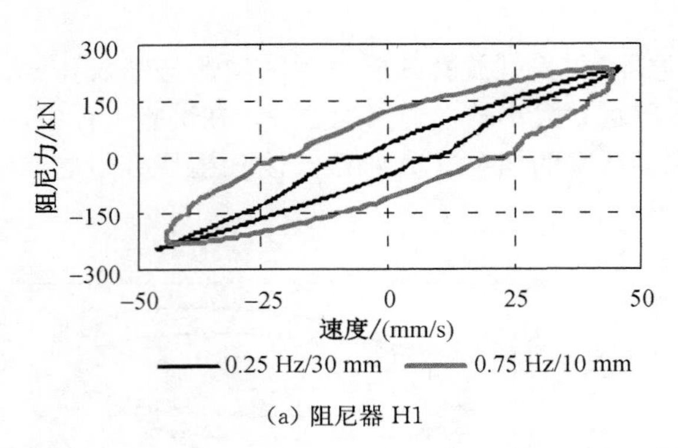

(a) 阻尼器 H1

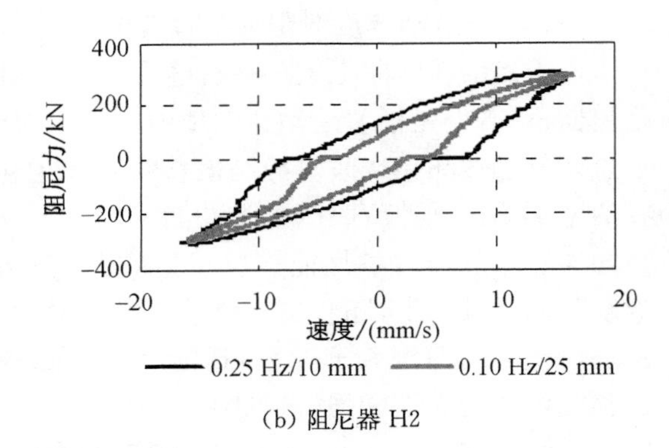

(b) 阻尼器 H2

图 4-9　阻尼器 *F*—*V* 关系曲线

此外，根据图 4-9 还可知，同一阻尼器在最大加载速度相同，但激励频率和加载幅值不同的工况下，*F*—*V* 关系曲线也并不完全重合，一般加载频率大的工况，*F*—*V* 曲线包围的面积也相对较大。

(3) 环境温度对阻尼器性能的影响

为研究环境温度对阻尼器性能的影响，在试验过程中，保持激励频率、输入位移和阻尼介质不变，仅改变环境的温度，得到不同温度条件下阻尼器的滞回曲线。由试验可知，随着温度的变化，滞回环包络面积的大小有所变化，随着环境温度的升高，输出阻尼力有所减小，然而降幅不明显(参见图 4-10)。

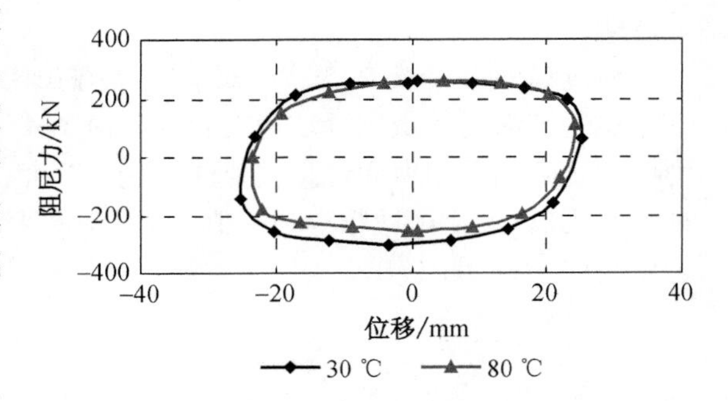

图 4-10　阻尼器温度相关性能

图 4-10 为阻尼器 H1 在 $f=0.75$ Hz、$u_0=\pm25$ mm 及正弦波加载条件下，不同工作温度情况下的阻尼力—位移滞回曲线。由图 4-10 可见，阻尼器在不同温度环境下的工作性能比较稳定，阻尼器 H1 在 30～80 ℃范围内，滞回曲线都比较饱满。试验过程中，最大输出阻尼力的波动范围仍在 15%以内，阻尼器的耗能能力比较稳定。

(4) 阻尼器刚度问题

通过阻尼器的性能试验发现，螺旋孔式阻尼器受到外界能量输入后，导杆带动活塞往复运动，外界激励衰减后，活塞随即停止运动，不像弹簧在外界作用力消失后恢复到初始状态，可见该型阻尼器基本无刚度。

但是通过试验还发现，随着加载频率的增加，阻尼器的力—位移滞回曲线逐渐产生一定程度的偏转，说明因加载工况的不同，阻尼器产生一定程度的瞬时刚度(参见图 4-11)。经分析认为，其产生的原因类似于细长孔式阻尼器。

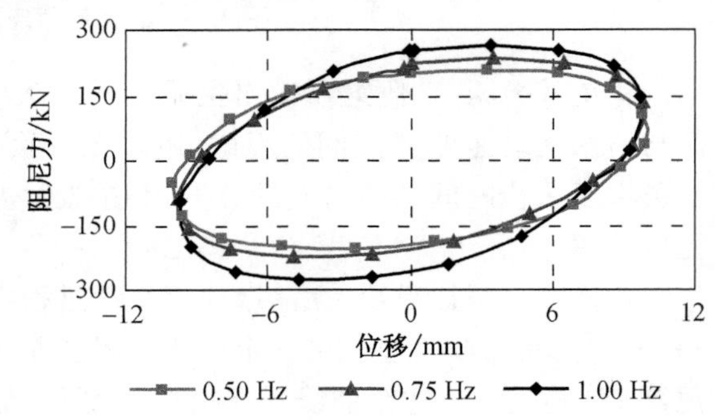

图 4-11　阻尼器性能与加载频率关系

图4-11为阻尼器H1在正弦加载情况下($u_0=\pm10$ mm)的阻尼力—位移滞回曲线，随着加载频率的逐步递增(0.5～1.0 Hz)，滞回曲线的倾斜角度逐步加大，说明加载频率的高低会影响到阻尼器的瞬时刚度大小。

(5) 阻尼孔构造对阻尼器性能的影响

由本章4.1节分析可知，螺旋孔式阻尼器与细长孔式阻尼器相比，因为阻尼孔构造形式的不同，当活塞发生往复运动时，阻尼介质在通过阻尼孔时的流态以及能量耗散机理也不尽相同，为此对两种阻尼器进行了性能对比分析。

图4-12为阻尼器S1、H1在相同加载工况下的阻尼力—位移滞回曲线对比。阻尼器S1、H1除阻尼孔的构造形式不同外，其余结构参数及阻尼介质完全一样。由图看到，同一加载条件下，阻尼器S1的最大输出阻尼力(150 kN)小于阻尼器H1(240 kN)，后者的滞回曲线更饱满，耗能能力更强。

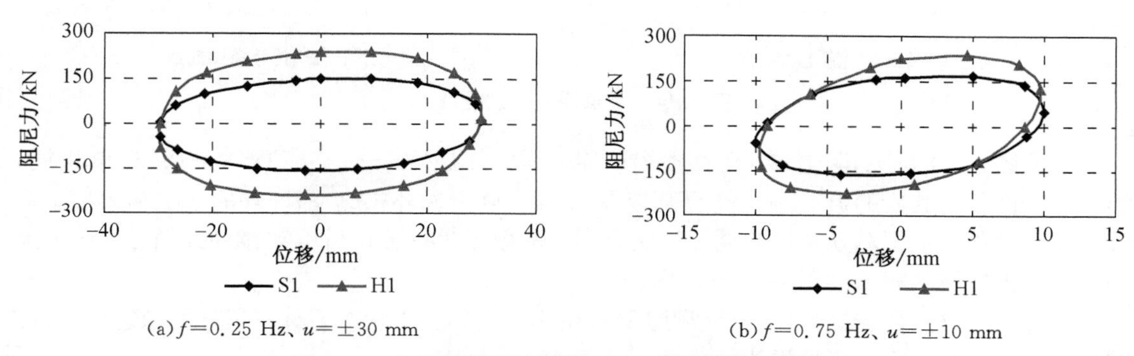

图4-12　不同构造阻尼器阻尼力—位移滞回曲线对比

从图中还可以发现，随着加载频率的增大，两种阻尼器均逐步出现瞬时刚度，且在相同激励下，阻尼器H1的刚度要大于S1，经分析认为，主要是在活塞运动速度相同的情况下，因为构造的不同，H1的输出阻尼力和缸筒内部压力要大于S1，使得阻尼器导杆、活塞以及阻尼介质产生的瞬时弹性变形也较大，所以出现图示刚度不等的现象。

图4-13为阻尼器S1、H1在相同加载工况下的阻尼力—速度关系曲线对比。从图可见，这两种阻尼器的F—V关系曲线都包络一定的面积，且在最大加载速度相同的情况下，激励频率大的工况相对包围的面积更大；在相同的加载条件下，阻尼器H1的F—V曲线包络面积要大于阻尼器S1的。

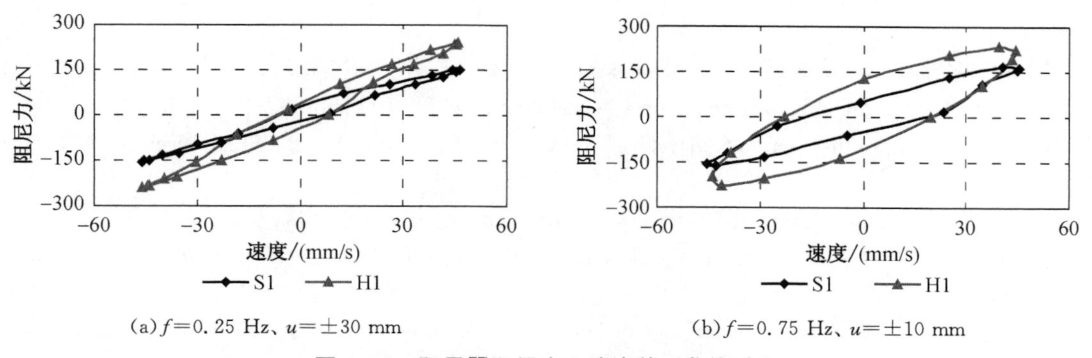

图4-13　阻尼器阻尼力—速度关系曲线对比

(6) 阻尼器的疲劳性能

用于结构减振的阻尼器必须具备优良的抗疲劳性能。这里,对阻尼器 H1 进行了疲劳性能试验,所施加的力为 $f=1.0$ Hz 的正弦力,加载幅值为±4 mm,进行了 20 000 次循环的疲劳试验(试验结果参见图 4-14)。

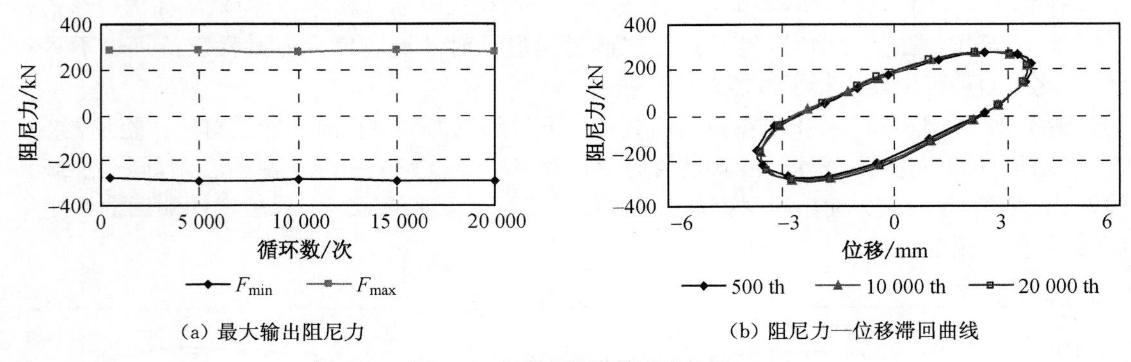

(a) 最大输出阻尼力　　(b) 阻尼力—位移滞回曲线

图 4-14　阻尼器疲劳试验结果

根据图 4-14 可见,阻尼器 H1 在整个试验过程中,阻尼力—位移滞回曲线始终非常饱满,第 500 个循环与其后的第 10 000 个循环以及第 20 000 个循环相比,滞回环的形状和大小基本没有发生变化。根据对几个试验循环控制点记录的数据进行分析后可知,阻尼器的拉、压最大输出阻尼力的波动幅值控制在 10%以内。

通过阻尼器的疲劳试验可知,该型阻尼器在往复循环工作状态下具有很好的稳定性,抗疲劳性能能够满足实际工程的需要。

参考文献

[1] Dean W R. Note on the motion of fluid in a curved pipe[J]. Phil. Mag, 1927, 7(4): 208-223.

[2] Dean W R. The stream-line motion of fluid in a curved pipe[J]. Phil. Mag, 1928, 7(5): 673-695.

[3] Bolinder C J. Curvilinear coordinates and physical components—an application to the problem of viscous flow and heat transfer in smoothly curved ducts[J]. Trans. ASME: J. Appl. Mech., 1996a, 63: 985-989.

[4] Bolinder C J. First-and higher-order effects of curvature and torsion on the flow in a helical rectangular duct[J]. J. Fluid Mech., 1996b, 314: 113-138.

[5] Murata S, Miyake Y, Inaba T, et al. Laminar flow in a helically coiled pipe[J]. Bull. JSME, 1981, 24: 355-362.

[6] Wang C Y. On the low-Reynolds-number flow in a helical pipe[J]. J. Fluid Mech, 1981, 108: 185-194.

[7] Germano M. On the effect of torsion on a helical pipe flow[J]. J. Fluid Mech., 1982, 125: 1-8.

[8] Kao H. Torsion effect on fully developed flow in a helical pipe[J]. J. Fluid Mech., 1987, 184: 335-356.

[9] Tuttle E R. Laminar flow in twisted pipes[J]. J. Fluid Mech., 1990, 219: 545-570.

[10] Xie D G. Torsion effect on secondary flow in a helical pipe[J]. Int. J. Heat Fluid Flow, 1990, 11: 114-119.

[11] Chen W H, Jan R. The characteristics of laminar flow in a helical circular pipe[J]. J. Fluid Mech., 1992, 244: 241-256.

[12] Liu S, Masliyah J H. Axially invariant laminar flow in helical pipes with a finite pitch[J]. J. Fluid Mech., 1993, 251: 315-353.

[13] Gong Y, Yang G, Ebadian M A. Perturbation analysis of convective heat transfer in helicoidally pipes with substantial pitch[J]. Journal of Thermo physics and Heat Transfer, 1994, 8(3): 587-595.

[14] Yamamoto K, Yanase S, Yoshida T. Torsion effect on the flow in a helical pipe[J]. Fluid Dynamics Res., 1994, 14: 259-273.

[15] Yamamoto K, Akita T, Ikeuchi H, et al. Experimental study of the flow in a helical circular tube[J]. Fluid Dynamics Res., 1995, 16: 237-249.

[16] 薛雷,唐锦春,孙炳楠. 椭圆截面曲线管道内二次流动的 Galerkin 解[J]. 力学学报,1998,30(6): 648-655.

[17] Zabielski L, Mestel A J. Steady flow in a helically symmetric pipe[J]. J. Fluid Mech., 1998a, 370: 297-320.

[18] Huttl T J, Wagner C, Friedrich R. Navier-Stokes solutions of laminar flows based on orthogonal helical co-ordinates[J]. International journal for numerical method in fluid, 1999, 29: 749-763.

[19] Zhang J S, Zhang B Z. Flow in Helical Pipe[J]. ACTA. MECHANICA SINICA, 1999, 15(4): 298-312.

[20] Zhang J S, Zhang B Z. Laminar Fluid Flow in Helical Elliptical Pipe[J]. Journal of Hydrodynamic, 2000, 12 (2): 62-71.

[21] Huttl T J, Friedrich R. Influence of curvature and torsion on turbulent flow in helically coiled pipes[J]. International of heat and fluid flow, 2000, 21: 345-353.

[22] Zheng B, Lin C X, Ebadian M A. Combined laminar forced convection and thermal radiation in a helical pipe[J]. International Journal of heat and mass transfer, 2000, 43: 1067-1078.

[23] 苏铭德,黄素逸. 计算流体力学基础[M]. 北京:清华大学出版社,1997.

[24] 陶文铨. 数值传热学[M]. 西安:西安交通大学出版社,2001.

[25] Anderson D A, Tannehill J C, Pletcher R H. Computational fluid mechanics and heat transfer[M]. Washington: Hemisphere, 1997.

[26] Tompson J F, Warsi Z U A, Mastin C W. Numerical gird generation[M]. New York: North-Holland, 1985.

[27] 王克亮,崔海清,等. 螺旋管道内幂律流体流动数值模拟[J]. 石油学报,2005,26(4):93-96.

[28] 王崔海清,王克亮,吴辅兵. 螺旋坐标及其局部标架的正交化构造[J]. 大庆石油学院学报,2002,26(1): 18-20.

[29] Young E C. 矢量分析与张量分析[M]. 黄祖良,陈强顺,译. 上海:同济大学出版社,1989.

[30] 李开泰,黄艾香. 张量分析及其应用[M]. 西安:西安交通大学出版社,1984.

[31] Smith F T. Pulsatile flow in curved pipes[J]. J. Fluid Mech., 1975,71:15-42.

[32] Komai Y. Fully developed intermittent flow in a curved tube[J]. J. Fluid Mech., 1997,347: 263-287.

[33] Ito H. Flow in curved pipe[J]. J. Mech. Engng., 1987, 30: 543-552.

[34] 张金锁,章本照. 曲率和挠率对圆截面螺旋管道黏性流动的三阶作用[J]. 空气动力学学报,2000,18(3): 288-299.

[35] 顾德琏. 摄动方法及其在某些力学问题中的应用[M]. 北京:高等教育出版社,1993.

[36] 范戴克. 摄动方法及其在流体力学中的应用[M]. 北京:科学出版社,1987.

[37] 盛敬超. 液压流体力学[M]. 北京:机械工业出版社,1980.

第5章　调节阀式黏滞阻尼器原理与性能研究

对于线性黏滞阻尼器而言，其在进行结构分析时相对非线性阻尼器要简单，相应成熟的商业计算软件也比较多，且线性阻尼器一般不会激起结构更高的模态。但是线性阻尼器在性能上也存在一些不足，例如当其用于结构抗震设计时，为满足大震设计要求，则阻尼器在小震情况下输出阻尼力不够，若满足了小震要求，则在大震情况下，输出的阻尼力很可能过大，给结构的连接节点设计以及支撑系统的设计带来困难，所以线性阻尼器的性能尚难以兼顾被控结构在小震和大震下的不同要求。

基于上述原因，下面介绍了一种调节阀式黏滞流体阻尼器，对该类型阻尼器的耗能机理以及恢复力模型进行了理论分析和试验研究，并在此基础上提出该类型阻尼器的简便设计和计算方法。

5.1　调节阀式黏滞阻尼器耗能机理

5.1.1　调节阀的作用与特点

本章介绍的调节阀式黏滞流体阻尼器，通过调整阻尼孔径、活塞有效面积等措施提高阻尼系数，使得阻尼器在较小的外界激励下能够得到较大的输出阻尼力，具备较大的耗能能力，而当外界激励较大时，阻尼器的调节阀参与工作，将阻尼器的最大输出阻尼力限制在设计要求范围内，保证结构的安全及阻尼器的正常工作。

为实现上述性能要求，在阻尼器的活塞上设计装配了两套压力调节装置(A型调节阀构造参见图5-1，B型调节阀构造参见图5-3)，即通过阻尼介质压差调节阀控制阻尼器的最大输出阻尼力。压差调节阀是由阀芯——弹簧组成的液压系统，依靠弹簧力与液压力相平衡的原理，通过调节阀口的开启大小来控制阻尼器活塞两端的压差，在系统中起到限压和稳压的作用，从而控制阻尼器的最大输出阻尼力 ($F = A \cdot \Delta p$)。

为保证阻尼器具有稳定的工作性能，要求调节阀响应速度快，灵敏度高，调压偏差小且调压范围广。

5.1.2　调节阀的工作原理

本章介绍的两种调节阀功能类似于液压系统中常见的溢流阀[1-4]。两种调节阀均设置在阻尼器缸筒内，融合于活塞中，阀体结构简单、紧凑，体积小巧。阀芯为端部带一定锥度的圆柱体，既能保证阻尼介质很好地流通，又可以有效地控制阀芯的径向运动，使阀芯开启和关闭时不出现歪斜和偏摆振动的情况。阀芯的锥头部分对称设计，减小阀芯运动时的摩擦力，使其运动灵活，响应速度快。

两种压力调节阀虽然都是用于调节和稳定活塞两端的压差，但是由于具体构造的不同，其工作原理和性能也略有不同，现分别对两类阀各自的工作原理和性能特点进行简要的介绍。

1) A型压差调节阀工作原理

A型调节阀(参见图5-1)在工作时，具有一定压力的阻尼介质作用于调节阀的阀芯，当液压力超过调压弹簧的预紧力时，阀芯产生轴向运动，阀口打开，阻尼介质溢出，使阻尼器缸筒内高压腔的压力保持恒定，维持阻尼器缸体内活塞两端的压差，从而控制阻尼器的最大输出阻尼力。当进入阀体的阻尼介质压力小于弹簧的预紧力时，在弹簧力的作用下，阀芯恢复到初始位置，调节阀关闭。

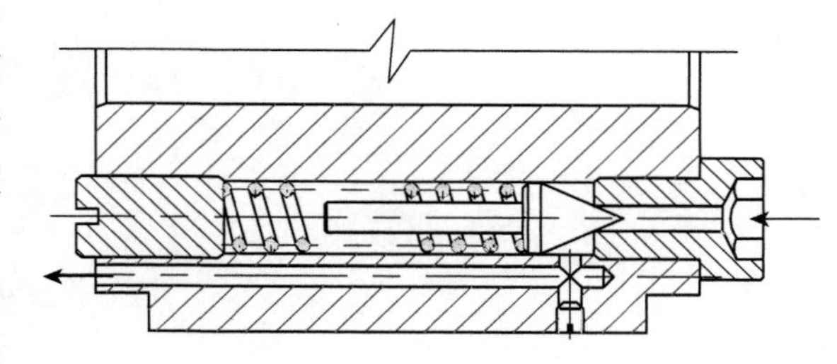

图5-1　A型调节阀构造

调节阀在设计时，根据阻尼器的性能要求，通过调节弹簧的预压力，即可设定调节阀的阀口开启压力，而调整弹簧的刚度，可改变阀的调压范围。此外，调节阀在加工时，阀芯与阀套的间隙很小，且在阀芯上设有一道密封圈，故阀芯与阀套间的泄漏量很小(设计时可以忽略不计)，保证了调节阀的启闭特性。

为对调节阀进行定量分析，现以调节阀的阀芯为研究对象，作用于阀芯的力主要有惯性力F_g、弹簧力F_k、摩擦力F_f、液体静压力F_p和稳态液动力F_d等。其中

$$F_g = m\frac{\mathrm{d}x^2}{\mathrm{d}t^2} \tag{5-1}$$

$$F_k = k(x_0 + x) \tag{5-2}$$

$$F_p = p\frac{\pi d_v^2}{4} \tag{5-3}$$

$$F_d = C_q \pi d_v x p \sin 2\alpha \tag{5-4}$$

式中，m——调节阀阀芯质量；

k——调压弹簧刚度；

x_0——调压弹簧预压缩量；

x——调节阀阀芯开度；

d_v——调节阀阀口直径；

p——调节阀进口液体压强；

C_q——调节阀阀口流量系数；

α——调节阀阀芯半锥角。

由于阀芯在设计上结构紧凑，体积小，质量轻，且在运动时与阀套间的摩擦力较小，为了分析简便，可忽略这些因素的影响，认为在阀芯上仅作用有液体静压力F_p、弹簧力F_k和稳态液动力F_d，故得到阀芯的静力平衡方程$F_p = F_k + F_d$，即

$$p\frac{\pi d_v^2}{4}=k(x_0+x)+C_q\pi d_v x p\sin 2\alpha \tag{5-5}$$

根据上式可以看到，当调节阀阀口开度 x 加大，通过调节阀的流量增加时，缸筒内高压腔压力 p 也会随之增大，即在弹簧力调整后，调节阀工作时进口压力还是会随阀口开度的变化而发生少量的变化。

以调节阀的阀口处于开启临界状态(即 $x=0$) 时的阀芯前端液体静压强为开启压强 p_k，根据式(5-5)有

$$p_k=\frac{kx_0}{A}=\frac{4kx_0}{\pi d_v^2} \tag{5-6}$$

或写为

$$x_0=p_k\frac{\pi d_v^2}{4k} \tag{5-7}$$

当调节阀泄流量达到额定值时，对应的阀口开度为 x_d，阀进口压强(也称为调定压强) 为 p_d，由式(5-5)可得

$$p_d=\frac{k(x_0+x_d)}{\frac{\pi d_v^2}{4}-C_q\pi d_v x_d\sin 2\alpha} \tag{5-8}$$

由式(5-5)、式(5-7)可得

$$x=\frac{(p-p_k)\pi d_v^2}{4(k+C_q\pi d_v p\sin 2\alpha)} \tag{5-9}$$

因为调节阀阀口的通流面积 A 为

$$A=\pi d_v x\sin\alpha \tag{5-10}$$

阀口的流量 Q 为

$$Q=C_q A\sqrt{\frac{2p}{\rho}} \tag{5-11}$$

式中，ρ ——阻尼介质密度。

由式(5-9)、式(5-10)、式(5-11)可得调节阀的流量方程为

$$Q=\frac{C_q\pi^2 d_v^3(p-p_k)\sin\alpha}{4(k+C_q\pi d_v p\sin 2\alpha)}\sqrt{\frac{2p}{\rho}} \tag{5-12}$$

由式(5-12)即可得到 A 型调节阀的压力 p— 流量 Q 特性。p—Q 特性表达了当通过阀的流体流量 Q 发生变化时，由阀口开度 x 的改变而引起的调节阀进口压力 p 的变化。通过选择阀的各项设计参数，使其性能能够满足阻尼器的要求。

上述 A 型调节阀因为阻尼介质直接作用于阀芯，当控制较高压力或较大流量时，阀芯上弹簧力和液动力的变化都会影响到调节阀的控压效果。因此，借鉴液压领域的一些新技术，对

A 型调节阀的阀芯进行了改进设计(参见图 5-2),在阀芯上增设了偏流盘、锥面以及阻尼活塞。为便于区别,将原调节阀称为 A1 型调节阀,改进后的调节阀称为 A2 型调节阀。

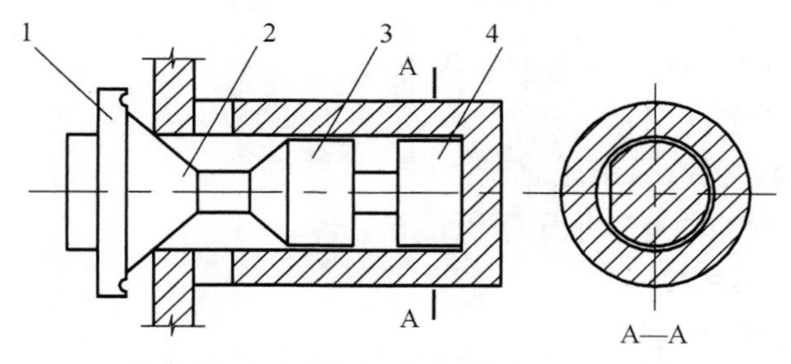

1—偏流盘；2—锥阀段；3—锥面段；4—阻尼活塞

图 5-2　A2 型调节阀阀芯构造

A2 型调节阀在偏流盘的上侧支撑原来的调压弹簧,下侧开有一圈环形槽道,用来改变阀口开启后回油射流的方向。由射流的动量方程可知,射流对偏流盘轴向冲击力(液动力)的方向与弹簧力相反,当流量 Q 及阀口开度 x 增大时,弹簧力虽然增大,但通过的流量也在增加,与弹簧力反向的冲击力相应增大,抵消了弹簧力的增量,反之亦然。设置偏流盘以及环形槽增加了阀芯开启时的稳定性。

改进后的调节阀在阀芯上的阻尼活塞和阀锥之间设有一个与阀锥对称的锥面,当阀芯开启时,流入或流出调节阀的工作介质对两个锥面上作用的稳态液动力相互平衡,不再对调节阀的阀芯产生影响。

设置阻尼活塞的作用主要是对阀芯进行导向和阻尼,保证阀芯开启时既不歪斜又不偏摆振动,提高阀芯的工作稳定性。由图 5-2 可知,在阻尼活塞的一侧铣有一个小平面,以便工作介质进入并作用于底端,使阀芯在移动时受到油液的阻尼作用。此外,阻尼活塞与阀体不直接接触,也相应减少了阀芯移动时的摩擦力。

阀芯经过上述的改进设计后,使得调节阀能够自行消除因阀口开度 x 的变化对入口压强造成的影响,具有较平缓的压力—流量特性,控制压强基本不受调节阀流量变化的影响。通过本章试验结果的对比分析也可看出,A2 型调节阀的性能要优于 A1 型调节阀。

2) B 型压差调节阀工作原理

B 型压差调节阀在构造上与 A 型调节阀有所不同(参见图 5-3),该调节阀由溢流主阀和调压副阀两部分组成。调压副阀的作用主要是调节溢流主阀前、后腔的压力差,而主阀则专门设计用于控制调节阀溢流量。主阀阀芯的启闭特性主要取决于其前、后腔的压力差。

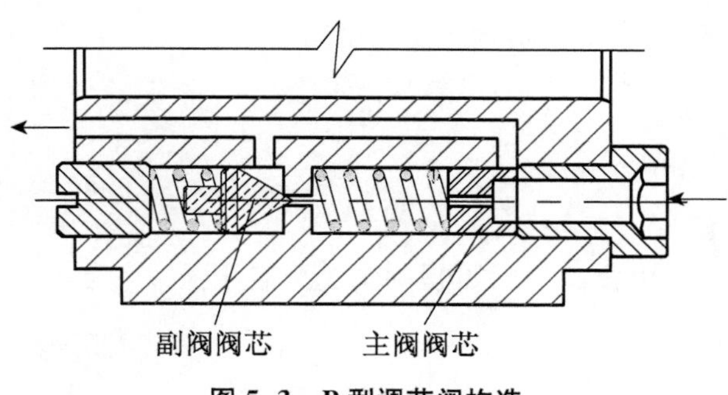

图 5-3　B 型调节阀构造

为研究该型调节阀的受力特点,先以主阀为分析对象,作用于主阀阀芯上的力主要有液压力、弹簧力、摩擦力、阀芯重力和液动力。因为阀芯体积小,质量轻,且在运动时与阀套间的摩擦力较小,为了分析简便,可忽略这些因素的影响,认为在主阀阀芯上仅作用有液体静压力 F_{py}、弹簧力

F_{ky} 和稳态液动力 F_{dy}，故得到主阀阀芯的静力平衡方程为 $F_{py}=F_{ky}+F_{dy}$，即

$$pA-p_{1y}A_{1y}=k_y(y_0+y)+C_{\varphi y}\pi d_y yp\sin 2\varphi \tag{5-13}$$

式中，p—— 主阀芯前腔压强(调节阀控制压力)；

p_{1y}—— 主阀芯后腔压强；

A—— 主阀芯前腔的有效承压面积；

A_{1y}—— 主阀芯后腔的有效承压面积；

k_y—— 主阀的弹簧刚度；

y_0—— 主阀弹簧预压缩量；

y—— 主阀阀口开度；

$C_{\varphi y}$—— 主阀口的流量系数；

d_y—— 主阀的出流口直径；

φ——主阀芯半锥角。

通过主阀口的流量方程为

$$Q_y=C_{\varphi y}\pi d_y y\sin\varphi\sqrt{\frac{2p}{\rho}} \tag{5-14}$$

式中，Q_y——主阀阀口流量；

ρ——阻尼介质密度。

对于调压副阀，仅考虑作用于阀芯的液压力、液动力和弹簧力，所以有

$$p_x A_x=k_x(x_0+x)+C_{\varphi x}\pi d_x x p_x\sin 2\alpha \tag{5-15}$$

式中，p_x——副阀阀腔压强，这里近似认为 $p_x=p_{1y}$；

A_x——副阀阀芯有效面积，$A_x=\dfrac{\pi d_x^2}{4}$；

d_x——副阀阀座孔直径；

k_x——副阀调压弹簧刚度；

x_0——副阀调压弹簧预压缩量；

x——副阀阀芯开度；

$C_{\varphi x}$——副阀阀口的流量系数；

α——副阀阀芯半锥角。

通过副阀的流量 Q_x 为

$$Q_x=C_{\varphi x}\pi d_x x\sin\alpha\sqrt{\frac{2p_x}{\rho}} \tag{5-16}$$

由式(5-15)可得副阀的开启压强 p_{xk} 为

$$p_{xk}=\frac{k_x x_0}{A_x}=\frac{4k_x x_0}{\pi d_x^2} \tag{5-17}$$

副阀开启后，流经副阀口的流量 Q_x 增大，因此使主阀芯前、后腔的压差 $\Delta p=(p-p_{1y})$ 加大，当作用于主阀芯前、后端的液压力差达到和超过主阀复位弹簧力时，主阀开启。此时的开启压强 p_{yk} 为

$$p_{yk}=\frac{k_y y_0+p_{1y}A_{1y}}{A} \tag{5-18}$$

由式(5-15)和式(5-13)可得

$$p_x=\frac{k_x(x_0+x)}{A_x-C_{qx}\pi d_x x\sin 2\alpha} \tag{5-19}$$

$$p=\frac{1}{A-C_{qy}\pi d_y y\sin 2\varphi}\left[k_y(y_0+y)+\frac{k_x(x_0+x)A_{1y}}{A_x-C_{qx}\pi d_x x_d\sin 2\alpha}\right] \tag{5-20}$$

在 B 型调节阀中，主阀用于控制溢流流量，主阀的启闭主要取决于主阀芯前、后腔的压差，主阀芯两端的压差由副阀进行调节，主阀弹簧不起调压作用，仅是为了在系统内压强小于开启压强时，克服摩擦力使主阀芯及时复位，所以主阀弹簧可以做得很软(刚度较小)，即 $k_y<k_x$，又因为$(A_x-C_{qx}\pi d_x x_d\sin 2\alpha)<A_{1y}$，所以，式(5-20) 中等号右边第一项 y 值的变化对 p 的影响比第二项中 x 的变化对 p 的影响要小得多，也即主阀阀芯因为溢流量的变化而产生的位移不会导致控制压强 p 发生显著变化，而且当主阀流量发生很大变化时，副阀流量只会发生微小的变化(即 x 值很小)，所以该型调节阀的控压精度较高。

当主阀开启后，随着主阀口流量 Q_y 的增大，阀口开度 y 也相应增大。当流量达到设计值时，对应的主阀阀口开度为 y_d，此时阀口压强为 p_{xd}，副阀口开度为 x_d，主阀进口压强(调节阀控制压强) 为 p_d，可得

$$p_{xd}=\frac{k_x(x_0+x_d)}{A_x-C_{qx}\pi d_x x_d\sin 2\alpha} \tag{5-21}$$

$$p_d=\frac{1}{A-C_{qy}\pi d_y y_d\sin 2\varphi}\left[k_y(y_0+y_d)+\frac{k_x(x_0+x_d)A_{1y}}{A_x-C_{qx}\pi d_x x_d\sin 2\alpha}\right] \tag{5-22}$$

式(5-21)和式(5-22)即为 B 型调节阀达到额定流量时，副阀和主阀对应的压强与阀口开度之间的函数关系。借助以上关系，可以根据不同工程对阻尼器的特定性能要求，为压差调节阀的参数设定提供依据。

由理论分析可知，当调节阀的几何尺寸、阻尼介质密度和黏度、阀口流量系数已知的情况下，联立式(5-13)～式(5-16)可求得该型调节阀的压力—流量特性，即 p 与 Q_y 之间的函数关系(阀口开度 x、y 和副阀流量 Q_x 为中间变量)。但因该方程为高次方程，直接求解比较困难，可在某一状况点附近线性化处理为一阶方程后求解。

以上对两种压力调节阀的溢流性能进行了研究，根据稳定工作时阀芯的受力平衡条件，建立了调节阀的压力—流量方程以及压力—阀芯开度方程。通过分析可知，本研究设计的两种调节阀虽然在构造上不同，但是均能对阻尼器缸筒内活塞两端阻尼介质的压差进行有效的调节，并可将缸筒内高压腔的液体压强控制在设计范围以内。

5.1.3 调节阀式阻尼器的耗能机理

调节阀式阻尼器的活塞主要有两个关键部分，其一为阻尼孔，其二为调节阀，两者在活塞上为并联设置关系。

阻尼器在往复运动中，当活塞相对运动速度较小时，缸筒内活塞两边的压差也较小，高压腔的压力没有达到调节阀的开启压力，调节阀未开启，此时除调节阀的少量泄漏外，阻尼介质基本都是在压差作用下，通过与调节阀并联的阻尼孔从缸筒内高压腔流往低压腔。在流动过程中，由于黏滞流体的黏性摩擦造成能量损失，从而耗散外界输入的机械能。因该型阻尼器的阻尼孔为细直长孔，故其耗能机理同本书 3.2 节所述。

如果外界激励作用加大，随着活塞运动速度的加快，阻尼器缸筒内活塞两端的压差也相应加大。当高压腔内阻尼介质的压力达到或超过调节阀的开启压力时，调节阀开启，对高压腔内的阻尼介质进行溢流，通过阀芯位移的多少调整泄流量的大小，从而限制阻尼器缸筒高压腔压力的增大，使活塞两边的压差基本保持稳定；在此同时，阻尼介质仍旧在压差作用下，通过阻尼孔从缸筒内的高压腔流往低压腔，只是阻尼孔两端的压差变化不大，所以阻尼器的最大输出阻尼力能够限制在设计范围内。同调节阀开启前相比，此时通过活塞的总流量为流经调节阀与阻尼孔的阻尼介质数量之和。

阻尼器工作时，在缸筒内压力达到调节阀开启压力前，阻尼器的工作性能与常规的黏滞阻尼器一致；压力达到或超过调节阀的开启压力后，一方面通过阻尼孔耗能，另一方面因调节阀的溢流作用，阻尼器输出力基本保持稳定。

5.2 调节阀式黏滞阻尼器力学模型

根据前述分析，基本掌握了两种调节阀的工作原理以及调节阀式黏滞阻尼器的耗能机理。为了便于选型、计算和工程应用，还需进一步建立该型阻尼器的简化计算方法。

本章设计的两种调节阀都与细直长孔并联装配于阻尼器活塞上。对于细长阻尼孔，根据分析可知，如果阻尼介质为牛顿流体，且不考虑局部损失的影响，阻尼孔两端的压差 Δp 与流体在阻尼孔内平均流速 $\bar{u}$ 的关系为

$$\Delta p = \frac{32\mu l \bar{u}}{d^2}$$

式中，μ ——黏滞流体的动力黏度；

l ——阻尼孔长度；

d ——阻尼孔直径。

因为

$$\Delta p = \frac{F}{A},\ A = \frac{\pi(D_1^2 - D_2^2)}{4}$$

式中，F ——阻尼器输出阻尼力；

D_1 ——阻尼器缸筒内径；

D_2——阻尼器导杆直径。

得到 F—$\bar{u}$ 的关系为

$$F=\frac{8\pi\mu l(D_1^2-D_2^2)}{d^2}\bar{u} \tag{5-23}$$

又因为活塞上调节阀都与 n 组孔径为 d 的细长阻尼圆孔并联设置，当缸筒内高压腔的压强大于 p_k 时（即调节阀开启），根据流体的连续性方程可以得到

$$\frac{\pi(D_1^2-D_2^2)}{4}V=n\frac{\pi d^2}{4}\bar{u}+Q \tag{5-24}$$

式中，Q——调节阀阀口流量。

由式(3-14)可知，当调节阀开启后，通过阀的溢流作用，缸筒内高压腔的压强增加幅度较小，即阻尼孔两端的压差 Δp 变化也较小，所以阻尼孔内的流体平均流速 $\bar{u}$ 基本不变，由式(5-23)可知，调节阀开启后阻尼器输出力的变化幅值也较小。根据式(5-24)可知，此时因活塞运动速度增加而引起的流量增量，大部分由调节阀的溢流作用而分流。

由于两种调节阀的构造不同，其压力 p—流量 Q 关系也不完全相同，下面分别根据各自的特点加以分析。

5.2.1　A型调节阀力学模型

以A2型调节阀式阻尼器为研究对象，根据其受力特点，可以仅考虑作用于阀芯的弹簧力和液体静压力，则有

$$Q=\frac{C_q\pi^2 d_v^3\sin\alpha}{4k}\sqrt{\frac{2}{\rho}}\left(p^{\frac{3}{2}}-p_k p^{\frac{1}{2}}\right) \tag{5-25}$$

根据式(5-24)、式(5-25)可得

$$\bar{u}=\frac{(D_1^2-D_2^2)}{nd^2}V-\frac{4Q}{n\pi d^2} \tag{5-26}$$

将式(5-26)代入式(5-23)，得到

$$\begin{aligned}F&=\frac{8\pi\mu l(D_1^2-D_2^2)}{d^2}\left[\frac{(D_1^2-D_2^2)}{nd^2}V-\frac{4Q}{n\pi d^2}\right]\\&=\frac{8\pi\mu l\ (D_1^2-D_2^2)^2}{nd^4}V-\frac{32\mu l(D_1^2-D_2^2)}{nd^4}\cdot Q\\&=\frac{8\pi\mu l\ (D_1^2-D_2^2)^2}{nd^4}V-\frac{32\mu l(D_1^2-D_2^2)}{nd^4}\cdot\frac{C_q\pi^2 d_v^3\sin\alpha}{4k}\sqrt{\frac{2}{\rho}}\left(p^{\frac{3}{2}}-p_k p^{\frac{1}{2}}\right)\end{aligned} \tag{5-27}$$

假设

$$C=\frac{8\pi\mu l\ (D_1^2-D_2^2)^2}{nd^4} \tag{5-28}$$

$$\eta = \frac{32\mu l(D_1^2 - D_2^2)}{nd^4} \cdot \frac{C_q \pi^2 d_v^3 \sin\alpha}{4k}\sqrt{\frac{2}{\rho}} \tag{5-29}$$

其中，C 为阻尼系数，η 为调定系数。

令

$$F_d = CV \tag{5-30}$$

$$F_v = \begin{cases} \eta(p^{\frac{3}{2}} - p_k p^{\frac{1}{2}}) & (p_k \leqslant p \leqslant p_d) \\ 0 & (p < p_k) \end{cases} \tag{5-31}$$

则式(5-27)又可写为

$$F = F_d - F_v \tag{5-32}$$

式(5-32)即为 A2 型调节阀式黏滞阻尼器阻尼力的理论计算公式。

由式(5-32)可知，当外界激励较弱，即阻尼器缸筒内阻尼介质压强较小时（$p < p_k$），调节阀未开启，活塞两侧流体都通过阻尼孔往复运动，此时工作状态同普通孔道式阻尼器，故有

$$F = F_d = CV \quad (p < p_k) \tag{5-33}$$

随着外界激励加大，阻尼器缸筒内介质压强上升（$p_k \leqslant p$），调节阀开启，则有

$$F = F_d - F_v = CV - \eta(p^{\frac{3}{2}} - p_k p^{\frac{1}{2}}) \quad (p_k \leqslant p \leqslant p_d) \tag{5-34}$$

由于式(5-34)含有中间变量 p，故还需对其进行数学变换，以便于对阻尼器构造参数的确定和阻尼器在结构设计中的计算。

假定

$$p = p_k + \Delta p \tag{5-35}$$

则有

$$p^{\frac{3}{2}} - p_k p^{\frac{1}{2}} = (p - p_k)p^{\frac{1}{2}} = \Delta p(p_k + \Delta p)^{\frac{1}{2}} \approx p_k^{\frac{1}{2}} \Delta p \tag{5-36}$$

再令

$$A_p = \frac{\pi}{4}(D_1^2 - D_2^2) \tag{5-37}$$

$$A_v = \frac{\pi}{4} d_v^2 \tag{5-38}$$

$$\chi = \pi d_v \tag{5-39}$$

则由式(5-29)可得

$$\eta = \frac{C C_q A_v \chi \sin\alpha}{k A_p}\sqrt{\frac{2}{\rho}} \tag{5-40}$$

故由式(5-31)、式(5-36)、式(5-40)有

$$F_v = \frac{CC_q A_v \chi \sin\alpha}{kA_p}\sqrt{\frac{2p_k}{\rho}}\Delta p \tag{5-41}$$

假定

$$\alpha = \frac{CC_q A_v \chi \sin\alpha}{kA_p}\sqrt{\frac{2p_k}{\rho}} \tag{5-42}$$

$$\Delta p = \frac{\Delta F}{A_p} = \frac{F - F_k}{A_p} \tag{5-43}$$

式中，F_k 为调节阀开启时阻尼器最大输出阻尼力。

由式(5-41)～式(5-43)可得

$$F_v = \alpha\Delta p = \alpha\frac{F - F_k}{A_p} \tag{5-44}$$

根据式(5-34)、式(5-44)可得调节阀开启后，阻尼器的输出阻尼力为

$$F = F_d - F_v = CV - \alpha\Delta p = CV - \alpha\frac{F - F_k}{A_p} \tag{5-45}$$

将式(5-45)进行转换后，得到

$$F = \frac{C}{1 + \dfrac{\alpha}{A_p}}V + \frac{1}{1 + \dfrac{A_p}{\alpha}}F_k \tag{5-46}$$

因为 $\alpha \gg A_p$，

所以有

$$1 + \frac{A_p}{\alpha} \approx 1 \tag{5-47}$$

再令

$$C' = \frac{C}{1 + \dfrac{\alpha}{A_p}} \tag{5-48}$$

C' 为阻尼器调节阀开启后的名义阻尼系数。

则式(5-46)还可简化为

$$F = C'V + F_k \tag{5-49}$$

综合前述推导，可以得到 A2 型调节阀式阻尼器在调节阀开启前后的阻尼力简化计算公式为

$$F = \begin{cases} CV & \left(V < \dfrac{F_k}{C}\right) \\ C'V + F_k & \left(V \geqslant \dfrac{F_k}{C}\right) \end{cases} \tag{5-50}$$

5.2.2 B型调节阀力学模型

根据式(5-14)、式(5-16),可以得到调节阀开启后的流量Q为

$$\begin{aligned}Q &= Q_x + Q_y \\ &= C_{qx}\pi d_x x\sin\alpha\sqrt{\frac{2p_x}{\rho}} + C_{qy}\pi d_y y\sin\varphi\sqrt{\frac{2p_y}{\rho}}\end{aligned} \tag{5-51}$$

式(5-51)即为B型调节阀的压力p与流量Q之间的函数关系,其中副阀阀口开度x、主阀阀口开度y以及副阀阀腔压强p_x为中间变量。该方程直接求解比较困难,需要根据实际情况做一些简化处理。

根据B型调节阀的构造,现假定

$$\begin{cases}A = A_{1y} \\ p_x = p_{1y}\end{cases} \tag{5-52}$$

由于主阀弹簧不起调压作用,仅是为了在系统内压强小于开启压强时使主阀芯复位,主阀弹簧刚度k_y很小,所以假定副阀开启后,在主阀前后腔之间一产生压差,主阀立即开启,为便于分析,忽略作用于阀芯的液动力影响,故由式(5-13)有

$$y_0 = \frac{(p_{yk} - p_{xk})A}{k_y} \tag{5-53}$$

则根据式(5-13)、式(5-53)有

$$y = \frac{[(p - p_{yk}) - (p_x - p_{xk})]A}{k_y} \tag{5-54}$$

因为主阀阀口的通流面积A_{yt}为

$$A_{yt} = \pi d_y y\sin\varphi \tag{5-55}$$

主阀口的流量Q_y为

$$Q_y = C_{qy}A_{yt}\sqrt{\frac{2p}{\rho}} \tag{5-56}$$

根据式(5-54)~式(5-56)可得

$$Q_y = \frac{C_{qy}\pi d_y[(p - p_{yk}) - (p_x - p_{xk})]A\sin\varphi}{k_y}\sqrt{\frac{2p}{\rho}} \tag{5-57}$$

假定

$$p = p_{yk} + \Delta p \tag{5-58}$$

$$p_x = p_{xk} + \Delta p_x \tag{5-59}$$

所以

$$[(p-p_{yk})-(p_x-p_{xk})]\sqrt{p}=\Delta p\sqrt{p_{yk}+\Delta p_x+\Delta p} \tag{5-60}$$

根据前述B型调节阀的工作原理可知，主阀阀芯因为溢流量的变化而产生的位移 y 不会导致控制压强 p 发生显著变化，即 Δp 较小；而且当主阀流量 Q_y 发生很大变化时，副阀流量 Q_x 只会发生微小的变化，即 Δp_x 值很小。

所以，式(5-60)又可以近似简化为

$$[(p-p_{yk})-(p_x-p_{yk})]\sqrt{p}\approx\Delta p\sqrt{p_{yk}} \tag{5-61}$$

再令

$$\chi_y=\pi d_y \tag{5-62}$$

则由式(5-57)、式(5-61)、式(5-62)可得

$$Q_y=\frac{C_{qy}\chi_y A_y\sin\varphi}{k_y}\sqrt{\frac{2}{\rho}p_{yk}}\Delta p \tag{5-63}$$

对于副阀，由式(5-17)得到

$$x_0=\frac{p_{xk}A_x}{k_x} \tag{5-64}$$

则由式(5-15)及式(5-64)，并且忽略液动力的影响，可以得到

$$x=\frac{(p_x-p_{xk})A_x}{k_x} \tag{5-65}$$

副阀阀口的通流面积 A_{xt} 为

$$A_{xt}=\pi d_x x\sin\alpha \tag{5-66}$$

副阀阀口的流量 Q_x 为

$$Q_x=C_{qx}A_{xt}\sqrt{\frac{2}{\rho}p_x} \tag{5-67}$$

再令

$$\chi_x=\pi d_x \tag{5-68}$$

得到

$$Q_x=\frac{C_{qx}\chi_x A_x\sin\alpha}{k_x}\sqrt{\frac{2}{\rho}p_{xk}}\Delta p_x \tag{5-69}$$

因此，有

$$
\begin{aligned}
Q &= Q_x + Q_y \\
&= \frac{C_{qx}\chi_x A_x \sin\alpha}{k_x}\sqrt{\frac{2}{\rho}p_{xk}}\Delta p_x + \frac{C_{qy}\chi_y A_y \sin\varphi}{k_y}\sqrt{\frac{2}{\rho}p_{yk}}\Delta p
\end{aligned} \tag{5-70}
$$

由于 C_{qx} 与 C_{qy}、$\sin\alpha$ 与 $\sin\varphi$、p_{xk} 与 p_{yk} 对应大致相等，而 χ_x、A_x 远小于对应的 χ_y 和 A，k_x 远大于 k_y，故 Q_x 远小于 Q_y，代入设计参数可知，Q_x 仅为 Q_y 的 1%。

因此，式(5-70)可近似简化为

$$
Q = Q_x + Q_y \cong Q_y = \frac{C_{qy}\chi_y A_y \sin\varphi}{k_y}\sqrt{\frac{2}{\rho}p_{yk}}\Delta p \tag{5-71}
$$

根据式(5-23)、式(5-26)可得

$$
\begin{aligned}
F &= \frac{8\pi\mu l(D_1^2 - D_2^2)}{d^2}\left[\frac{(D_1^2 - D_2^2)}{nd^2}V - \frac{4Q}{n\pi d^2}\right] \\
&= \frac{8\pi\mu l\ (D_1^2 - D_2^2)^2}{nd^4}V - \frac{32\mu l(D_1^2 - D_2^2)}{nd^4}\cdot Q \\
&= \frac{8\pi\mu l\ (D_1^2 - D_2^2)^2}{nd^4}V - \frac{32\mu l(D_1^2 - D_2^2)}{nd^4}\cdot\frac{C_{qy}\chi_y A\sin\varphi}{k_y}\sqrt{\frac{2}{\rho}p_{yk}}\Delta p
\end{aligned} \tag{5-72}
$$

同样，令

$$
C = \frac{8\pi\mu l\ (D_1^2 - D_2^2)^2}{nd^4} \tag{5-73}
$$

$$
\beta = \frac{CC_{qy}\chi_y A\sin\varphi}{k_y A_p}\sqrt{\frac{2}{\rho}p_{yk}} \tag{5-74}
$$

$$
\Delta p = \frac{\Delta F}{A_p} = \frac{F - F_k}{A_p} \tag{5-75}
$$

式中，F_k ——主阀开启时阻尼器最大输出阻尼力。

根据式(5-72)～式(5-75)可得调节阀开启后，阻尼器的输出阻尼力为

$$
F = CV - \beta\Delta p = CV - \beta\frac{F - F_k}{A_p} \tag{5-76}
$$

将式(5-76)进行转换后，得到

$$
F = \frac{C}{1 + \dfrac{\beta}{A_p}}V + \frac{1}{1 + \dfrac{A_p}{\beta}}F_k \tag{5-77}
$$

令

$$
C'' = \frac{C}{1 + \dfrac{\beta}{A_p}} \tag{5-78}
$$

C'' 为阻尼器调节阀开启后的名义阻尼系数。

且有 $A_p \ll \beta$，

所以，式(5-77)又可写为

$$F = C''V + F_k \tag{5-79}$$

综合前述推导，可以得到 B 型调节阀式阻尼器在调节阀开启前后的阻尼力简化计算公式为

$$F = \begin{cases} CV & \left(V < \dfrac{F_k}{C}\right) \\ C''V + F_k & \left(V \geqslant \dfrac{F_k}{C}\right) \end{cases} \tag{5-80}$$

通过对 A、B 型阻尼器在调节阀开启后系数 C' 和 C'' 的比较可以发现，A、B 型阻尼器在除调节阀类型外，其余构造参数完全一致的条件下，因为 $\alpha < \beta$，故有 $C' > C''$，由此可见，B 型阻尼器在调节阀开启后最大输出阻尼力的增幅控制得比 A 型阻尼器更小。

5.3　调节阀式黏滞阻尼器性能试验研究

5.3.1　试验方案

试验采用东南大学结构试验室 MTS 1 000 kN 疲劳试验机，进行黏滞流体阻尼器的动力性能试验。通过改变激励频率、位移幅值、阻尼材料黏度和阻尼孔径大小等参数，测定各种工况下阻尼器的力—位移关系曲线，并通过对所采集的试验数据进行分析，揭示阻尼器的阻尼力与活塞运动速度等各参数之间的关系。

试验所选用的黏滞流体阻尼器为 A1 型、A2 型以及 B 型。阻尼器活塞上等间距对称开有四个对穿孔洞，其中两个孔用来装配阻尼螺钉作为阻尼孔，阻尼孔对称布置，其他两个孔用于装配专门配套设计的单向压力调节阀。试验用阻尼器的各种参数见表 5-1。

表 5-1　试验用调节阀式黏滞阻尼器规格

编号	缸筒内径/mm	导杆直径/mm	阻尼孔径/mm	阻尼孔长/mm	阻尼孔数/个	调节阀类型	阻尼介质
V1	180	90	1.5	10	2	A1	硅油基黏滞材料-1
V2	180	90	1.7	40	2	A2	硅油基黏滞材料-1
V3	180	90	1.7	30	2	B	硅油基黏滞材料-1

试验中用按照正弦波规律变化的输入位移 u 来控制 MTS 试验机系统进行加载，分别测

得不同位移幅值下阻尼器的位移、相应的阻尼力以及对应的时间，从而得到阻尼器的阻尼力随加载频率、位移幅值变化的动力特性。

试验加载频率范围为 0.1～1.5 Hz；位移幅值范围为±(5～65) mm（在某些频率下，因加载系统油源及蓄能器的限制，未进行高频率、大位移情况下的动力试验）；每一加载工况进行 10～20 个循环，对于频率较高且位移较大的工况，加载系统需要一个逐步补偿和逼近的过程，故试验循环数适当增加。试验工况见表 5-2 所示。

表 5-2 阻尼器试验工况

工况	1	2	3	4	5	6
频率/Hz	0.1	0.25	0.5	0.75	1.0	1.5
幅值/mm	5～65 mm 5 mm 递增	5～50 mm 5 mm 递增	4～22 mm 2 mm 递增	4～20 mm 2 mm 递增	2～10 mm 1 mm 递增	2～7 mm 1 mm 递增

试验中各阻尼器根据具体情况不同，试验工况略有调整。

5.3.2 试验结果与分析

1）试验结果

通过试验，得到阻尼器 V1～V3 在上述各工况下的阻尼力—位移滞回曲线。因篇幅所限，由图 5-4 至图 5-6 表示其中部分试验结果。

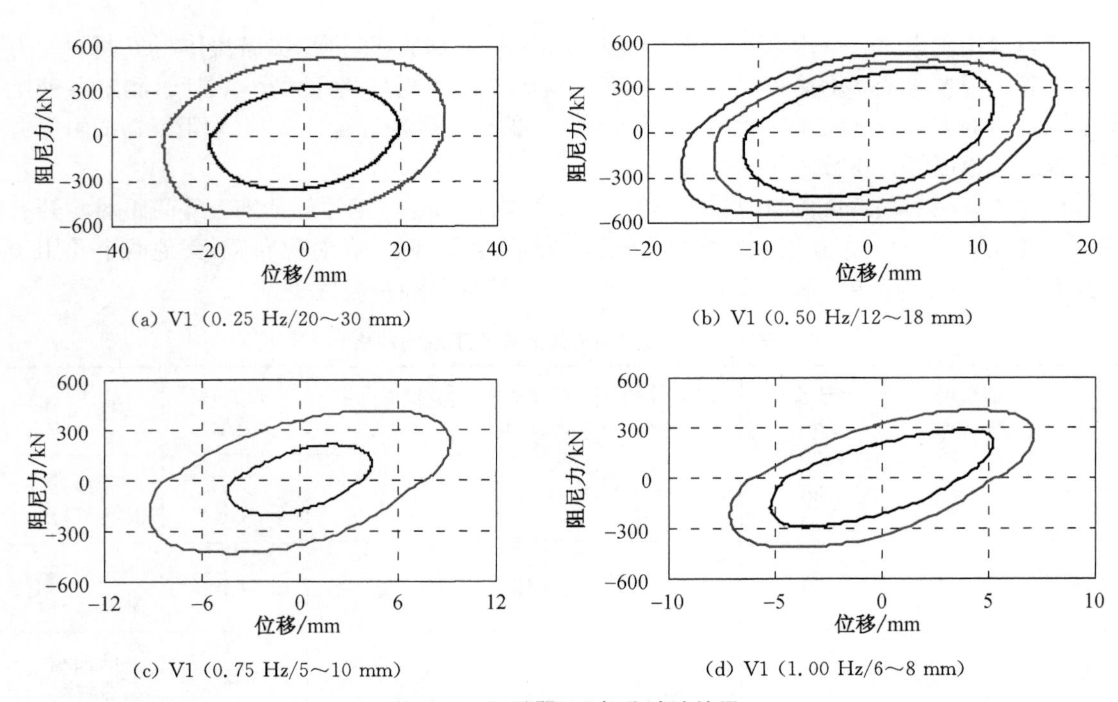

(a) V1 (0.25 Hz/20～30 mm)　(b) V1 (0.50 Hz/12～18 mm)

(c) V1 (0.75 Hz/5～10 mm)　(d) V1 (1.00 Hz/6～8 mm)

图 5-4 阻尼器 V1 部分试验结果

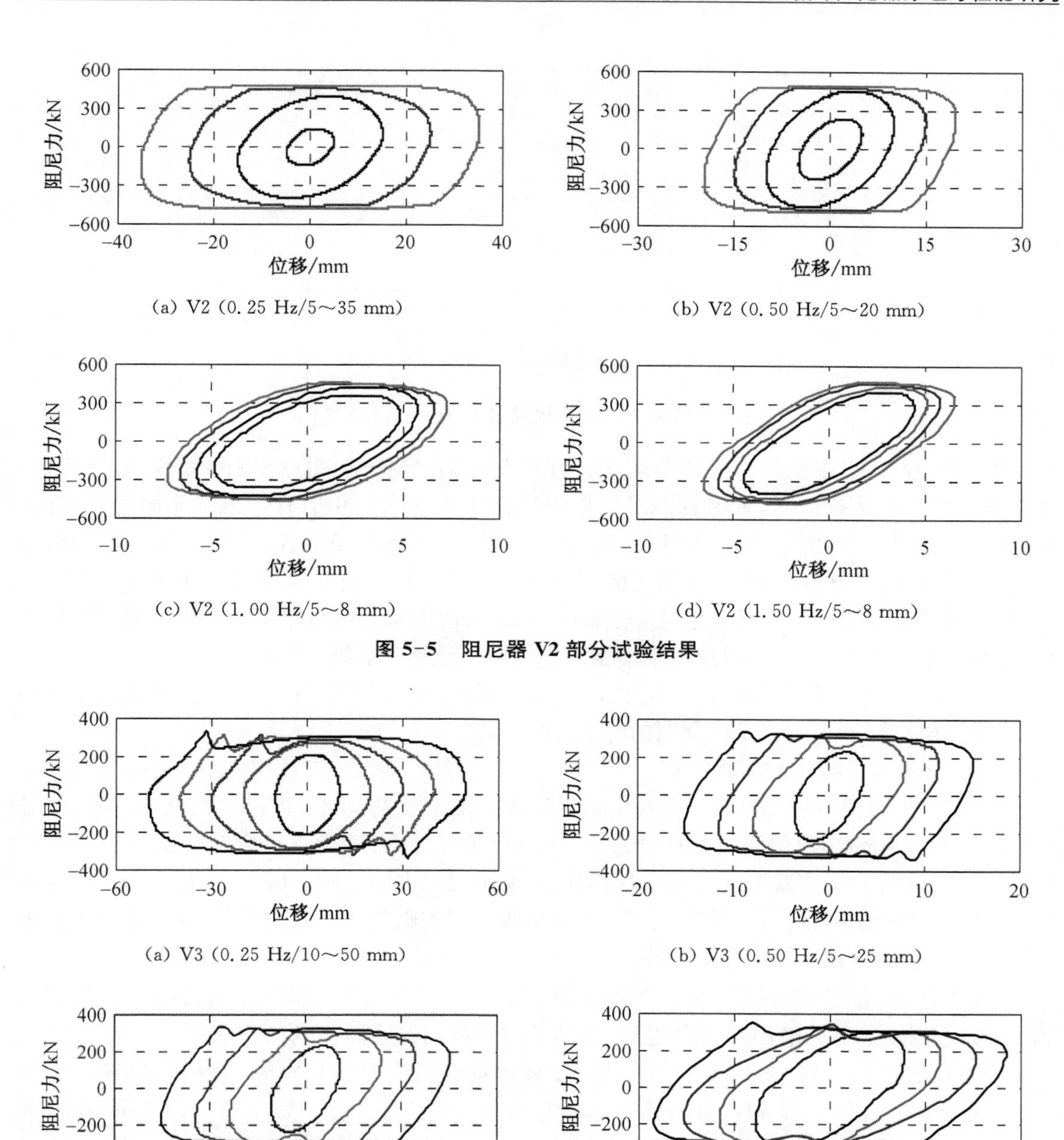

(a) V2 (0.25 Hz/5～35 mm)

(b) V2 (0.50 Hz/5～20 mm)

(c) V2 (1.00 Hz/5～8 mm)

(d) V2 (1.50 Hz/5～8 mm)

图 5-5　阻尼器 V2 部分试验结果

(a) V3 (0.25 Hz/10～50 mm)

(b) V3 (0.50 Hz/5～25 mm)

(c) V3 (0.75 Hz/4～16 mm)

(d) V3 (1.00 Hz/4～10 mm)

图 5-6　阻尼器 V3 部分试验结果

2）试验结果分析

(1) A1 型调节阀式黏滞阻尼器

由试验记录的阻尼力—位移滞回曲线(参见图 5-4)以及根据试验记录数据换算得到的阻尼力 F— 速度 V 关系(如图 5-7 所示)可知，A1 型调节阀式黏滞阻尼器(以下简称为“A1 型阻尼器”)对最大输出阻尼力的控制能力不理想。

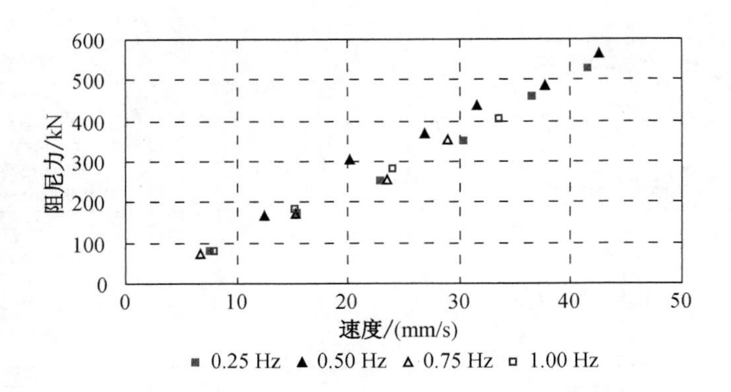

图 5-7　A1 型阻尼器 *F*—*V* 关系

经分析后认为，主要是由于调节阀在设计和制作时，选择的调压弹簧刚度偏小，导致 A1 型阻尼器在工作状态下，调压弹簧不能根据阻尼介质压强的变化而有效地控制阀芯的启闭。随着外界激励作用的增强，阻尼介质的压强相应加大，而调压弹簧因刚度较弱，阀芯在较低的压强作用下就完全开启，不能利用阀芯的开合度对阻尼器缸筒内高压腔内的介质压强进行有效控制，实质上仅起到一个增加阻尼介质流体通道的作用，而且降低了原设计阻尼器的阻尼系数(在相同激励条件下，输出阻尼力小于相同构造但不设置调节阀的阻尼器)。

因此，对于 A 型调节阀式阻尼器，调压弹簧刚度的选择以及弹簧预压缩值的确定非常重要，关系到阻尼器能否按照设计预期的要求进行工作。

(2) A2 型调节阀式黏滞阻尼器

由 A1 型阻尼器的研制经验可知，A 型调节阀在设计上要求配置大刚度的调压弹簧，但是根据前文对 A 型调节阀的受力机理分析，如果调压弹簧的刚度很大，则阀芯开度 x 的微小变化都会引起较大的压力波动，进而影响到对最大输出阻尼力的控制。因此，为提高调节阀对入口处介质压强的控制能力和工作稳定性，必须对调节阀的阀芯进行改进设计，所以在 A1 型阻尼器的基础上，研制出了 A2 型阻尼器。

A2 型调节阀式黏滞阻尼器(以下简称为“A2 型阻尼器”)调节阀的开启压强 p_k 设定为 23 MPa，故当阻尼器的输出阻尼力达到 430 kN 时，调节阀的阀芯开启。

通过试验可以看到(参见图 5-5)，当 A2 型阻尼器所受激励较小时(f=0.25 Hz、u_0=5 mm/15 mm；f=0.50 Hz、u_0=5 mm/10 mm；f=1.00 Hz、u_0=5 mm/6 mm；f=1.50 Hz、u_0=4 mm/5 mm)，输出阻尼力小于 430 kN，滞回环呈光滑的椭圆形，其特点与常规线性黏滞流体阻尼器一致；随着外界激励的逐步加大(f=0.25 Hz、u_0=25 mm/35 mm；f=0.50 Hz、u_0=15 mm/20 mm；f=1.00 Hz、u_0=7 mm/8 mm；f=1.50 Hz、u_0=6 mm/7 mm)，A2 型阻尼器最大输出阻尼力达到 430 kN 后，调节阀参与工作，阻尼器最大输出阻尼力的增幅 ΔF 被控制在较小的水平。

对试验采集的数据进行换算后，可以得到 A2 型阻尼器的阻尼力 F— 速度 V 关系曲线(参见图 5-8)。从图中可以看出，调节阀开启前，最大输出阻尼力 F_{max} 随激励速度的增加迅速增长，即该阻尼器在较小的激励下就可提供较大的阻尼力，具备较强的耗能能力；当缸筒内高压腔介质压强达到开启压强，调节阀参与工作后，尽管外界激励不断加大，但是 F_{max} 增幅较小，且总体保持稳定。根据试验结果可知，当激励速度由 30 mm/s 增加到 60 mm/s，ΔF_{max} 约为

60 kN，远小于调节阀开启前 F_{max} 的增长率。

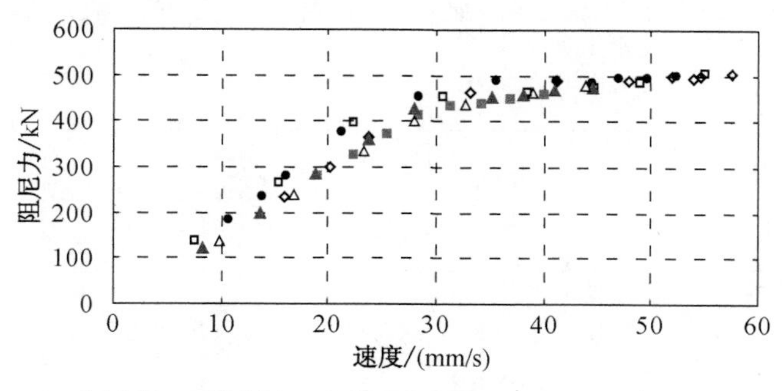

图 5-8　A2 型阻尼器 F—V 关系

根据 A2 型阻尼器在调节阀开启前后的阻尼力计算公式[参见式(5-50)]，对阻尼器的阻尼力—位移关系进行仿真分析，并与对应工况的试验结果对比(参见图 5-9)。由图可以看出，该力学模型能够体现阻尼器在调节阀开启前后力学性能的变化，而且最大输出阻尼力及滞回环形状与试验结果吻合较好，能比较准确地反映 A2 型阻尼器的实际受力情况。

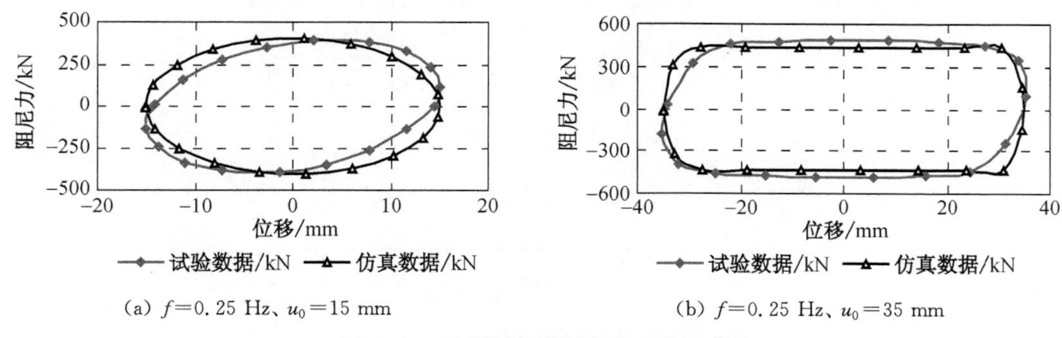

(a) $f=0.25$ Hz、$u_0=15$ mm　　(b) $f=0.25$ Hz、$u_0=35$ mm

图 5-9　A2 型阻尼器试验与仿真结果

图 5-9 中出现滞回曲线不重叠的部分，主要是因为在该力学模型中，为分析简便起见，没有考虑材料弹性变形对阻尼器力学性能的影响。

由于 A2 型阻尼器在设计时，充分吸取了 A1 型阻尼器的研制经验，并对调节阀的阀芯进行了重新设计，提高了调节阀对压强的控制能力和工作稳定性。试验结果表明，这些改进措施有效地保证了阻尼器能够完全按照设计的指标进行工作。

(3) B 型调节阀式黏滞阻尼器

B 型调节阀式黏滞阻尼器(以下简称为“B 型阻尼器”)设定调节阀的开启压强为 16 MPa，故当阻尼器的输出阻尼力达到 305 kN 时，调节阀的阀芯开启，对高压腔内阻尼介质的最大压强进行调控。调节阀的开启压强设置较低，主要是希望在试验机的加载能力范围内，尽可能多地研究调节阀在开启后阻尼器的工作性能。

通过试验可以看到(参见图 5-6)，在输出阻尼力小于 305 kN 的加载工况下，阻尼器的阻尼力—位移滞回曲线为光滑饱满的椭圆；随着外界激励的加大，当输出阻尼力达到 305 kN 后，调节阀开始参与工作，控制阻尼器的最大输出阻尼力。

通过对试验数据的换算，得到 B 型阻尼器的阻尼力 F —速度 V 关系曲线(参见图 5-10)。由图中可以看出，当调节阀开始工作后，该型阻尼器的最大输出阻尼力基本控制在 300～330 kN 之间。

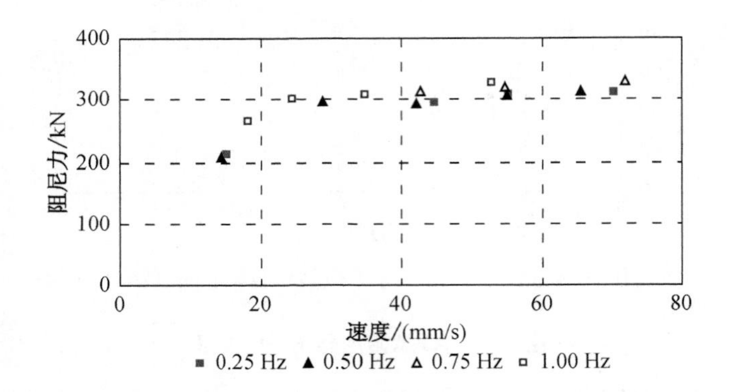

图 5-10　B 型阻尼器 F—V 关系

通过试验发现，尽管 B 型阻尼器将最大输出阻尼力控制在一个较窄的范围内，但是由于外界激励的变化以及流量脉动的影响，导致调节阀在对压强进行调控时，阀芯产生一定的振动，控制压强也因此产生了波动，在试验中则表现为输出阻尼力的波动(如图 5-11 所示)。

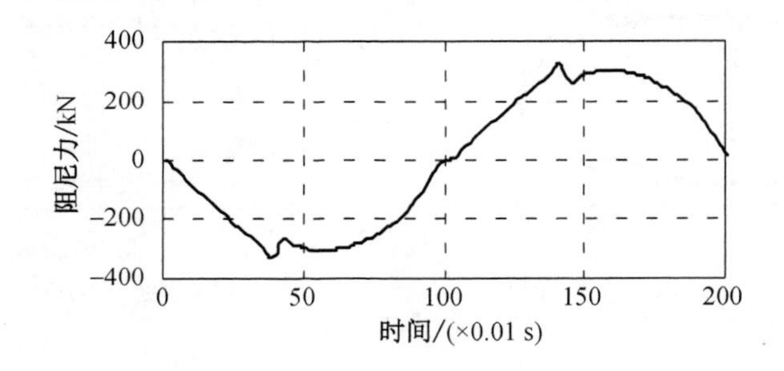

图 5-11　B 型阻尼器 F 时程曲线

根据对试验采集数据的进一步分析可以知道，B 型阻尼器在不同强度的外界激励作用下，相应输出的最大阻尼力峰值与最大控制阻尼力之差基本处于 20 kN 的波动范围内，且波动大多在 0.1～0.2 s 的时间内衰减(参见图 5-11)。

因为阀的调控作用而导致输出阻尼力产生波动的现象，在 A2 型阻尼器的试验过程中并没有出现，其关键就在于 A2 型阻尼器对阀芯进行的改进设计，特别是由于偏流盘上的射流力对液动力的补偿作用，使得阀芯对入口处介质压强的控制过程更为平稳。通过这一情况的对比，也验证了 A2 型阻尼器的阀芯改进设计对提高调节阀工作稳定性的效用。

根据 B 型阻尼器的阻尼力计算公式[参见式(5-80)]，对阻尼器的阻尼力—位移关系进行仿真分析，并与对应工况的试验结果对比(参见图 5-12)。由图可以看出，前文对 B 型阻尼器受力特点的分析以及建立的力学分析模型与阻尼器的实际力学性能较为接近。但是，在阻尼器力学模型的推导过程中，未考虑 B 型调节阀因流量的变化导致阻尼介质压强的波动对输出阻尼力的影响，故在调节阀参与工作后的阻尼力—位移仿真滞回曲线中，没有体现出 B 型阻尼器的这一力学现象。

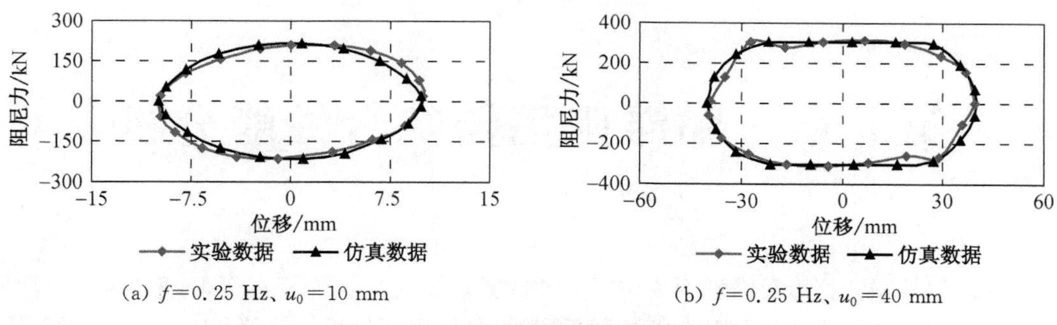

(a) f=0.25 Hz、u_0=10 mm　　(b) f=0.25 Hz、u_0=40 mm

图 5-12　B 型阻尼器试验与仿真结果

根据对 A 型及 B 型阻尼器的理论和试验研究可知，当外界激励加大，调节阀参与工作后，最大输出阻尼力得到了有效的控制。通过阻尼器的 F—V 关系曲线(参见图 5-8、图 5-10)可以直观地看出，调节阀开启后，尽管激励速度不断增大，但是阻尼器的最大输出阻尼力的变化趋势基本保持平直，也即斜率很小。如果以常用的幂函数（$F = CV^{\alpha}$）拟合调节阀开启后的阻尼器 F—V 关系曲线，可以发现其指数 α 大约介于 0.1～0.2 之间。而常规的非线性黏滞流体阻尼器的指数 α 一般处于 0.25～1.0 的范围，做到 0.25 以下较为困难。因此，如果实际工程或设计需要采用指数 α 在 0.25 以下的黏滞阻尼器，则调节阀式黏滞阻尼器可以成为选择方案之一。

参考文献

[1] 章宏甲. 液压与气压传动[M]. 北京：机械工业出版社，2000.
[2] 宋鸿尧. 液压阀设计与计算[M]. 北京：机械工业出版社，1979.
[3] 雷天觉. 新编液压工程手册[M]. 北京：北京理工大学出版社，1999.
[4] 丁树模. 液压传动[M]. 北京：机械工业出版社，1992.

第 6 章　黏滞阻尼器综合性能分析

黏滞阻尼器通常指以黏滞材料为阻尼介质的被动速度相关型阻尼器，一般由缸体、活塞、阻尼孔（或间隙，或孔道与间隙配合等）、阻尼介质、导杆和密封材料等部分组成，是一种结构简单、制作方便、耗能能力强、性能稳定的消能减振装置。但是不同单位研究开发的黏滞阻尼器在结构的细部构造以及阻尼介质的种类等方面不尽相同，通过研究可以发现，不同构造形式的黏滞阻尼器在同一加载工况下表现出的力学性能以及不同加载工况对同一构造形式黏滞阻尼器力学性能的影响都不完全一样，因此，需要对黏滞阻尼器的性能进行深入研究和对比分析，从而能够较为全面地掌握阻尼器的各项性能及其影响因素。

前述章节分别对细长孔式、螺旋孔式和调节阀式三种类型的黏滞阻尼器进行了理论分析与性能试验，重点研究了三种类型阻尼器的力学性能及其耗能机理，在此基础上建立了各自的力学分析模型。通过前面的介绍可以发现，尽管上述三种类型的阻尼器各有其特点，但同时也具有一些共同的力学性能，故本章主要对上述三类黏滞阻尼器的共有性能进行深入分析。

6.1　黏弹性效应

在前述章节中，不同类型的阻尼器都有一个共同的特点，即随着外界激励的加大，黏滞阻尼器逐渐表现出刚度特征，其阻尼力—位移滞回曲线出现一定程度的倾斜。从试验现象看，黏滞阻尼器表现出的刚度大小与阻尼介质的黏度（参见图 3-6）、阻尼器的构造（阻尼孔径、阻尼孔长、细直长孔、螺旋长孔等）（参见图 3-15、图 3-18）以及外界激励的频率（参见图 3-21、图 4-11）等因素有关。经过分析认为，这些因素对阻尼器刚度的影响均为表观现象，黏滞阻尼器产生刚度的根本原因是阻尼介质具有一定的黏弹性效应。

上述这些因素的改变，将会导致阻尼器在工作中，内部（特别是阻尼介质）所承受的压力发生变化。在较大的压力作用下，阻尼介质将产生一定的弹性变形，导致滞回环发生一定的倾斜，阻尼器产生了刚度。

为便于对这一现象进行研究，可将阻尼器的输出力分解为弹性力和黏滞力两部分分别考虑。

由固体力学知识可知，将正弦交变的控制位移加载于弹性体上，有

$$u(t) = u_0 \sin(\omega t) \tag{6-1}$$

由胡克定律，有

$$F_e = Ku \tag{6-2}$$

所以得到

$$F_e = K u_0 \sin(\omega t) \tag{6-3}$$

式(6-3)说明对纯弹性体施加正弦交变的控制位移后,其反馈的弹性力 F_e 亦呈正弦交变的形式,且弹性力与变形同步,无相位差。

同样,对牛顿流体施加正弦交变的控制位移(使流体产生剪切变形),根据牛顿内摩擦定律可知,其剪切力与剪切变形速度成正比,故得到

$$F_v = C u_0 \omega \cos(\omega t) = C u_0 \omega \sin\left(\omega t + \frac{\pi}{2}\right) \tag{6-4}$$

式(6-4)说明对纯黏滞流体施加简谐变化的控制位移后,其反馈的黏滞力 F_v 亦呈正弦交变的形式,但是黏滞力超前于变形 $\frac{\pi}{2}$ 相位,而与变形速度同步。

对黏弹体施加正弦交变的控制位移后,由于材料兼具黏性和弹性性能,其反馈力 F_{ve} 与变形的相位角 φ 介于弹性力和黏滞力之间。显然,相位角越大,材料的黏性越明显;反之,相位角越小,材料的弹性性能越显著。

对于具有一定黏弹性特征的黏滞阻尼器,可以考虑采用 Kelvin 模型对其性能进行模拟(模型参见图 6-1)。

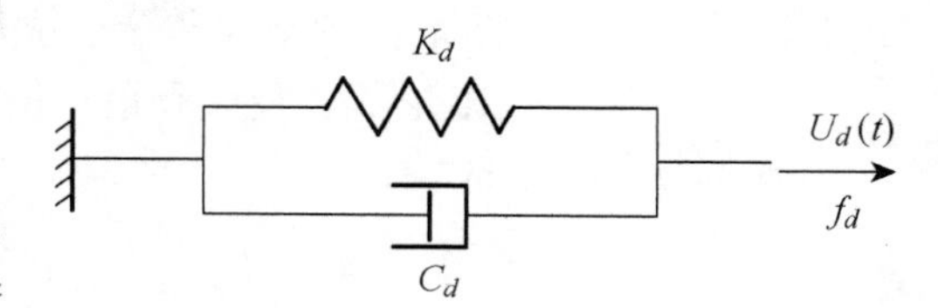

图 6-1 阻尼器力学模型

根据图 6-1 所示阻尼器力学模型,可以得到以下关系:

$$F_d = F_{dk} + F_{dc} \tag{6-5}$$

其中

$$F_{dk} = K_d u_d \tag{6-6}$$

$$F_{dc} = C_d \dot{u}_d \tag{6-7}$$

假设阻尼器上作用有以正弦交变规律变化的位移

$$u_d(t) = u_0 \sin(\omega t) \tag{6-8}$$

则有

$$F_d = K_d u_0 \sin(\omega t) + C_d u_0 \omega \cos(\omega t) \tag{6-9}$$

式(6-9)等号右侧第一项为与变形同相位的弹性力,第二项为超前于变形 $\frac{\pi}{2}$,与变形速度同相位的黏滞力。

令

$$K'_d = K_d、K''_d = C_d\omega、\gamma = \frac{K''_d}{K'_d} \tag{6-10}$$

其中,K'_d——存储模量;

K''_d——损耗模量。

由式(6-9)、式(6-10)可得

$$F_d = K'_d u_0 \sin(\omega t) + K''_d u_0 \cos(\omega t) \tag{6-11}$$

根据式(6-8)、式(6-11)得到

$$\left(\frac{F_d - K'_d u_d}{K''_d u_0}\right)^2 + \left(\frac{u_d}{u_0}\right)^2 = 1 \tag{6-12}$$

式(6-12)即为具有一定黏弹性特征的线性黏滞阻尼器的阻尼力—位移关系曲线方程，该方程表示一个斜率为 K'_d 的椭圆。

其刚度 K'_d 为

$$K'_d = \frac{|F_+| + |F_-|}{|u_+| + |u_-|} \tag{6-13}$$

式中，u_+、u_- ——阻尼器的最大和最小位移幅值，即有 $|u_+| = |u_-| = u_0$；

F_+、F_- ——阻尼器在最大和最小位移幅值处对应的输出阻尼力值。

当 $u_d(t) = u_0$ 时，有

$$F_{dk,\max} = K'_d u_0 = |F_+| = |F_-| \tag{6-14}$$

当 $u_d(t) = 0$ 时，有

$$F_{dc,\max} = K''_d u_0 = \gamma K'_d u_0 \tag{6-15}$$

由式(6-14)、式(6-15)得到

$$\gamma = \frac{K''_d}{K'_d} = \frac{K''_d u_0}{K'_d u_0} = \frac{F_{dc,\max}}{F_{dk,\max}} \tag{6-16}$$

根据式(6-16)可知，系数实际表示阻尼器的最大黏滞力与最大弹性力之比。值越大，阻尼器的最大黏滞力相对越大；反之，则其所占比重降低。体现了阻尼介质黏弹性效应的影响程度。

基于上述分析可知，黏滞阻尼器在试验中所反映出的力学性能与将阻尼介质视为纯黏性流体得到的理论分析结果有所不同。此时，黏滞阻尼器表现出一定的黏弹性效应，其输出阻尼力—位移滞回曲线产生倾斜，具有一定程度的刚度(参见图 6-2)。

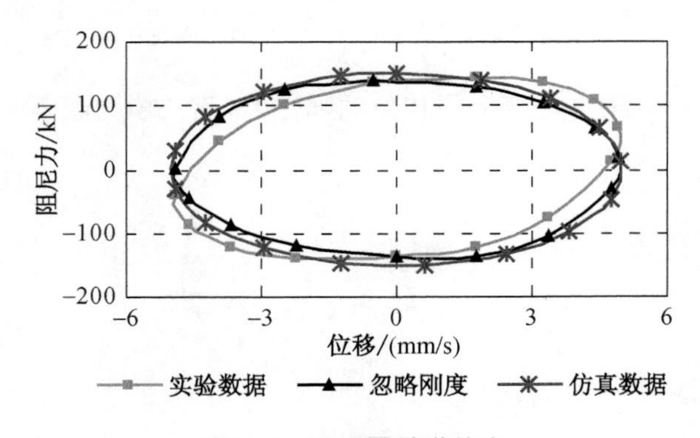

图 6-2 阻尼器黏弹效应

图6-2为阻尼器S3分别根据线性黏滞模型仿真数据、试验数据以及由试验数据消除刚度影响得到的三条阻尼力—位移滞回曲线(试验工况为 $f=1.0$ Hz、$u_0=5$ mm)。该阻尼器采用硅油基黏滞材料-1作为阻尼介质,该材料黏度较低,本构关系符合牛顿内摩擦定律,为牛顿流体。从图中可以看出,由试验得到的滞回环呈一定程度的倾斜,即表现出刚度特点。

将由试验所得数据消除刚度的影响后,得到忽略刚度的滞回曲线,该滞回曲线呈双轴对称。与根据力学模型仿真数据得到的滞回曲线相比,两个滞回环外形基本相同,说明黏滞阻尼器阻尼力的理论计算公式与试验中消除刚度影响后的阻尼器性能能够较好地吻合。

通过对试验数据与消除刚度影响后的数据进行对比分析可以知道,由试验得到的阻尼器最大输出力为 $F_{d,\max}=143$ kN,位移最大处的输出力为 $F_d=45\text{ kN}=F_{dk,\max}$,位移为零处的输出力为 $F_d=135\text{ kN}=F_{dc,\max}$。

对于非线性黏滞阻尼器,如第3章中采用幂律流体作为阻尼介质的黏滞阻尼器,其阻尼力的理论计算公式通常可以简化为

$$f_{dc}=C_d\,(\dot{u}_d)^{\alpha} \tag{6-17}$$

假定

$$K'_d=K_d、K''_d=(C_d)^{\frac{1}{\alpha}}\omega \tag{6-18}$$

同理,可以得到非线性黏滞阻尼器考虑黏弹效应后的阻尼力—位移曲线方程为

$$\left(\frac{(f_d-K'_d u_d)^{\frac{1}{\alpha}}}{K''_d u_0}\right)^2+\left(\frac{u_d}{u_0}\right)^2=1 \tag{6-19}$$

6.2　材料可压缩性影响

在前述章节对不同类型黏滞阻尼器耗能机理的分析和阻尼力理论计算公式的推导过程中,都有一个前提假定,即阻尼介质为不可压缩流体,阻尼器缸筒、活塞和导杆均为刚体。这一假定忽略了阻尼介质及阻尼器各零配件弹性变形对阻尼器性能产生的影响,当大吨位阻尼器在较高频率及较大位移情况下工作时,前述理论分析结果就会与实际情况产生一定差异,因此需要对阻尼介质及零配件可压缩性对阻尼器性能的影响进行进一步分析和研究。

6.2.1　阻尼介质及阻尼器零配件的可压缩性

液体受压力增大的作用相应使体积缩小的性质称为液体的可压缩性。假设容器中液体初始的压强为 p_0,体积为 V_0,当液体压力增大时,其体积缩小,如果液体的可压缩性用压缩系数 k 表示,则有

$$k=-\frac{1}{\Delta p}\frac{\Delta V}{V_0} \tag{6-20}$$

式(6-20)指液体因单位压力变化所引起的体积相对变化量,由于压力增大时液体的体积减小,为使压缩系数 k 为正值,故在上式右侧加负号。

液体压缩系数 k 的倒数,称为液体的体积弹性模量(用 K 表示),则有

$$K=\frac{1}{k}=-\frac{\Delta p}{\Delta V}V_0 \tag{6-21}$$

式(6-21)表示液体产生单位体积相对变化量所需的压力增量。

根据硅油在不同压强作用下的体积变化率[1]，经过换算，可以拟合出不同黏度硅油的体积弹性模量随外界作用压强的变化规律(参见图 6-3)。由图可知，1000 号～12500 号硅油的体积弹性模量随压强的增加而线性增大，且拟合函数基本相同。在一个标准大气压作用下，硅油的体积弹性模量大致可取为 1.3×10^4 MPa，而钢材的弹性模量一般约为 2.0×10^5 MPa，故所配置的硅油基阻尼介质的可压缩性大约为钢材的 15 倍。

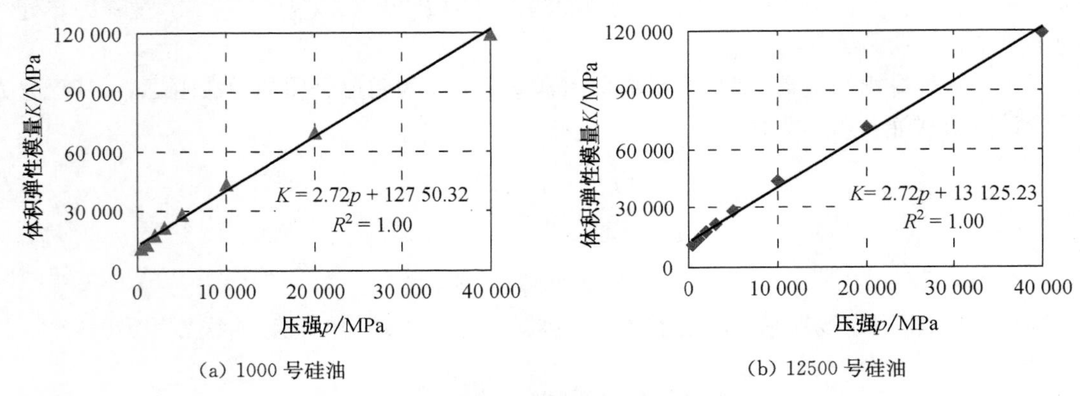

(a) 1000 号硅油　　(b) 12500 号硅油

图 6-3　硅油体积模量与压强关系曲线

以第 3 章介绍的细长孔式黏滞阻尼器为例，导杆受力段长 400 mm，直径 90 mm，如果阻尼器最大输出阻尼力为 570 kN，则可以推算出导杆的最大弹性变形约在 0.14 mm 左右。所以阻尼器在工作时，钢质导杆的弹性变形可以忽略不计。同理，阻尼器的缸筒、活塞等其他钢质零配件的弹性变形也相对较小，可以基本忽略不计。

根据阻尼器的构造尺寸可以推算出，当最大输出阻尼力为 570 kN 时，阻尼器内部产生的压强约为 30 MPa(常规的黏滞阻尼器工作压强一般处于 30 MPa 以下)。在 30 MPa 压强的作用下，缸筒内阻尼介质的体积相对变化量约为

$$\frac{\Delta V}{V_0}=-\frac{\Delta p}{K}=\frac{30}{1.3\times10^4}=0.23\%$$

此时，受压阻尼介质将沿活塞运动的方向产生大约 0.3 mm 的弹性变形。因此，通常在分析黏滞阻尼器的力学性能时，大多假定阻尼介质为不可压缩流体，忽略阻尼介质以及导杆弹性变形对阻尼器性能的影响。

当阻尼介质中混有不溶解的空气时(溶解于油液中的空气，对油液的物理性能基本不产生直接的影响[2])，掺混气体通常以微气泡的形态均匀分布于油液中，由于空气的压缩性很大，将会导致混气油液的抗压缩性显著降低。因此，在分析阻尼介质的可压缩性时，必须综合考虑阻尼介质本身的可压缩性，以及混于其中的空气的可压缩性。

假定体积为 V_m 的混气油液中，纯阻尼介质的体积为 V_o，气体的体积为 V_g，当压强增加时，混气油液的体积减小 ΔV_m，应为纯阻尼介质的体积减小 ΔV_o 及气体的体积减小 ΔV_g 的总和，即

$$\Delta V_m = \Delta V_o + \Delta V_g \tag{6-22}$$

根据流体体积弹性模量的定义有

$$K_m = -\frac{\Delta p}{\Delta V_m} V_m \tag{6-23}$$

$$K_o = -\frac{\Delta p}{\Delta V_o} V_o \tag{6-24}$$

$$K_g = -\frac{\Delta p}{\Delta V_g} V_g \tag{6-25}$$

将式(6-23)～式(6-25)代入式(6-22)，得到

$$\frac{V_m \Delta p}{K_m} = \frac{V_o \Delta p}{K_o} + \frac{V_g \Delta p}{K_g} \tag{6-26}$$

将式(6-26)整理后得到

$$\frac{1}{K_m} = \frac{V_o}{V_m}\frac{1}{K_o} + \frac{V_g}{V_m}\frac{1}{K_g} = \left(1 - \frac{V_g}{V_m}\right)\frac{1}{K_o} + \frac{V_g}{V_m}\frac{1}{K_g} \tag{6-27}$$

根据式(6-27)可知，如果在一个大气压强(0.1 MPa)的作用下，阻尼介质中混入0.5%的气体，其体积弹性模量将下降为原来的0.15%；如果混有1%的气体，则混气介质的体积弹性模量降低到纯阻尼介质的0.08%。

以上为在一定压强作用下，油液中混入气体后对其体积弹性模量的影响。如果在大气压强作用下，混入油液的气体体积为V_{ga}，原纯油液的体积为V_{oa}，则在压强p作用下混气油液的体积弹性模量K_m为[3]

$$K_m = \left[\frac{\dfrac{V_{oa}}{V_{ga}} + \dfrac{p_a}{p}}{\dfrac{V_{oa}}{V_{ga}} + K_o \dfrac{p_a}{p^2}}\right] K_o \tag{6-28}$$

假定在一个标准大气压的作用下，阻尼介质中分别混入了0.5%、1%、5%和10%的空气，则根据式(6-28)，可以得到混气阻尼介质的压强逐步增加到1 MPa、10 MPa、20 MPa、30 MPa时，相应的混气介质体积弹性模量以及与纯阻尼介质体积模量的百分比(见表6-1所示)。

表6-1　混入气体对阻尼介质体积弹性模量的影响

$\frac{V_{ga}}{V_m}$	1 MPa		10 MPa		20 MPa		30 MPa	
	K_m/MPa	$\frac{K_m}{K_o}$/%	K_m/MPa	$\frac{K_m}{K_o}$/%	K_m/MPa	$\frac{K_m}{K_o}$/%	K_m/MPa	$\frac{K_m}{K_o}$/%
0.005	1 727	13.3	12 203	93.9	12 791	98.4	12 907	99.3
0.01	921	7.1	11 492	88.4	12 587	96.8	12 814	98.6
0.05	188	1.4	7 723	59.4	11 104	85.4	12 084	93.0
0.10	90	0.7	5 324	41.0	9 556	73.5	11 206	86.2

图 6-4 表达了混入不同比例气体的阻尼介质的体积弹性模量随外界作用压强大小而变化的规律曲线。由图可以直观地看出，在阻尼介质中混入气体体积的多少以及外界作用压强的大小，都会对混气阻尼介质的体积弹性模量产生很大的影响。混入气体越多，阻尼介质的体积模量损失越大，即可压缩性越大；作用的压强越高，体积模量恢复得越多。如果阻尼介质中混气量越少，随外界压强的增大，其体积弹性模量恢复得也越快。

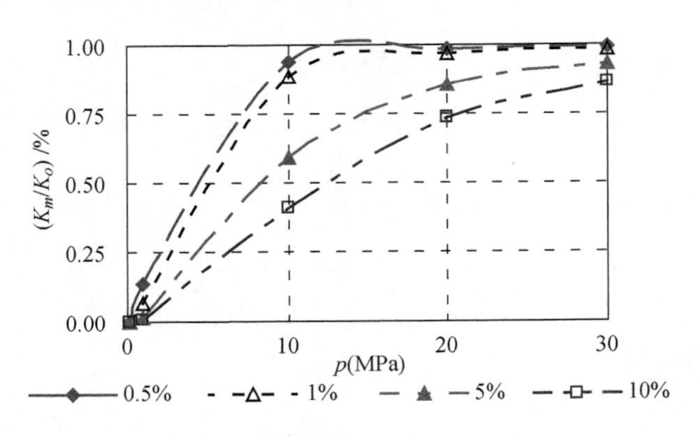

图 6-4　混气介质 K_m—p 规律曲线

由上述分析可知，混入空气后阻尼介质的体积弹性模量将被大幅削减，随着所受压力的增加，混气阻尼介质的体积模量得到一定程度的提高，最终接近于纯阻尼介质的体积模量。但是，由于混气介质在初始状态的体积模量非常小，在混气阻尼介质升压的过程中，累积的弹性变形较大。而且，阻尼介质在生产、运输以及在黏滞阻尼器的装配过程中将不可避免地混入一定量的气体，所以在分析黏滞阻尼器的动态性能时，需考虑阻尼介质可压缩性（弹性变形）所造成的影响。

6.2.2　阻尼介质的刚度

在变动压强作用下，混气介质可压缩性的作用类似于一根“液压弹簧”，即当压强升高时，阻尼介质体积减小；而压强降低时，阻尼介质的体积相应增大。假设作用于封闭液体上的外力发生变化时，如果液体的承压面积 A 保持不变，则液柱的长度将产生变化。在这一过程中，作用于液体的压强变化量为

$$\Delta p = \frac{\Delta F}{A} \tag{6-29}$$

液体体积相应的变化为

$$\Delta V = A\Delta l \tag{6-30}$$

由式(6-29)、式(6-30)，并根据液体体积弹性模量的定义，可得

$$K_m = -\frac{V\Delta p}{\Delta V} = -\frac{V\Delta F}{A^2\Delta l} \tag{6-31}$$

如果假定 K_e 为封闭液体的刚度，即“液压弹簧”的刚度，则有

$$K_e = -\frac{\Delta F}{\Delta l} = -\frac{\Delta pA}{\Delta l} = \frac{A^2}{V} K_m \tag{6-32}$$

值得注意的是，由于混气阻尼介质的体积弹性模量 K_m 并非一个常量，而是随作用压强的变化而变化，所以“液压弹簧”的刚度 K_e 也是一个关于压强 p 的函数。

黏滞阻尼器在常规工作条件下，阻尼介质作用的压强一般小于 30 MPa。在 0.1～30 MPa 的压强变化范围内，对于纯阻尼介质，其体积弹性模量 K 相对于 1.3×10^4 MPa 的标准，随压强变化而上下波动的范围在 2%以内（参见图 6-3 中的 K—p 拟合公式），可以看作常量。因此，阻尼器在正常工作时，纯阻尼介质所产生的弹性变形较小，可以近似将其作为不可压缩流体考虑。

对于混有空气的阻尼介质，其可压缩性与混入的气体量以及外界作用压强的大小相关。尽管阻尼器在制作过程中，采取多种措施以尽量降低阻尼介质中混入气体的数量，但是，仍旧会有少量的气体掺杂其中。现假定阻尼介质中混有 0.5%的气体，根据图 6-5 可以看到，以 10 MPa压强为界，其体积弹性模量 K_m 与压强 p 大致呈双线性关系。所以，根据式(6-28)计算得到的数据，可以拟合出在黏滞阻尼器工作压力范围内，混气 0.5%阻尼介质体积弹性模量 K_m 随压强 p 变化的计算公式（参见图 6-5）。

但是，由图 6-4 可以发现，随着阻尼介质中混入气体数量的增加（5%及以上），K_m—p 的变化规律逐渐不适于用双线性关系来模拟。为便于应用并且能够保证数值分析的精度，经过不同拟合方案的分析和比较，最后采用对数关系模型进行数据拟合（拟合公式及拟合曲线参见图 6-6）。

根据 K_m—p 的拟合计算公式，再结合式(6-32)，即可将缸筒内的混气阻尼介质模拟为“液压弹簧”进行分析，以考虑工作介质的压缩性对阻尼器力学性能的影响。

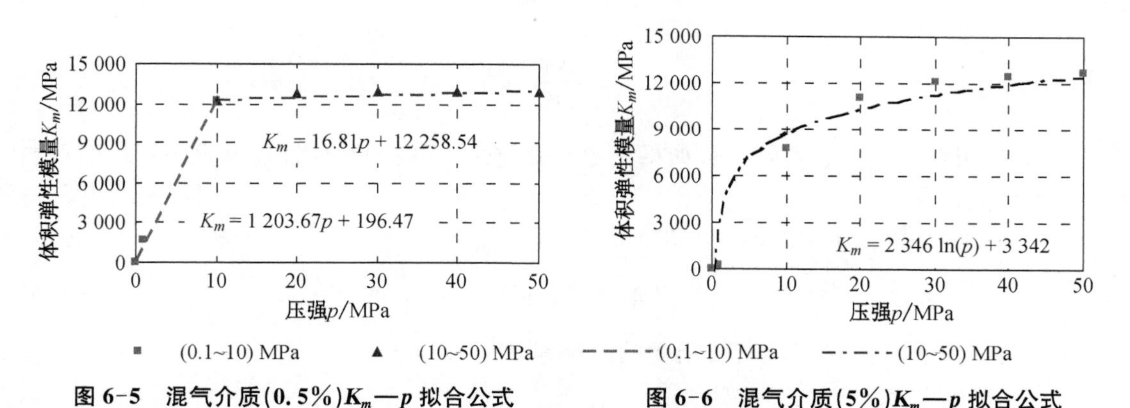

图 6-5　混气介质(0.5%)K_m—p 拟合公式　　**图 6-6　混气介质(5%)K_m—p 拟合公式**

6.2.3　阻尼介质压缩性对阻尼器力学性能的影响

根据前述分析可知，当阻尼介质中混入气体后，则不能简单地将其视为一种不可压缩流体，这种混气介质已经转变为一种具有黏性和弹性双重特点的液气二相流体。假设混气阻尼介质由黏性流体和弹性固体两部分组合而成，现以黏壶（内充牛顿流体）作为黏性元件，以前述的“液压弹

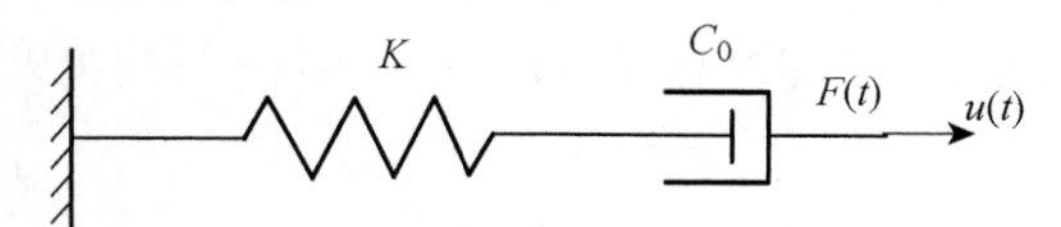

图 6-7　混气介质阻尼器力学模型

簧”作为弹性元件，将二者串联组成阻尼介质混入空气后的阻尼器力学模型(参见图 6-7)。

在这一力学模型中，当受外力作用时，弹性元件的应变是瞬时发生的，其累积弹性变形转变为弹性势能的存储；而黏性元件的应变则随时间持续发展，在产生黏性变形的同时，将外界输入的能量耗散掉。由于黏性元件在模型中串联设置，所以在任何微小外力作用下，整个模型的总变形可以随时间持续发展，与黏滞阻尼器的受力特性相吻合。这一模型即为典型的麦克斯韦模型(Maxwell Model)。

在该串联模型中，总变形为两个元件的变形之和，且两个元件所受的力相等，所以有

$$\begin{cases} u = u_e + u_v \\ F = F_e = F_v \end{cases} \tag{6-33}$$

且有

$$\begin{cases} F_e = K u_e \\ F_v = C_0 \dot{u}_v \end{cases} \tag{6-34}$$

式中，u_e—— 弹性元件变形；

u_v—— 黏性元件变形；

F_e—— 弹性力；

F_v—— 黏性力；

K—— 黏滞阻尼器中由于阻尼介质的可压缩性而导致的弹性刚度，可将阻尼介质看作“液压弹簧”，则有 $K = K_e$；

C_0 ——阻尼器的零频率阻尼系数。

令

$$\lambda = \frac{C_0}{K} \tag{6-35}$$

式中，λ 为松弛时间。在通常情况下，如果松弛时间越短，材料的黏性性能越显著；反之，则材料的弹性性能越突出。

由式(6-33)、式(6-34)以及式(6-35)可得

$$C_0 \dot{u} = \lambda \dot{F}_e + F_v \tag{6-36}$$

因为在该力学模型中，两个元件所受的力相等，故由式(6-36)有

$$F_v + \lambda \dot{F}_v = C_0 \dot{u} \tag{6-37}$$

即采用 Maxwell 模型作为考虑介质压缩性的阻尼器计算分析模型，其阻尼力以微分方程的形式给出。

对于非线性黏滞阻尼器，例如以高黏度幂律流体作为阻尼介质的细长孔式黏滞阻尼器，根据第 3 章的相关分析可知，其不考虑阻尼介质压缩性的阻尼力计算公式可简化为

$$F_v = C \dot{u}^{\alpha} \tag{6-38}$$

同理，可以得到考虑介质压缩性后的阻尼力微分方程为

$$\frac{K}{C^{\frac{1}{\alpha}}}F_v^{\frac{1}{\alpha}} + \dot{F}_v = K\dot{u} \tag{6-39}$$

当 $\alpha=1$ 时，式(6-39)退化为线性 Maxwell 方程，即式(6-37)。

式(6-37)及式(6-39)可在整体结构的动力分析中与其他结构构件的运动方程同时解出。对设置黏滞阻尼器结构的整体动力分析及减振效果的研究已经有较多成果[4-13]，因篇幅原因，这里不再进行具体分析。

式(6-37)及式(6-39)可用于分析黏滞阻尼器考虑弹性变形后对整体结构减振效果的影响，但是对于体现阻尼器本身性能发生的变化不够直观。将式(6-36)进行变换后，可以得到

$$F_v = C\left(\dot{u} - \frac{\dot{F}_e}{K_e}\right) \tag{6-40}$$

上式即为以牛顿流体为阻尼介质的阻尼器，由于工作介质中混入气体而需考虑压缩性影响时的阻尼力计算公式。

同理，对非线性黏滞阻尼器有

$$F_v = C\left(\dot{u} - \frac{\dot{F}_e}{K_e}\right)^{\alpha} \tag{6-41}$$

由式(6-40)和式(6-41)可以看出，由于阻尼介质混入气体后，引起液流体积弹性模量的减小，阻尼器在外界激励下产生的总位移中，有一部分为阻尼介质的累积弹性变形，降低了黏滞阻尼器的耗能能力(弹性变形只能储存能量而不能耗散能量)。

6.3　阻尼力滞后效应

黏滞阻尼器无论内部的具体构造如何，都属于速度相关型阻尼器，即其输出阻尼力的大小受到外界激励速度的制约。从前述章节的分析可知，本书研制的阻尼器当受到外界激励的作用时，缸筒内的阻尼介质随着活塞的运动，以一定的速度往复穿梭于活塞上的阻尼通道，为便于分析计算，通常将介质流体的运动速度转换为阻尼器活塞相对于缸筒的运动速度，从而与被控结构的响应速度相联系。

由 6.2.1 节及 6.2.2 节的讨论可知，黏滞阻尼器由于材料本身以及混入气体的原因，兼有黏性和弹性的特征，导致阻尼器输出力与速度不再同步，而是落后速度一个相位差 δ(阻尼力超前于变形角)。显然，δ 值越大，阻尼介质的弹性越明显；反之，δ 值越小，则材料的黏性越明显。

从阻尼器的试验结果中可以看出，非线性黏滞阻尼器相对于线性黏滞阻尼器而言，其阻尼力—位移滞回曲线在外形上更为饱满，在相同的外界激励条件下，前者能够耗散更多的能量，但输出阻尼力与速度并不完全同步，其相位差与阻尼介质的黏度、外界激励频率等因素相关(参见图 3-11、图 3-12)。

对于以牛顿流体或幂律流体作为阻尼介质的细长孔式黏滞阻尼器，可将其阻尼力计算公式简化归并为式(6-38)。目前，国内外普遍采用的黏滞阻尼器计算公式也与式(6-38)在形式上相一致。在该式中，没有反映阻尼力相对于速度的滞后效应。假设阻尼器受到外界简谐激

励的作用，在一个周期内，阻尼器的最大输出力 F_{max} 是与其实时响应速度 V 相对应，还是与该周期内最大响应速度 V_{max} 相对应？这一问题的答案对阻尼器的试验性能评价以及对于结构的计算分析结果都将产生重要影响。根据试验中在不同加载工况下采集的数据，将阻尼器力与不同的速度指标进行拟合，可以得到不同的结果（参见图 6-8、图 6-9、图 6-10）。

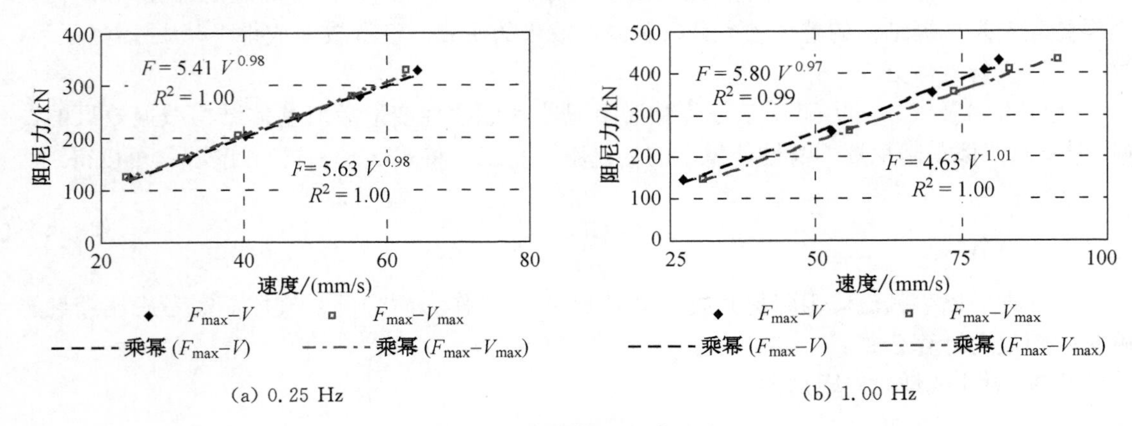

(a) 0.25 Hz　　(b) 1.00 Hz

图 6-8　阻尼器 S3 拟合公式

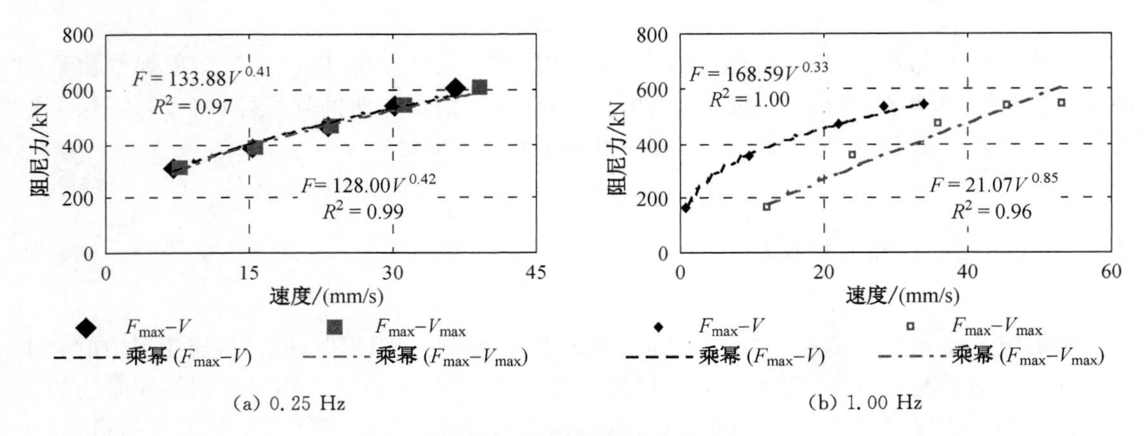

(a) 0.25 Hz　　(b) 1.00 Hz

图 6-9　阻尼器 S7 拟合公式

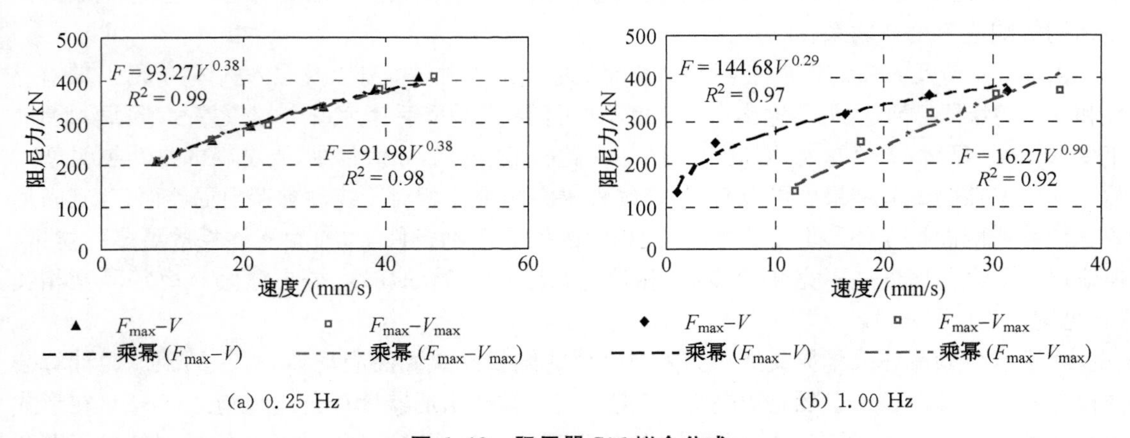

(a) 0.25 Hz　　(b) 1.00 Hz

图 6-10　阻尼器 S16 拟合公式

通过图 6-8、图 6-9、图 6-10 的比较可以看出，在较低的频率作用下(0.25 Hz)，三个阻尼器的 F_{max}—V 以及 F_{max}—V_{max} 的关系曲线以及拟合公式基本一致，说明低频情况下阻尼介质的黏度变化对相位差 δ 的影响较小，可近似忽略；随着激励频率的增加(1.00 Hz)，采用不同黏度阻尼介质阻尼器的最大输出阻尼力 F_{max} 与一个周期内的最大加载速度 V_{max} 之间相位差 δ 的影响均逐渐增大，F_{max} 与不同速度指标(V、V_{max})之间的关系曲线及拟合结果差异较大，且阻尼介质黏度越高的阻尼器，其 F_{max} 与 V_{max} 之间的相位差 δ 也越大。本研究仅给出了两个激励频率下的比较结果，实际在试验中，阻尼器在加载频率 1.00 Hz 以上工况的表现也与上述规律相吻合。

阻尼器主要用于结构的振动控制，被控结构对外界激励(地震、风等)的响应是一个随机过程，在结构动力分析或减振效果评价中，关心的是设置阻尼器后在外界激励作用下对结构的内力、变形以及加速度等的实时控制效果，或者说关心的是阻尼器的实时动力响应。因此，本研究建议对黏滞阻尼器 F—V 关系的拟合公式取 F_{max}—V 为宜。

6.4　阻尼器力学模型修正

基于前述分析可知，阻尼器由于自身材料以及工作介质混入气体的影响，使得阻尼器的工作性能发生一定程度的改变。尽管阻尼材料和混入的气体都使得阻尼器出现一定的弹性，但是两者产生的效应却有所区别。阻尼材料自身的黏性和弹性为并联关系，两种变形值相等，阻尼器的输出力等于黏滞力与弹性力之和；工作介质中混入气体的弹性与阻尼介质的性能为串联关系，两者的作用力相等，变形值之和与外界作用位移相等。因此，对于具有黏弹效应的阻尼介质在混入一定量气体后，阻尼器力学模型需要进行相应的修正(参见图 6-11)。

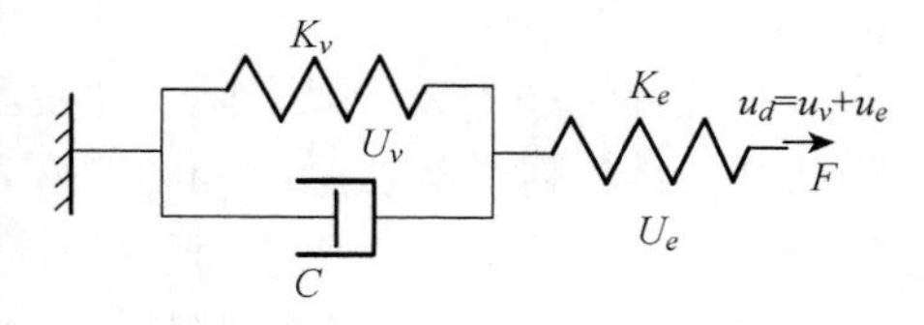

图 6-11　阻尼器修正力学模型

图 6-11 中，阻尼器的总位移为 u_d，其中混气介质的弹性变形为 u_e，阻尼材料的变形为 u_v，所以有

$$u_d(t) = u_v(t) + u_e(t) \tag{6-42}$$

混气阻尼介质的弹性力为

$$F_e = K_e u_e \tag{6-43}$$

阻尼器的输出力为

$$F_v = K'_v u_v + K''_v u_v \tag{6-44}$$

其中

$$K'_v = K_v \tag{6-45}$$

此外，

$$F_d = F_e = F_v \tag{6-46}$$

假定：

K'—— 阻尼器存储模量；

K'' ——阻尼器损耗模量。

则有

$$F_d = K'u_d + K''u_d \tag{6-47}$$

综合式(6-42)～式(6-46)，可得

$$K' = \frac{(K_e + K'_v)K_eK'_v + K_eK''^2_v}{(K_e + K'_v)^2 + K''^2_v} \tag{6-48}$$

$$K'' = \frac{K_e^2K''_v}{(K_e + K'_v)^2 + K''^2_v} \tag{6-49}$$

因此，将式(6-48)、式(6-49)代入式(6-47)得到黏滞阻尼器考虑阻尼材料黏弹性效应以及混入气体影响后修正的力学模型。

6.5 能量耗散率

在工程结构中设置黏滞阻尼器主要是用来耗散外界环境(如地震、风等)输入的能量，从而降低被控结构对外界激励的动力响应，保证结构的安全性或舒适性等正常使用的要求，因此，黏滞阻尼器耗能能力的大小、耗能效率的高低就成为评价其性能优劣的重要标准之一。

对于本研究研制的黏滞阻尼器，其性能兼有黏性和弹性特征，故需要进一步研究这两个特性对阻尼器耗能能力的影响。

假定

$$\lambda = \frac{K''}{K''_v} \quad \gamma_1 = \frac{K''_v}{K'_v} \quad \gamma_2 = \frac{K''_v}{K_e} \tag{6-50}$$

可以得到

$$\lambda = \frac{K''}{K''_v} = \frac{1}{\gamma_2^2 + \left(1 + \dfrac{\gamma_2}{\gamma_1}\right)^2} \tag{6-51}$$

根据式(6-51)可以看出，提高 γ_1 的值或降低 γ_2 的值，都会使 λ 值增大，使阻尼器总体的耗能能力增强。因此，采用黏滞耗能能力强的阻尼介质(具有较大的 K''_v值)，或减少阻尼介质中混入气体的数量(减少阻尼介质的体积弹性模量损失，提高 K_e 的值)，可以有效提高黏滞阻尼器对输入能量的耗散能力。

式(6-51)能够较好地反映修正后的模型中各参量对阻尼器耗能能力的影响，但是不便于通过试验的方法对阻尼器的性能进行评价。因此，采用式(6-52)作为衡量黏滞阻尼器耗能能力强弱的标准。

$$\eta = \frac{E_d}{E_i} \tag{6-52}$$

式中，η—— 阻尼器能量耗散率；

E_d—— 阻尼器耗散的能量；

E_i ——外界输入的能量。

阻尼器耗散的能量 E_d 可以直接由试验采集的数据(输出阻尼力及对应的位移)求得。外界输入的能量 E_i 可以根据不考虑阻尼介质黏弹性效应及介质中混入气体影响的阻尼器力学模型[如式(3-50)等]得到。

阻尼器性能试验通常采用不同频率和幅值以正弦规律变化的控制位移作为加载工况，现以采用幂律流体为阻尼介质的细长孔式黏滞阻尼器为例，试验中加载设备对阻尼器在一个周期内输入的能量为

$$E_i = \oint F\mathrm{d}u = \int_0^{\frac{2\pi}{\omega}} F\dot{u}\,\mathrm{d}t = \int_0^{\frac{2\pi}{\omega}} F\,|\,\dot{u}\,|^{\alpha+1}\,\mathrm{d}t \tag{6-53}$$

式(6-53)积分后可以得到[14]

$$E_i = \pi\beta C\omega^{\alpha}u_0^{\alpha+1} \tag{6-54}$$

其中

$$\beta = \frac{2^{\alpha+2}\Gamma^2\left(\frac{\alpha}{2}+1\right)}{\pi\Gamma(\alpha+2)} \tag{6-55}$$

式中 Γ() 为伽马函数。

由此，通过对式(6-52)及其相关参数的计算，可以对黏滞阻尼器的耗能能力做出一个比较客观的评价。

当 $\alpha = 1$ 时，根据式(6-55)有 $\beta = 1$，可得加载设备对线性黏滞阻尼器在一个正弦加载周期内输入的能量为

$$E_{i,\ \alpha=1} = \pi C\omega u_0^2 \tag{6-56}$$

以阻尼器 S3 和 S15 为例，阻尼器 S3 在 f=0.5 Hz、u_0=±20 mm 的正弦激励作用下，一个加载周期内输入的能量为 E_i=1.867×10^6 J，阻尼器耗散的能量 E_d=1.865×10^6 J，其所对应的能量耗散率 η=0.994；阻尼器 S3 在 f=1.0 Hz、u_0=±5 mm 的工况下，输入的能量为 E_i=2.118×10^5 J，耗散的能量为 E_d=2.106×10^5 J，其对应的能量耗散率 η=0.994；阻尼器 S15 在 f=0.5 Hz、u_0=±20 mm 的工况下，一个加载周期内输入的能量为 E_i=2.851×10^6 J，阻尼器耗散的能量 E_d=2.827×10^6 J，其对应的能量耗散率 η=0.991；阻尼器 S15 在 f=1.0 Hz、u_0=±5 mm 的工况下，输入的能量为 E_i=4.344×10^5 J，耗散的能量为 E_d=4.085×10^5 J，对应的能量耗散率 η=0.940。由此可见，本研究研制的黏滞阻尼器能够有效地耗散外界输入的能量。由结果还可看出，阻尼器黏弹性效应的大小对其能量耗散率产生一定程度的影响，随着阻尼介质黏度的增加以及加载频率的提高，能量耗散率有所下降。

也有研究者提出以下评价公式[15]：

$$\eta = \frac{E_d}{\dfrac{(F_{\max} - F_{\min})}{(D_{\max} - D_{\min})}} \times 100\% \tag{6-57}$$

式中，$F_{\max}$、$F_{\min}$ ——分别为阻尼器的最大和最小输出力；

$D_{\max}$、$D_{\min}$ ——分别为阻尼器的最大和最小位移。

令式(6-54)中 $\alpha=0$,则有 $\beta=\dfrac{4}{\pi}$，可以得到加载设备对摩擦型阻尼器在一个正弦加载周期内输入的能量为

$$E_{i,\alpha=0} = 4Cu_0 \tag{6-58}$$

将式(6-58)代入式(6-52)即可得到与式(6-57)类似的结果。

6.6 阻尼指数修正

由前述章节的分析，采用幂律流体作为阻尼介质的细长孔式黏滞流体阻尼器，其阻尼力的理论计算公式可以简化为

$$F = C_p V^{\alpha}$$

式中，α 为阻尼介质的流动指数。

根据前述公式(3-50)的整个推导过程可以知道，速度 V 的指数 α 为常量，其数值大小与流体的性质有关，即阻尼介质选定后，指数 α 同时也被确定。在该公式中，没有反映阻尼器其他参数对 α 的影响。

但是，通过对阻尼器性能试验的数据分析发现，采用同一阻尼介质的细长孔式阻尼器，随着孔长和孔径的调整，速度指数 α 也会发生一定的变化，说明 α 不仅与阻尼介质的性质相关，还受到阻尼孔尺寸的影响(参见图 6-12、图 6-13)。

由图 6-12 可见，对于采用相同阻尼介质的细长孔式黏滞阻尼器，当阻尼孔长小于一定尺度以后，速度指数 α 会有一定程度的上升。同样，图 6-13 反映了孔径变化对速度指数 α 的影响。

根据图 6-13，对于采用相同阻尼介质的细长孔式黏滞阻尼器，当阻尼孔径小于一定尺度后，速度指数 α 也会有一定程度的上升。

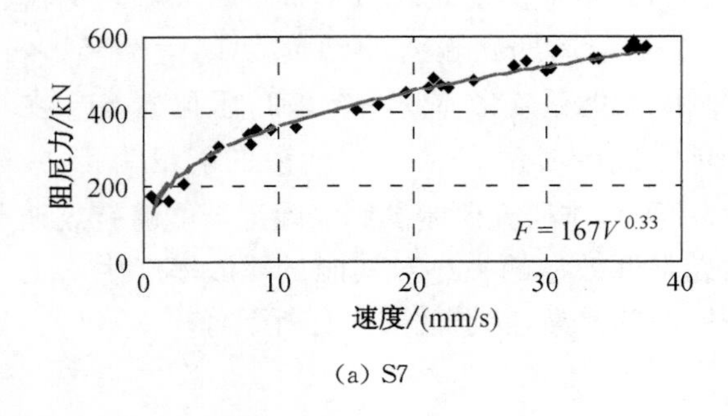

(a) S7

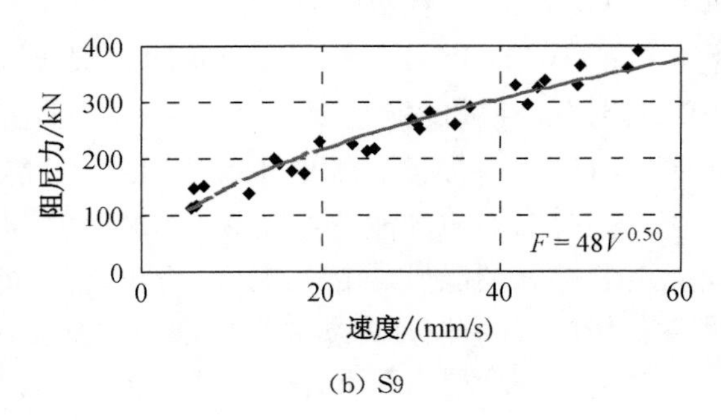

(b) S9

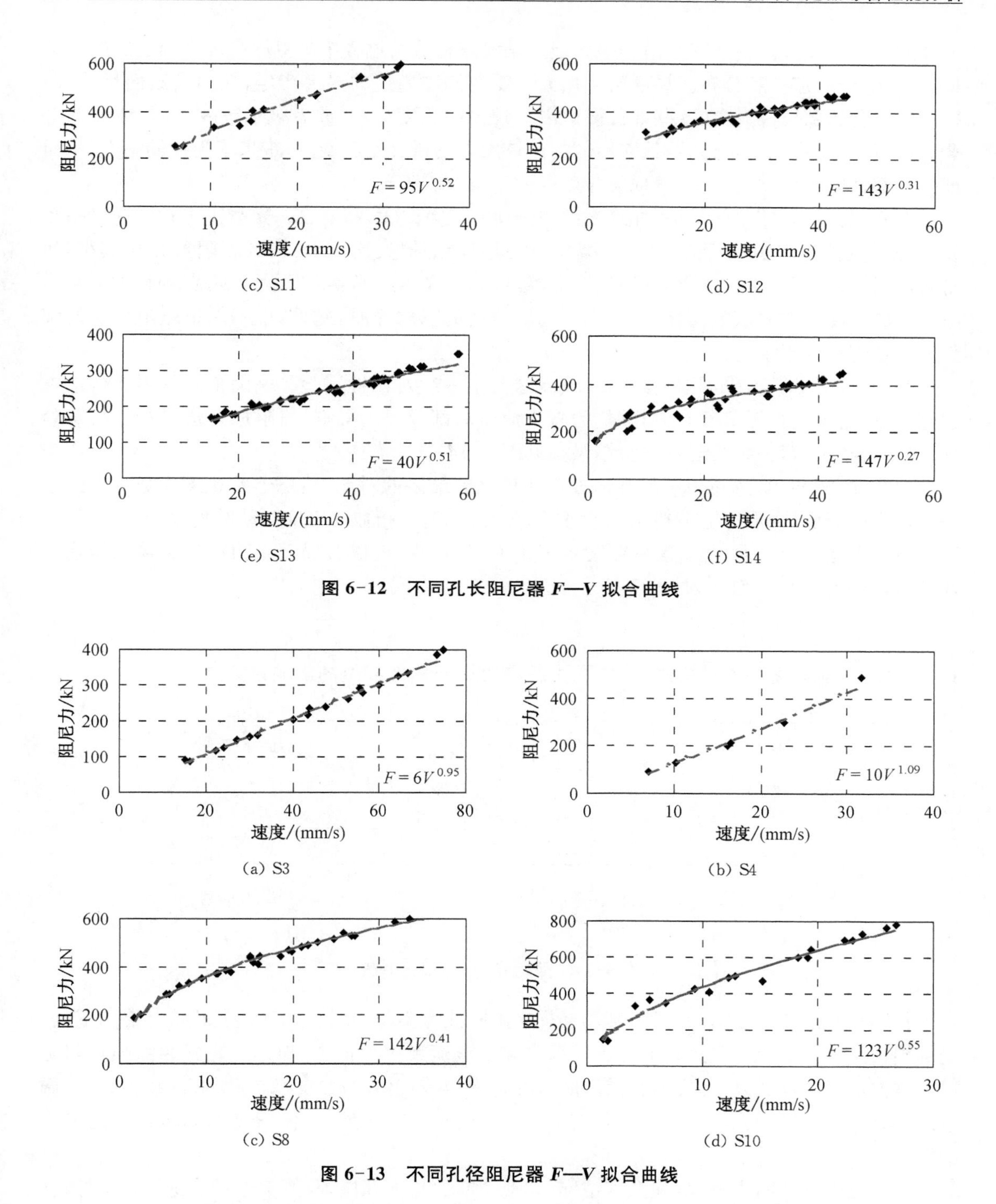

图 6-12　不同孔长阻尼器 *F*—*V* 拟合曲线

图 6-13　不同孔径阻尼器 *F*—*V* 拟合曲线

针对上述试验结果，先后详细分析了阻尼孔长径比、阻尼介质与孔道的接触面积等参数对指数 α 的影响。最终认为造成这一试验现象的实质原因是：不同构造（如孔长、孔径等参数不同）的阻尼器，其局部阻力损失在总能量损耗中所占比例的多少，将对指数 α 产生一定的影响。

阻尼器耗散的能量主要是流体在通道中的流动损失，该损失可以分为流体的沿程阻力损失和局部阻力损失两种形式。沿程阻力损失是流体在流动过程中为克服黏性力而造成的能量损失，沿整个通道长度分布。局部阻力损失主要在流体通道的局部产生，如通道断面尺寸、曲率发生变化的部位，流体在这些部位被迫出现较大的速度波动，或者被迫改变流向，或者两者兼有，干扰了流体的正常运动，致使局部的流体发生动量交换和旋涡，带来了附加的阻力，从而产生局部性的流体动能损失，该损失与速度的 2 次方成正比。

在阻尼器耗散的总能量中，如果局部损失所占比重过大，将会在一定程度上拉高速度指数 α。例如阻尼通道较短，沿程阻力损失减少，从而使局部损失比例上升；或者阻尼孔径减小，使得阻尼通道入口及出口处的局部损失增加等。因此，在对阻尼器进行设计和制造时，如果黏滞阻尼器的速度指数要求数值较小，首先要调配合适的阻尼介质，此外，也不能忽略阻尼器的细部构造处理对 α 产生的影响。

为验证这一结论，采用阻尼器 S14、S15 进行了一次对比性试验。这两个阻尼器的构造参数完全一致，但阻尼器 S15 在制作时，为减小流体局部阻力的影响，对阻尼孔道进行了特殊处理，使孔道整个流程水力光滑（试验结果参见图 6-14）。

由图 6-14 可见，通过对阻尼孔道处理前后试验结果的对比，阻尼器的速度指数 α 出现了一定程度的降低，说明以上分析结论能够较好地解释速度指数 α 出现变动的现象。

基于上述分析，细长孔式黏滞阻尼器考虑沿程阻力损失以及局部阻力损失影响的阻尼力计算公式(3-50)可以修正为

$$F = CV^{\alpha} + \zeta V^2 \tag{6-59}$$

式中，ζ——流体总局部损失影响系数，为各产生局部损失部位的影响系数之和。

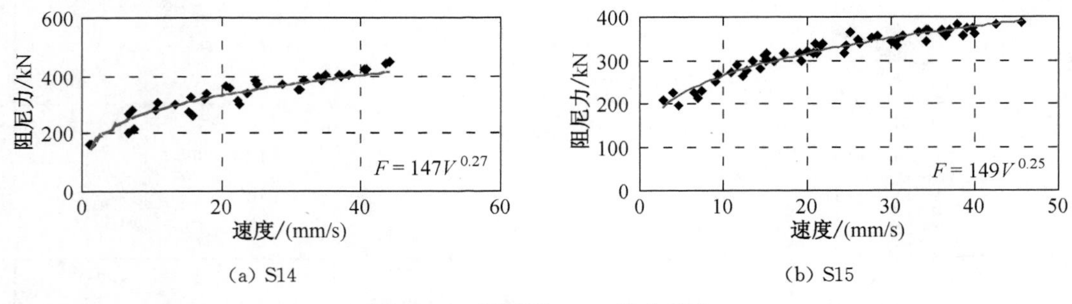

(a) S14　　(b) S15

图 6-14　阻尼器 F—V 拟合曲线

不同构造形式的黏滞阻尼器，其局部损失的构成也不尽相同。对于细长孔式黏滞阻尼器，局部损失主要包括阻尼孔进口流体收缩损失和出流流束扩大损失；而螺旋孔式黏滞阻尼器除以上进出口两项损失外，还有因孔道的曲率和挠率导致流体出现二次流动引起的损失；对于调节阀式黏滞阻尼器，其局部损失还需要考虑调节阀参与工作后，流体通过阀体时带来的局部损失。

以上这些局部阻力损失，除个别情况（如通道断面扩大部位等）能够进行理论的分析外（参见第 3 章相关内容），其余大部分情况的流体局部损失系数都需要通过试验确定，或者采用一些经验公式进行计算。

式(6-59)等号右侧包含两项内容，第 1 项为沿程阻力损失，第 2 项为局部阻力损失。该公式不便于对阻尼器进行试验性能评价或对结构进行整体动力分析，故可以考虑在原力学模型

的基础上，通过试验对其阻尼系数 C 及速度指数 α 直接进行修正，

$$F = \gamma C \mid V^{\alpha} \mid^{\beta} \tag{6-60}$$

式中，γ—— 阻尼系数 C 的修正系数；

β—— 速度指数 α 的修正系数。

令

$$\left.\begin{aligned} C_{eq} &= \gamma C \\ \alpha_{eq} &= \beta\alpha \end{aligned}\right\} \tag{6-61}$$

则式(6-60)可写为

$$F = C_{eq} V^{\alpha_{eq}} \tag{6-62}$$

式(6-62)即为研究人员或结构工程师所熟悉的黏滞阻尼器力学模型。

为避免求解非线性方程，使整体结构的动力分析得到简化，也可将非线性阻尼器的输出阻尼力[式(6-59)]按功率等效原则(即阻尼力—速度关系曲线包围面积相等的原则)直接进行线性化处理。

假定 C_{eq} 为线性化等效阻尼系数，则有

$$F = C_{eq} V \tag{6-63}$$

阻尼器在受到简谐波 $u(t) = u_0 \sin(\omega t)$ 的激励时，阻尼器在一个周期内 $\left(T = \dfrac{2\pi}{\omega}\right)$ 的平均耗散功率为

$$\bar{P} = \int_0^T F(t)\, \mathrm{d}\dot{u}(t) \tag{6-64}$$

将式(6-59)与式(6-63)分别代入式(6-64)并使之相等，得到

$$C_{eq} = \frac{2}{1+\alpha} C u_0^{\alpha-1} \omega^{\alpha-1} + \frac{2}{3} \zeta u_0 \omega \tag{6-65}$$

由式(6-65)可见，等效线性阻尼系数不仅为 C 和 α 的函数，而且与激励频率 ω、运动幅值 u_0 以及总的局部损失系数 ζ 相关。

参考文献

[1] 黄文润. 硅油及二次加工品[M]. 北京：化学工业出版社，2004.

[2] 雷天觉主编. 新编液压工程手册[M]. 北京：北京理工大学出版社，1999.

[3] Hayward A T J. Aeration in hydraulic system—its assessment and control[R]. I. Mech. E. Proc. Conf. Oil Hydraulic Power Transmission, 1961: 216-224.

[4] Hatada T, Kobori T, Ishida M, et al. Dynamic analysis of structure with Maxwell model[J]. Earthquake Engng. Struct. Dyn., 2000, 29: 159-176.

[5] Hatada T, et al. Study on dynamic analysis of structures with Maxwell model[C]. Proceedings 9th Japan Earthquake Engineering Symposium, Tokyo, Japan, 1994: 1843-1848.

[6] Fujimoto M, Wada A, Kimura Y. Dynamic response analysis of reinforced concrete frame using a three-

element-Maxwell model[J]. Journal of Structure and Construction Engineering Japan，1989,399：9-17.
[7] Meriovich L. Dynamics and Control of Structure[M]. New Jersey：John Wiley &Sons，1990.
[8] 王光远. 应用分析动力学[M]. 北京：人民教育出版社，1981.
[9] Lin W-H，Chopra A K. Earthquake response of elastic SDF systems with non-linear fluid viscous dampers[J]. Earthquake Engineering and Structural Dynamics，2002，31:1623-1642.
[10] Lin W-H，Chopra A K. Earthquake response of elastic SDF systems with non-linear VE dampers [J]. Journal of Engineering Mechanics (ASCE)，2003,129：597-605.
[11] Yamada K. Non-linear-Maxwell-element-type hysteretic control forces[J]. Earthquake Engineering and Structural Dynamics，2000，29：545-554.
[12] Chopra A K. Dynamics of Structures：Theory and Applications to Earthquake Engineering[M]. 2nd ed. Prentice-Hall：Upper Saddle River，NJ，2001.
[13] Pekcan G，Mander J B，Chen S S. Fundamental considerations for the design of non-linear viscous dampers[J]. Earthquake Engineering and Structural Dynamics，1999，28：1405-1425.
[14] Symans M D，Constantinou M C. Passive fluid viscous damping systems for seismic energy dissipation [J]. Journal of Earthquake Technology，1998，35(4)：185-206.
[15] Taylor Devices Seismic Dampers and Seismic Protection Products. http://www. taylordevices. com / tayd. htm.

第 7 章　黏滞阻尼墙原理与性能研究

黏滞阻尼墙(Viscous Damping Wall 或 Viscous Wall Damper,简称 VDW)由日本学者 Miyazaki 和 Arima 等在 1986 年提出[1-5],由 Sumitono Construction 公司研制成功,是一种可作为墙体安装在结构层间的消能部件,主要由内钢板、外钢板及位于内、外钢板之间的黏滞阻尼介质三部分构成。阻尼墙的内钢板固定于上层楼面,外钢板组成的箱体与下层楼面连接,而且内钢板能在箱体中沿平面运动,内钢板和外钢板之间填充高黏度黏滞阻尼材料。黏滞阻尼墙的构造形式也比较灵活,如间隙式黏滞阻尼墙(参见图 7-1)、孔隙式黏滞阻尼墙[6](参见图 7-2)。

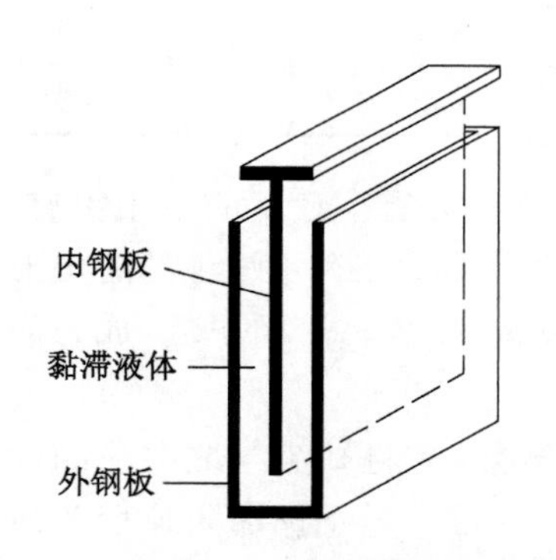

图 7-1　间隙式黏滞阻尼墙构造简图

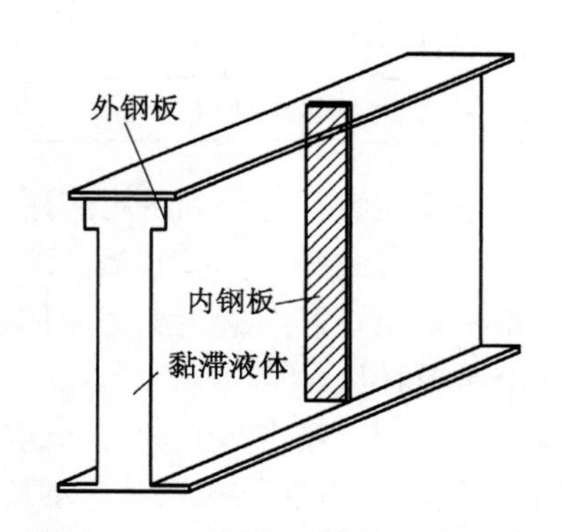

图 7-2　孔隙式黏滞阻尼墙构造简图

在实际工程中,往往需要在阻尼墙外部包裹钢筋混凝土或者防火材料进行防护。当结构受到风致振动或地震作用时,因上下楼面的运动速度不同,导致阻尼墙内、外钢板之间产生相对速度;内、外钢板之间的速度梯度使黏滞材料产生阻尼,从而使结构的总阻尼增大,降低了结构的动力反应。根据工程经验以及研究分析,黏滞阻尼墙通常布置在结构层间变形较大的位置,如结构的相对薄弱部位等,一方面可以尽最大可能发挥黏滞阻尼墙的消能减振效果,另一方面黏滞阻尼墙可以根据墙体位置所提供的空间大小,提供足够的黏滞阻尼力,其大小可以远远超过其他类型的阻尼器,例如日本 Oiles 公司生产的间隙式黏滞阻尼墙,最大阻尼力可以超过 2 000 kN[4]。

黏滞阻尼墙是一种性能良好的消能减振部件,用于工程结构减振方面具有制作安装方便、材料简单等优点。黏滞阻尼墙内、外钢板与高黏滞材料的作用面积大,使结构的阻尼比可以大幅度提高到 20%以上,耗散大量的外界输入能量,具有较为广泛的适用范围。常用的黏滞阻尼墙可以安装在一般的多层房屋结构中,同时也适用于高层和超高层建筑,既能用于新建建筑,也能用于既有建筑的抗震加固和震后修复。

目前在日本已经有二十多个工程采用了黏滞阻尼墙,包括新建的高层建筑以及既有建筑抗震加固，表 7-1 列出了部分黏滞阻尼墙在日本的工程应用实例。

表 7-1　黏滞阻尼墙在日本的工程实例

建筑物名称	修建时间	地点	黏滞阻尼墙数量
SUT-Building	1994	静冈	170
新宿 NTT 大厦	1995	东京	60
横滨 MM 大厦	1999	横滨	180
千叶国立学校教工宿舍	1999	千叶	30
北野医院	1999	大阪	70
关东邮政局办公楼	2000	大宫	46
关东通信医院改建工程	2000	东京	208
琦玉 NTT 大厦	2001	琦玉	119
新宿御苑住宅楼	2003	东京	114
日建设计公司东京大楼	2003	东京	39
虎之门—六本木区域项目	2012	东京	380

黏滞阻尼墙在我国也得到一定应用，例如，2009 年建于江苏省宿迁市的金柏年财富广场，该工程使用了 60 片黏滞阻尼墙，提高结构在大震下的抗震性能；2013 年竣工的唐山万科金域华府项目结构采用钢筋混凝土剪力墙体系，整个结构共设置 66 片黏滞阻尼墙，成为河北省首个抗震安全示范社区。[1-3]

我国目前由于通用有限元软件的建模分析技术尚不成熟，并且缺少与之对应的模拟计算单元，使得黏滞阻尼墙在结构设计中的应用遇到了一定的困难。对于黏滞阻尼墙的研究仍需解决分析模型的简化、设计参数的选取、布置数量及位置的优化等工程设计问题。目前，我国还没有成熟的具有自主知识产权的黏滞阻尼墙产品，大多情况尚需依赖进口，因此使用成本也偏高。除此之外，由于黏滞阻尼墙尚未编入现行的《建筑结构消能减震（振）设计》(09SG610-2)图集，所以黏滞阻尼墙与主体结构节点连接构造做法不够明确，实际工程应用中没有足够权威普适的构造方法，这也对黏滞阻尼墙在实际工程中的推广与应用造成了一定的阻碍。

7.1　黏滞阻尼墙的耗能机理

7.1.1　黏滞流体材料的耗能机理

材料可分为弹性材料和黏性材料。对于理想弹性材料来说，其应力和应变之间无滞后现象，即相位差为零；而对于理想的黏性材料来说，其应力和应变之间存在滞后现象，相位差为 $\pi/2$。因此，在正弦变化的力作用下，理想的弹性材料仅能储存能量而不能耗散能量，反映出材料的刚度特性；相反，理想的黏性材料则仅能耗散能量而不能储存能量，反映出材料的阻尼特性；介于两者之间的黏弹性材料既能耗散能量，又能存储能量[21]。三种材料的应力—应变关系曲线(滞回曲线)如图7-3所示。但目前尚不存在完全理想的弹性或黏性材料,实际工程中采用的黏滞阻尼介质一般为高黏度的有机材料,如硅油、液压油、航空油等。黏滞阻尼墙所采用的黏滞阻尼材料应力与应变之间也同样存在滞后现象,相位差介于 $0\sim\pi/2$ 之间,如图7-4所示。

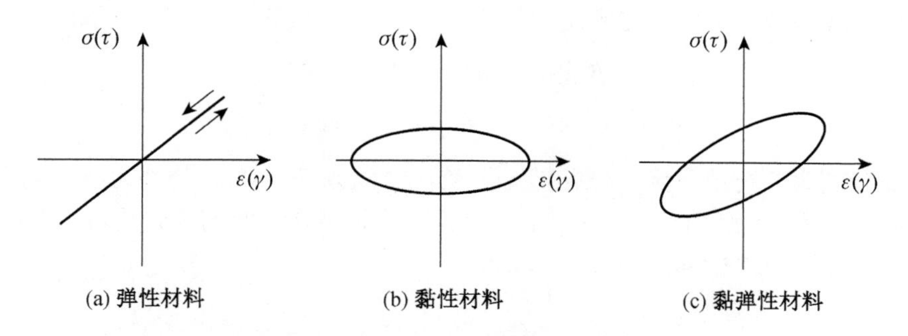

图7-3　弹性、黏性、黏弹性材料的应力—应变关系

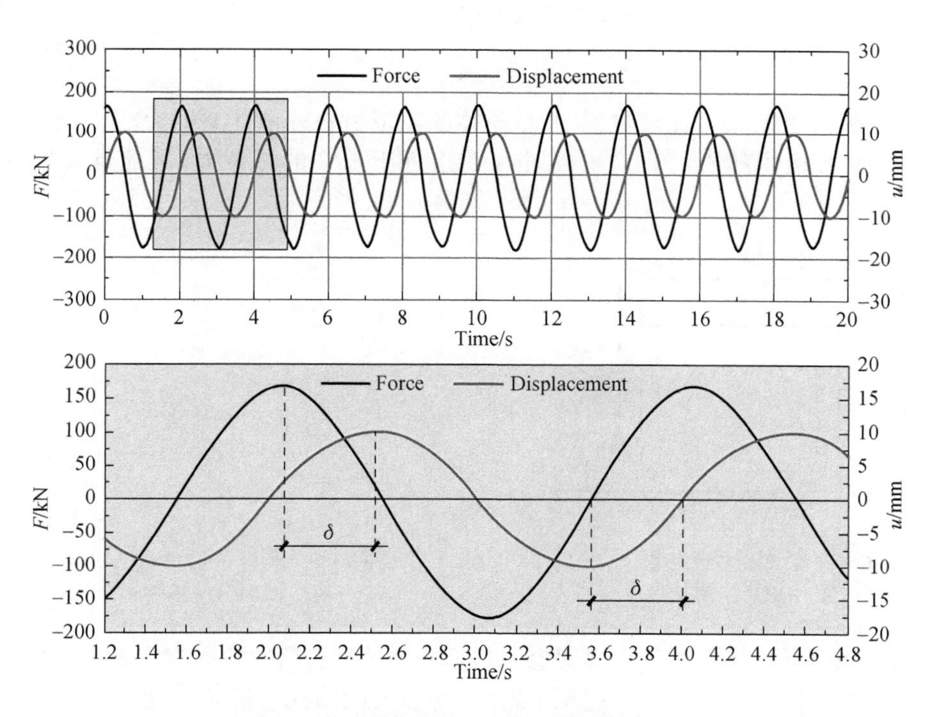

图7-4　黏滞阻尼材料力—位移时程曲线

黏滞阻尼墙根据构造不同,可以分为间隙式(图7-1)与孔隙式(图7-2)两种型式。两种不同的阻尼墙构造形式不一样,其所使用的阻尼介质也有所不同。对于间隙式黏滞阻尼墙,主要是通过内钢板剪切阻尼介质进行耗能,因此所使用的介质多为近似于黏弹性的半固半液态的中高相对分子质量的高分子聚合物;对于孔隙式黏滞阻尼墙,其使用的阻尼介质一般为普通黏滞阻尼器中所使用的硅油材料,其耗能机理与本书第3章中所述的黏滞阻尼器的耗能机理近似。

1) 间隙式黏滞阻尼墙耗能机理

间隙式黏滞阻尼墙的耗能机理可以理解为,当地震或风荷载作用于结构时,结构上、下楼层之间产生相对位移或相对速度(参见图 7-5),固定于上层楼面梁的内剪切钢板在外钢板组成的箱体内作往复运动,箱体内的黏滞材料发生剪切变形,从而导致外界输入动荷载的转化和衰减,这种剪切变形通常不能复原,而且出现动位移滞后于激励力的现象,也就是位移变化与外荷载激励之间存在这一个相位差 δ。如假设外荷载以正弦波的形式加载,则外荷载与位移随时间的变化可表示为式(7-1)的形式:

$$\begin{cases} F_g = F_0 \sin \omega t \text{ 或 } F_g = F_0 \mathrm{e}^{-\mathrm{j}\omega t} \\ \Delta = \Delta_0 \sin(\omega t - \delta) \text{ 或 } \Delta = \Delta_0 \mathrm{e}^{-(\mathrm{j}\omega t - \delta)} \end{cases} \tag{7-1}$$

其中 F_g 和 Δ 分别为外荷载激励与位移随时间变化的函数,F_0 和 Δ_0 分别为最大激励力和最大位移幅值,ω 为外荷载的激励频率,并且 $\omega = 2\pi f$,f 为频率,t 为时间。在式(7-1)基础上,可以将材料运动一周所耗散的能量表示为

$$\Delta W = \oint F_g \mathrm{d}\Delta = \pi F_0 \Delta_0 \sin \delta \tag{7-2}$$

考虑高分子材料的应力—应变关系,式(7-2)又可表示为

$$\Delta W = \pi \sigma_0 \varepsilon_0 \sin \delta \tag{7-3}$$

式(7-3)表明,在每一个循环过程中,单位体积阻尼材料耗散能量的大小正比于这个相位差的正弦,而通常使用的阻尼介质材料都存在接近于 $\pi/2$ 的相位差,因此具有较好的耗能性能。

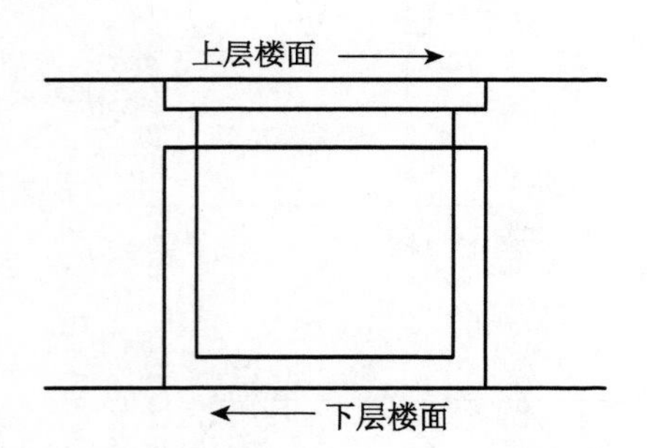

图 7-5　间隙式黏滞阻尼墙工作模式示意

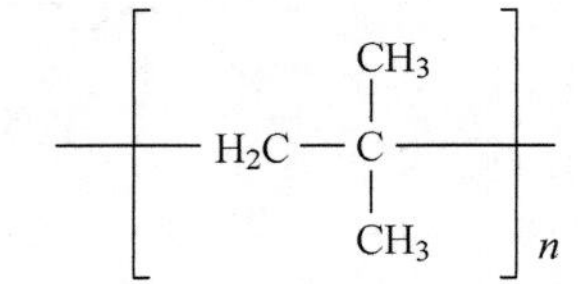

图 7-6　聚异丁烯(Polyisobutylene, PIB)分子结构式

黏滞阻尼墙的耗能性能在很大程度上由阻尼介质的性能所决定。有学者在对目前日本广泛应用的间隙式黏滞阻尼墙的研究过程中发现,普通的间隙式黏滞阻尼墙如果仅采用黏滞阻尼器中常用的甲基硅油作为阻尼介质,并不能提供满足实际工程所需要的输出阻尼力。因此,实际生产中所采用的阻尼介质多为具有一定黏弹性性质的阻尼材料如聚异丁烯高分子聚合物[16-19],其分子结构式如图 7-6 所示。

在外荷载作用时,聚合物产生分子运动(包括分子间相对运动与分子内部化学单元的自由旋转)和分子链运动(包括曲折状分子链的拉伸、扭曲和分子间链段的相对滑移、扭转)。外力撤出后,这两部分运动都会出现部分运动复原和一部分运动不能复原的情形,其中,能复原的运动为能量的转化,宏观上表现为这种聚合物材料的弹性,不能复原的运动实质上就是能量的耗散,即由运动能变为热能逸散出去,宏观上表现为这种材料的黏性,此类高聚物材料耗能主

要由此产生。

针对聚异丁烯高分子聚合物的研究表明，这种材料在常温下呈半固态，随着温度升高，这种材料逐渐向液态变化，流动性增大，表现出黏弹性材料的温度特性。根据研究，这种黏弹性材料性质随温度由低到高的变化可以分为四个阶段，分别是：①玻璃态区；②玻璃化转变区；③高弹态区；④黏流态区，其中玻璃化转变区是黏弹性阻尼材料力学形态发生变化的一个临界区域(见图7-7)。在玻璃态区，黏弹性材料通常处于一种分子链运动被冻结的状态，在外力作用下表现出很高的刚性，耗能性能比较差，只有在外荷载频率很低的情况下才能出现大的能量损耗。在玻璃化转变区，随着温度升高，黏弹性材料的分子链逐渐被解冻开始热运动，这样的运动导致了材料内耗的增加，耗能性能上的优势也逐渐显示出来。通常认为黏弹性材料的玻璃化转变区是其进行耗能的特征工作温度区间，在这一温度区间内高分子材料的韧性特征非常突出，动力学性质明显，弹性模量随温度的升高而降低，在某一温度处阻尼材料的耗能能力达到峰值，此时所对应的温度称为玻璃化转变温度，通常以 T_g 表示，在这之后材料的耗能能力将迅速下降。在材料应用中，通常将转变区的宽度定义为发生玻璃化转变的温度范围，这也就是黏弹性阻尼材料有效阻尼的温度范围。随着温度继续升高，材料进入了高弹态区，分子链段运动进一步活跃，出现高弹变形，材料宏观上表现为更加柔软，耗能能力中等，材料在较高的外荷载频率下才能表现出一定的耗能能力。如果温度继续升高，在进入到黏流态区后，黏弹性材料逐渐表现出了流体阻尼材料近似于黏滞流体阻尼介质的材料特性，具有比较好的耗能能力，但是力学强度很低，不能够为间隙式黏滞阻尼墙提供足够的阻尼力[17-19]。

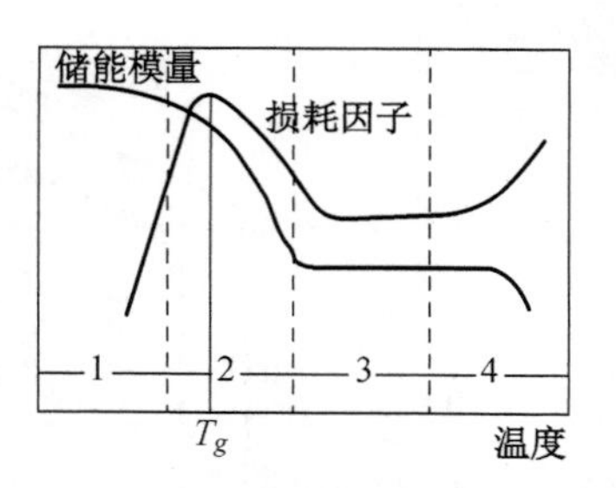

图7-7　黏弹性材料的储能模量、损耗因子与温度的关系

1—玻璃态区；2—玻璃化转变区；3—高弹态区；4—黏流态区；T_g—玻璃化转变温度

根据当前国内外研究与工程应用情况，日本由多个厂家生产的能够应用于实际工程发挥消能减震作用的黏滞阻尼墙，其力学性能都具有明显的温度与频率相关性。根据前述介绍可知，由于黏弹性阻尼材料选用高分子聚合物聚异丁烯，该材料的分子运动会随温度的变化表现出明显的不同，材料在宏观上出现巨大的力学性能差异，因此导致目前工程中所使用的黏滞阻尼墙力学性能随温度变化存在较大的变化。这种黏弹性阻尼介质从其本构关系上来看并不属于幂律流体，因此所产生的阻尼力与式(7-20)所表达的阻尼介质为幂律流体的黏滞阻尼墙不同。根据试验数据分析研究得到的不同厂家黏滞阻尼墙阻尼力计算公式将在后文7.2节中详细介绍。

2) 孔隙式黏滞阻尼墙耗能机理

孔隙式黏滞阻尼墙基本构造形式如图7-2所示。钢箱内填充黏滞流体阻尼介质，一块或多块横向内钢板置于钢箱和黏滞阻尼材料之间。应用于实际工程时，为了满足结构空间和阻尼墙安装需求，可在阻尼墙下部设置支架，将支架的底部与下层楼面相连；一般还需在钢箱外部设置钢筋混凝土或防火材料保护阻尼墙体，以防阻尼墙受到撞击、腐蚀、火灾等因素作用而影响性能。当阻尼墙高度满足安装要求，不需要支架时，直接通过底部钢板的翼缘与下层楼面相连。此时底部钢板翼缘作为钢箱的延伸。实际应用中，孔隙式黏滞阻尼墙的固定方式以及工作原理与间隙式阻尼墙大体上相似，也是利用了在地震或风作用下结构的上下楼层间产生的相对运动，如图7-8所示。

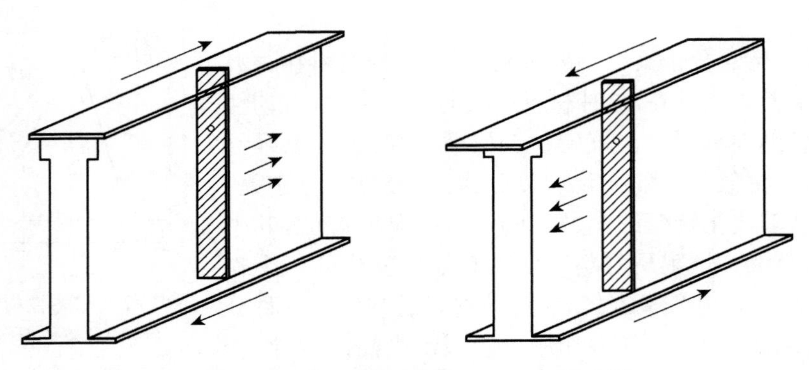

图 7-8　孔隙式黏滞阻尼墙耗能机理简图[6]

间隙式黏滞阻尼墙内钢板主平面沿纵向布置，利用黏滞阻尼材料的剪切变形耗能不同，孔隙式黏滞阻尼墙内钢板主平面沿横向设置，在内钢板上根据需要开设阻尼孔洞，伴随内钢板的往复运动，阻尼介质相应的由内钢板上孔隙两侧的高压腔经过阻尼孔流往低压腔。在黏滞流体反复流经阻尼孔的过程中，流体因克服摩擦等影响因素而耗散外界输入的机械能，该类阻尼墙耗能原理与黏滞阻尼器类似。孔隙式黏滞阻尼墙中所填充的阻尼介质采用了幂律流体(如高黏度甲基硅油)，因此所能提供的阻尼力与式(7-20)推导得到的计算公式相同，输出阻尼力表现出明显的速度相关性，与频率、位移幅值以及温度等因素关系不大。

间隙式黏滞阻尼墙一般来说在工作时墙体内部不需要保持较高的压强，故对运动部位的密封要求不高，一般采用开口式，仅设置限位装置即可。而孔隙式黏滞阻尼墙耗能机理与黏滞阻尼器类似，工作时墙体内部必须保持较高的压强，才能使该类阻尼墙输出较大的满足工程需求的阻尼力，因此对阻尼墙顶板与箱体交接处密封性能要求较高，顶板、内钢板与钢箱接触处均需设置密封条，要求能够实现动态密封，以保证孔隙式黏滞阻尼墙在较大的工作行程条件下能够保持正常工作。

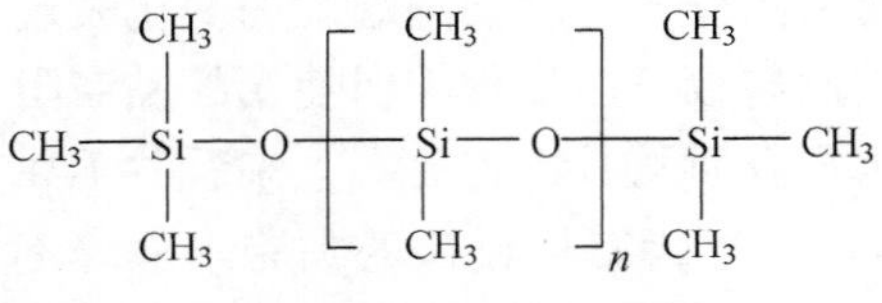

$$CH_3-\underset{CH_3}{\overset{CH_3}{Si}}-O-\left[\underset{CH_3}{\overset{CH_3}{Si}}-O\right]_n-\underset{CH_3}{\overset{CH_3}{Si}}-CH_3$$

图 7-9　甲基硅油分子结构式

间隙式黏滞阻尼墙通常采用高分子聚合物作为阻尼介质，该类材料在常温下一般呈半固态。而孔隙式黏滞阻尼墙多采用高标号甲基硅油作为黏滞阻尼介质，该阻尼介质材料常温下为液态，其分子结构式如图 7-9 所示。

黏滞阻尼墙耗散的能量，从流体力学的角度分析，主要来自黏滞流体在阻尼墙箱体与内钢板间隙中的流动损失，该损失称为流体的沿程阻力损失，在本书第 3 章中已有详细介绍。除此之外，流体可以承受较大的压应力，却几乎不能承受拉应力，并且在加压的情况下，所产生的阻尼力还会进一步变大。而其抵抗剪切应力的能力极弱，即使作用于流体的剪切力非常微小，流体也会发生连续变形，这种特性称为流体的易流性，这种流体抵抗剪切应力较弱的易流性也解释了以剪切耗能为主的间隙式黏滞阻尼墙不适于采用流动性较强的阻尼介质。从微观上来看，黏性流体分子间的内聚力或物理缠结较弱，容易产生相对运动。同时，黏性流体分子内的化学单元能自由旋转，在很小的外力作用下，分子间容易产生相对变形、滑移、扭转，而当外力消除后，分子间产生的变形、滑移、扭转基本上不能复原，这是黏性流体材料的黏性表现。在外力作用下，黏滞流体与固体表面附着力(摩擦力)所做的功转化为热能而耗散于周围环境中,同时在受力过程中分子间产生内摩擦力,摩擦力所做的功也转化为热能耗散出去。在适当的外荷载频率以及温度范围内,这种黏滞流体承受交变荷载时会有很强的耗能能力。

7.1.2　幂律流体间隙流动的阻尼计算[14]

以目前应用较为广泛的幂律流体为例,进一步介绍黏滞阻尼墙阻尼产生的机理。

首先根据流体力学原理建立平板间隙的均匀流动方程:设平板长为 l,宽为 b,两板的板间间隙为 $h(l \gg h,\ b \gg h)$。平板间流体的流动受黏性力控制,一般为层流。假定流体不可压缩,其质量力忽略不计。

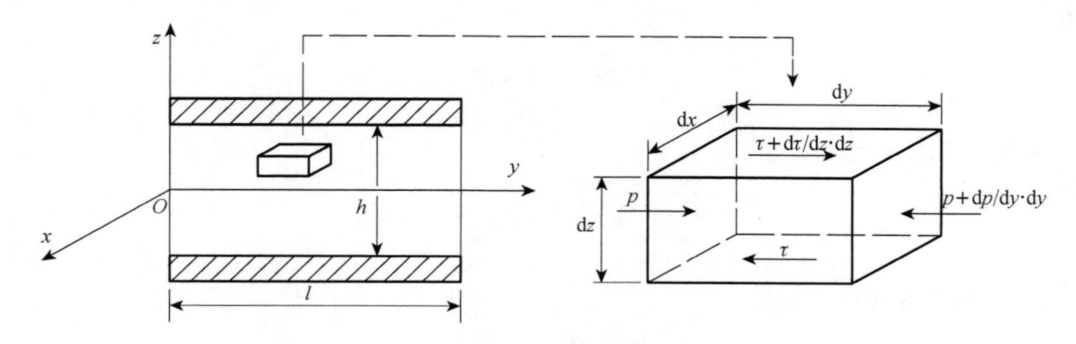

图 7-10　平板间隙均匀流动流体及微元体

在平板间流体中取出一微元体 $\mathrm{d}x\mathrm{d}y\mathrm{d}z$ 进行分析,如图 7-10 所示。由 y 方向微元体平衡方程得

$$\frac{\mathrm{d}p}{\mathrm{d}y} = \frac{\mathrm{d}\tau}{\mathrm{d}z} \tag{7-4}$$

上式中 p 为压强,$\mathrm{d}p/\mathrm{d}y$ 沿长度方向为常数,有

$$\frac{\mathrm{d}p}{\mathrm{d}y} = \frac{\Delta p}{l} \tag{7-5}$$

上式中 Δp 为板间流体入口与出口处压强差。由式(7-4)和式(7-5)得

$$\frac{\mathrm{d}\tau}{\mathrm{d}z} = \frac{\Delta p}{l} \tag{7-6}$$

将上式积分,得

$$\tau = \frac{\Delta p}{l} z \tag{7-7}$$

由于流体层流流速与应力关于 xOy 平面对称分布,xOy 平面内的剪应力为

$$\tau_0 = 0(z = 0) \tag{7-8}$$

两平板处剪应力为

$$\tau_w = \frac{\Delta p}{l}z = \frac{\Delta p}{l}\frac{h}{2} = \frac{\Delta p h}{2l}\left(z = \pm\frac{h}{2}\right) \tag{7-9}$$

对于非时变性黏性流体，其本构方程为

$$\gamma = \frac{\mathrm{d}u}{\mathrm{d}z} = f(\tau) \tag{7-10}$$

上式中 $\mathrm{d}u/\mathrm{d}z$ 为流体的层间速度梯度。对上式积分，并代入边界条件$\begin{cases} z = \pm\dfrac{h}{2} \\ u = 0 \end{cases}$，得到速度分布为

$$u = \int_{|z|}^{h/2} f(\tau)\mathrm{d}z \tag{7-11}$$

平板间流体的流量为

$$Q = 2\int_0^{h/2} ub\,\mathrm{d}z = 2b\int_0^{h/2} f(\tau)z\,\mathrm{d}z \tag{7-12}$$

由式(7-6)和式(7-9)得 $z = \dfrac{\tau h}{2\tau_w}$，代入式(7-12)得

$$Q = \frac{bh^2}{2\tau_w^2}\int_0^{\tau_w} f(\tau)\tau\,\mathrm{d}\tau \tag{7-13}$$

对幂律流体，由本书第 3 章中的本构关系得

$$f(\tau) = \dot{\gamma} = \left(\frac{\tau}{k}\right)^{1/n} \tag{7-14}$$

$$Q = \frac{nbh^2}{2(2n+1)}\left(\frac{\tau_w}{k}\right)^{1/n} \tag{7-15}$$

将式(7-9)代入得

$$Q = \frac{nbh^{2+1/n}}{2(2n+1)}\left(\frac{\Delta p}{2kl}\right)^{1/n} \tag{7-16}$$

由式(7-16)得内钢板与阻尼墙箱体外钢板的板间流体压强差为

$$\Delta p = 2kl\left[\frac{2(2n+1)}{nb}\right]^n \frac{Q^n}{h^{2n+1}} \tag{7-17}$$

内钢板往复运动时 $\Delta p = F/A$，$Q = Av$，其中 F 为黏滞流体的阻尼力，A 为内钢板有效面积，v 为内钢板相对箱体的运动速度。代入式(7-17)，得阻尼力 F 为

$$F = \frac{2klA^{n+1}}{h^{2n+1}}\left[\frac{2(2n+1)}{nb}\right]^n v^n \tag{7-18}$$

如果令

$$C=\frac{2klA^{n+1}}{h^{2n+1}}\left[\frac{2(2n+1)}{nb}\right]^{n} \tag{7-19}$$

则式(7-18)可表示为

$$F=C\cdot v^{n} \tag{7-20}$$

C 为阻尼系数，k 为稠度系数，当 $n=1$ 时，为线性阻尼；当 $n>1$ 时，为非线性阻尼。

由以上流体力学分析可以看出，对于平板间隙间的均匀流动，在流体力学理论上阻尼力计算公式与普通的黏滞阻尼器相一致，都可以归并为式(7-20)的统一形式，但是在实际应用与计算中，需要考虑不同黏滞阻尼介质的理化性质对于黏滞阻尼墙的耗能机理及阻尼墙的恢复力模型都有所不同。

对于不同的黏滞流体，则可以根据试验得到的流体本构关系用类似的方法推导出使用该黏滞流体的黏滞阻尼墙阻尼力计算公式。其他几种非牛顿流体阻尼力计算公式推导方法与之类似，在此便不一一赘述。

7.2　黏滞阻尼墙的力学模型

7.2.1　黏滞阻尼墙附加体系力学模型

根据不同的黏滞阻尼介质自身特点并结合聚合物流变学的知识，可以总结出不同黏滞阻尼墙附加体系的力学模型。如果将消能减震结构简化为单自由度体系，利用图7-11所示模型简明地表示结构内力和变形的传递关系，可清楚地理解消能减震结构内部工作的减震机理。

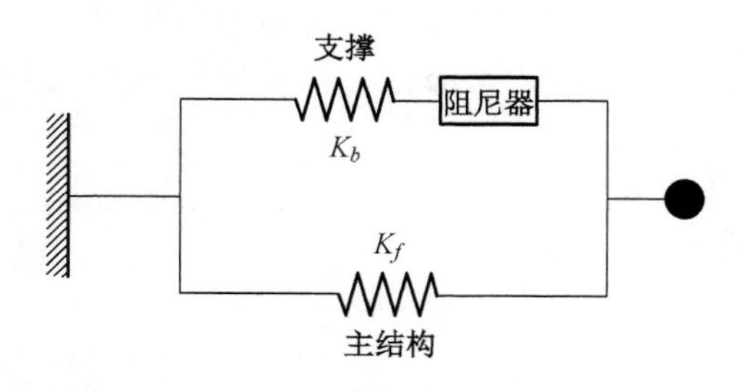

图7-11　单质点体系简化模型

将阻尼器与支撑连接件的串联组合体称为消能减震附加体系，该体系是附加在主结构上所有单元的总称。根据所选阻尼器类型的不同，阻尼器附加体系的力学模型也有所不同。

1) 间隙式黏滞阻尼墙力学模型

间隙式黏滞阻尼墙所选用的阻尼介质为具有黏弹性材料特征的聚异丁烯，对于这种黏弹性高聚物，可以通过弹簧和黏壶的串联或并联方式组合形成不同黏弹性材料的力学模型，主要有以下几种组合形式的模型：

① Maxwell 模型

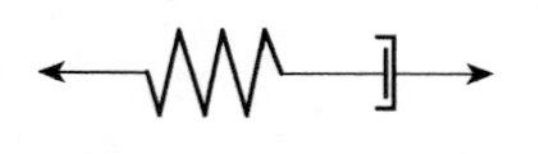

图7-12　Maxwell 模型

Maxwell 模型认为黏弹性阻尼器可以等效为一个弹簧和一个黏壶元件相串联，这种模型可以表现出材料典型的流体特性，即在有限应力下可以无限制地变形。Maxwell 模型能很好地反映黏弹性阻尼器的松弛现象以及储能模量随频率的变化趋势，却不能反映黏弹性阻尼器轻微的蠕变特性和损耗因子随频率的变化特性。见图7-12。

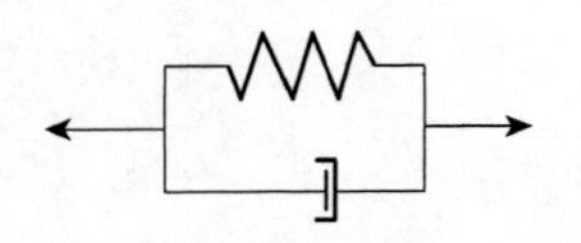

图 7-13 Kelvin-Voigt 模型

② Kelvin-Voigt 模型

Kelvin-Voigt 模型是由弹簧和一个黏壶元件相互并联而成，该模型在低频下接近弹性性质，而在高频下表现为耗能性极强的黏弹性性质，而黏弹性阻尼器在低频下并不是弹性性质，故 Kelvin-Voigt 模型能很好地反映黏弹性阻尼器的蠕变和松弛现象，却不能反映黏弹性阻尼器的储能模量和损耗因子随频率的变化特性。见图 7-13。

③ 等效标准固体模型

等效标准固体模型是将 Kelvin-Voigt 模型与一个弹簧串联起来所组成的(见图 7-14)，它不仅能正确地反映出黏弹性阻尼器的松弛与其轻微的蠕变特性，而且能够正确地反映黏弹性阻尼器的性能随温度和频率的变化规律。对于间隙式黏滞阻尼墙中所使用的阻尼介质，一般使用这种力学模型来进行分析。[17, 20]

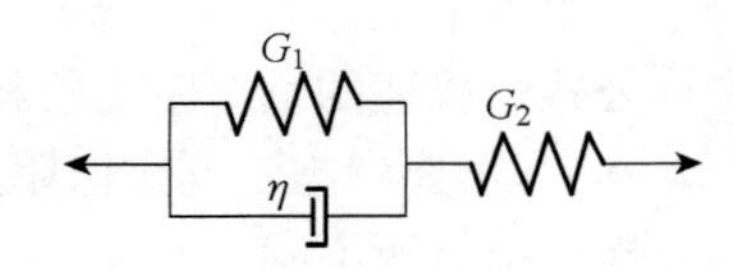

图 7-14 等效标准固体模型

等效标准固体模型的本构关系可以表示为

$$\sigma + p_1\dot{\sigma} = q_0\varepsilon + q_1\dot{\varepsilon} \tag{7-21}$$

式中，$p_1 = \dfrac{\eta}{G_1 + G_2}$，$q_0 = \dfrac{G_1G_2}{G_1 + G_2}$，$q_1 = \dfrac{G_2\eta}{G_1 + G_2}$；

G_1、G_2 分别为图中所示两弹簧的剪切模量；η 为黏壶的损耗因子。

2) 孔隙式黏滞阻尼墙力学模型

孔隙式黏滞阻尼墙的力学模型与黏滞阻尼器类似，可近似为一个黏壶元件，如图 7-15 所示：

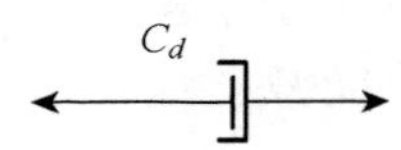

图 7-15 孔隙式黏滞阻尼墙力学模型

其阻尼力与位移关系如图 7-16 所示：

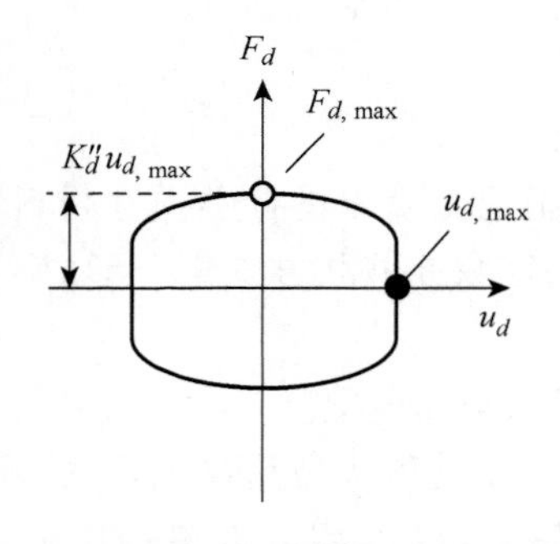

图 7-16 孔隙式黏滞阻尼墙阻尼力与位移关系图

孔隙式黏滞阻尼墙相关动力特性及动力反应计算公式如表 7-2 所示。

表 7-2　孔隙式黏滞阻尼墙相关动力特性及动力反应计算公式

存储刚度	损失刚度	最大变形	最大力	耗散能量
$K'_d = 0$	$K''_d = \dfrac{C_d \omega^{\alpha}}{u_{d,\max}^{1-\alpha}}$	$u_{d,\max}$	$F_{d,\max} = K''_d u_{d,\max}$	$E_d = 4\mathrm{e}^{-0.24\alpha} K''_d u_{d,\max}^2$

7.2.2　黏滞阻尼墙阻尼力计算公式

1）间隙式黏滞阻尼墙阻尼力计算公式

目前，对于黏滞阻尼墙力学模型的研究尚处于探索阶段，各厂家生产的不同类型黏滞阻尼墙，由于所采用的黏滞阻尼材料在种类、箱体构造等方面的差异以及内钢板的不同截面形式，根据试验得到的阻尼力计算方法都有所不同。

从最早由 Miyazaki 和 Arima 提出的计算公式[1,5]，推导可以得到不同形式黏滞阻尼墙的阻尼力计算模型。Miyazaki 和 Arima 提出黏滞阻尼墙的总黏滞抵抗力 Q_w 可以表达为与速度梯度相关的黏滞阻尼力 Q_c 和与位移相关的黏弹性恢复力 Q_k 之和，表达式如下：

$$Q_w = Q_c + Q_k \tag{7-22}$$

根据牛顿黏滞力学，黏滞阻尼力 Q_c 为

$$Q_c = \mu A \frac{\mathrm{d}v}{\mathrm{d}y} \tag{7-23}$$

式中，A 为钢板面积；μ 为黏滞材料的黏度；$\mathrm{d}v$ 是内外钢板的相对速度；$\mathrm{d}y$ 是内外钢板的间距。由于黏滞阻尼墙中的黏滞材料不是理想的牛顿流体，因此对黏滞阻尼墙的黏滞阻尼力 Q_c 的计算不能直接引用上述公式，需要通过从试验中得到的指数系数 α 作为修正参数，修正后黏滞阻尼墙的黏滞阻尼力 Q_c 计算公式为

$$Q_c = \mu A \left(\frac{\mathrm{d}v}{\mathrm{d}y}\right)^{\alpha} \tag{7-24}$$

黏弹性恢复力 Q_k 的计算公式为

$$Q_k = \mu A \frac{\delta^{1+\beta}}{(\mathrm{d}y)^2} \tag{7-25}$$

式中，β——从试验中得到的常数；

δ——内外钢板的相对位移。

因此，总的黏滞抵抗力 Q_w 为

$$Q_w = Q_c + Q_k = \mu A \left[\left(\frac{\mathrm{d}v}{\mathrm{d}y}\right)^{\alpha} + \frac{\delta^{1+\beta}}{(\mathrm{d}y)^2}\right] \tag{7-26}$$

考虑温度对黏滞材料的影响，可将黏滞阻尼墙总黏滞抵抗力 Q_w 中的两项 Q_c 与 Q_k 修正为

$$Q_c = \mu A \left(\frac{\mathrm{d}v}{\mathrm{d}y}\right)^{\alpha} \mathrm{e}^{-\beta t} \tag{7-27}$$

$$Q_k = \mu A \frac{\delta^{1+\beta}}{(\mathrm{d}y)^2} \mathrm{e}^{-\beta t} \tag{7-28}$$

其中，t 为环境温度。

在采用黏滞阻尼墙的消能减振结构设计模型中，通常将黏滞阻尼墙等效为一个阻尼与一个弹簧，分别表示为 K_w 与 C_w，则上式可简化为

$$Q_c = C_w(\mathrm{d}v)^\alpha \tag{7-29}$$

$$Q_k = K_w \delta^{1+\beta} \tag{7-30}$$

其中，$C_w = \mu A \mathrm{e}^{-\beta t}/(\mathrm{d}y)^\alpha$，$K_w = \mu A \mathrm{e}^{-\beta t}/(\mathrm{d}y)^2$。

文献[7]中根据缩尺阻尼墙试验结果，将上式中的 β 取为 0.043，其余的与材料有关的系数 α、β 根据相关实验，参考文献[8]中所提供的实验结果，将阻尼墙的阻尼常数 C_w 和黏弹性刚度 K_w 表示如下：

$$C_w = 0.12A\mathrm{e}^{-0.043t}/(\mathrm{d}y)^{0.85} \tag{7-31}$$

$$K_w = 0.12A\mathrm{e}^{-0.043t}/(\mathrm{d}y)^2 \tag{7-32}$$

不同厂家的黏滞阻尼墙产品，其对应阻尼力的计算公式也存在较大的差别，当黏滞阻尼墙墙体内外钢板相对运动频率较低时，阻尼力计算公式可采用式(7-20)表达。

在此基础上，应该推导出更加符合特定构造模式的阻尼墙所对应的阻尼力计算公式。对于不同构造的黏滞阻尼墙，其黏滞阻尼力计算方法甚至模型的选用都会有所不同，不能随意套用，理论以及试验分析时应综合考虑，以保证试验的准确性与设计的安全性。

(1) 日本 OILES 公司提出的计算公式

日本的 OILES 工业株式会社针对其生产的黏滞阻尼墙，提出对应的阻尼力计算公式。当黏滞阻尼墙的振动频率较低时，其黏弹性恢复力较小，可忽略阻尼墙刚度的影响。企业通过大量的阻尼墙动力性能试验，得到阻尼墙在各种振动频率、位移幅值条件下的滞回曲线，通过回归及拟合分析，给出了 OILES 黏滞阻尼墙产品的阻尼力计算公式[15]：

$$F = \lambda \mathrm{e}^{-0.043t} S(v/d)^\alpha \tag{7-33}$$

其中，S 为阻抗板与黏滞液体接触的有效剪切面积(mm^2)，v 为相对速度(mm/s)；d 为剪切间隙(mm)。其余参数与前同。λ 与 α 根据 v/d 的不同会有所变化。

(2) 日本 ADC 公司提出的计算公式

日本 ADC 公司(Aseismic Devices Co. Ltd)生产的阻尼墙产品考虑了振动频率对黏滞阻尼墙输出阻尼力的影响，提出如下阻尼力计算公式[9]：

基于基本公式

$$F = C \cdot v^n \tag{7-20}$$

ADC 公司根据阻尼墙产品的实验结果，经回归分析得到：

$$C = \alpha \mu_{30} \mathrm{e}^{\beta(f,t)} A_e/d_y \tag{7-34}$$

其中，t 为设计环境温度；A_e 为黏滞材料的有效接触面积；f 为结构自振频率；d_y 为黏滞材料的

厚度；μ_{30} 为材料的动力黏性系数（30 ℃时）；α 为修正系数；$\beta(f,\ t)$ 为温度和频率依存系数，考虑频率的影响，通过试验确定。

（3）国内高校提出的计算公式

南京工业大学学者根据黏滞阻尼墙动力性能试验对式（7-21）进行了改进，在常温下考虑了频率对阻尼力的影响，提出常温时黏滞阻尼墙的阻尼力计算公式[10]：

$$\begin{cases} Q_w = Q_c + Q_k \\ Q_c = 0.041\,45 A_e \left(\dfrac{V}{H}\right)^{\alpha} \mathrm{e}^{-(\beta t+0.922f)} \\ Q_k = 0.041\,45 A_e \left(\dfrac{\delta^{\lambda}}{H^2}\right) \mathrm{e}^{-(\beta t+0.922f)} \end{cases} \tag{7-35}$$

式中，V 为内外钢板的相对速度；H 为黏滞材料厚度；A_e 为黏滞材料的有效接触面积；t 为环境温度；β 为温度影响系数；f 为频率；α、λ 为试验获得的指数；δ 为内外钢板的相对位移。其他参数含义与之前介绍的公式相同。

根据以上数据可以看出，这三种间隙式黏滞阻尼墙为了保证能够提供足够大的阻尼力，采用了温度相关性较强的类似于黏弹性阻尼材料的阻尼介质，因此，对应阻尼墙所能提供的输出力，无论是与速度相关的黏滞阻尼力还是与变形相关的黏弹性恢复力，都考虑了温度变化的影响。

目前，东南大学也正在对间隙式黏滞阻尼墙开展系统的研发工作。

2）孔隙式黏滞阻尼墙阻尼力计算公式

关于孔隙式黏滞阻尼墙的流体力学模型目前尚没有成熟的结论，得到的计算公式多为根据试验采集数据经回归分析得到。东南大学学者根据设计样机的试验结果，基于公式（7-20），提出了对应的孔隙式黏滞阻尼墙阻尼力计算公式[13]：

$$F = Cv^{\alpha} \tag{7-36}$$

其中，$C = 430.12\ \mathrm{kN \cdot s^{0.24}/m}$，$\alpha = 0.24$。

孔隙式黏滞阻尼墙采用高标号的甲基硅油作为阻尼介质，硅油是一种幂律流体，其耗能机理与黏滞阻尼器类似，因此得到的计算公式的形式也与普通黏滞阻尼器的阻尼力计算公式相同，其中的具体参数通过试验分析、数据处理得出，所能提供的阻尼力的大小与温度、频率、位移幅值等因素无关，主要由速度控制。

7.3　黏滞阻尼墙性能试验

7.3.1　黏滞阻尼墙性能试验方案

为模拟黏滞阻尼墙的实际使用情况，在性能试验方案中考虑将黏滞阻尼墙试件的外箱体固定于试验台底板，拟动力试验机将作动器跟内钢板顶板相连，使内钢板在充满黏滞阻尼介质的阻尼墙箱体中往复运动，从而产生阻尼输出力，通过数据采集设备得到黏滞阻尼墙的荷载—位移滞回曲线等重要的力学性能试验数据。

黏滞阻尼墙的力学性能与黏滞阻尼介质的黏度、相对分子质量等材料物理参数密切相关，而黏滞材料的理化参数又受温度影响。在试验过程中，随着往复循环加载次数的增加，黏滞阻尼介质的温度也会发生一定变化。所以，当进行黏滞阻尼墙力学性能试验时，在条件允许的情况下应安装温度监测装置，实时监控、记录温度的变化情况，以保证采集的试验数据更加完备。试验安装如图 7-17 所示。

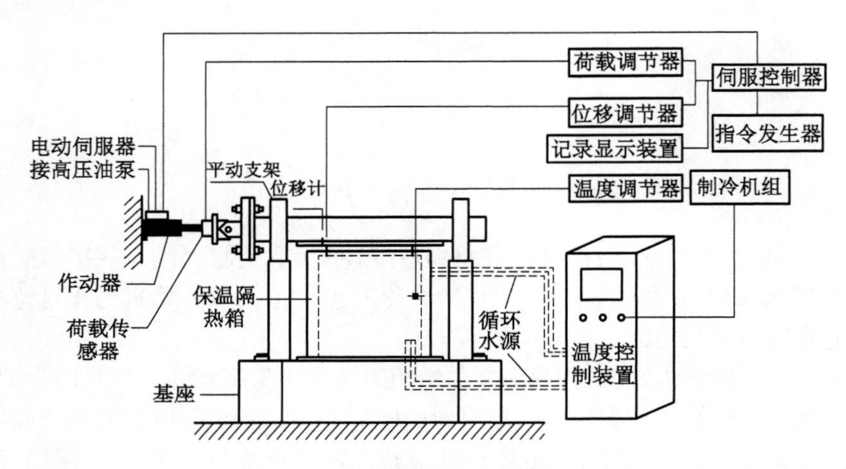

图 7-17　阻尼墙性能试验安装简图

试验采用正弦波激励，以位移控制加载，通过改变位移幅值及加载频率，采集黏滞阻尼墙的阻尼力、位移、对应的时间及温度，从而得到黏滞阻尼墙的阻尼力随着加载频率、位移幅值以及速度的变化规律。试验中，位移—时间以及速度—时间关系如式(7-37)及式(7-38)所示：

$$u(t) = u_0 \sin \omega t \tag{7-37}$$

$$v(t) = \dot{u}(t) = u_0 \omega \sin \omega t \tag{7-38}$$

一般情况下，根据黏滞阻尼墙的尺寸，确定多行程位移幅值，试验一般温度控制在－20～40 ℃范围。加载频率可根据试验机的具体情况做调整，通常采用 0.1 Hz、0.3 Hz、0.5 Hz、1.0 Hz 等梯度进行试验。通过性能试验，研究黏滞阻尼墙力学性能跟加载速度、加载频率、环境温度等参数的相关性。

7.3.2　黏滞阻尼墙试验结果与分析

1）间隙式黏滞阻尼墙试验结果与分析

间隙式黏滞阻尼墙力学性能试验采用拟动力加载，对黏滞阻尼墙试件施加水平方向正弦激励，进行位移控制。试验时，先将温度控制在一定值，设定加载的位移幅值，再调整加载频率，如此反复进行。

(1) 滞回特性与位移幅值的关系

对比常温下，加载频率均为 1.0 Hz 但位移幅值不同的试验结果。由试验数据可以看出，振动频率及环境温度一定时，随着位移幅值的增大，阻尼墙输出阻尼力—位移滞回曲线的形状及斜率基本保持不变，但滞回曲线包络的面积和最大阻尼力明显增大，如图 7-18 所示。

试验结果表明，在频率与温度一定的情况下，随着位移加载幅值的增加，黏滞阻尼墙最大

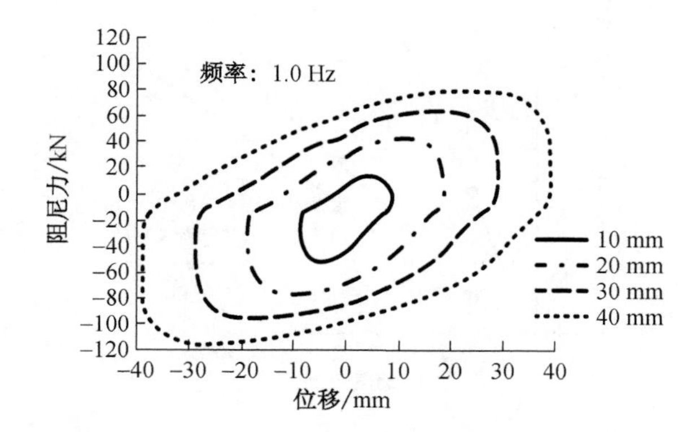

图 7-18　间隙式黏滞阻尼墙变位移幅值工况阻尼力—位移滞回曲线

输出阻尼力和耗能能力都有明显的提高。

(2) 滞回特性与加载频率的关系

图 7-19 所示为当试验温度(27.5 ℃)和位移幅值(30 mm)一定时,黏滞阻尼墙在不同加载频率工况下的阻尼力—位移滞回曲线,由图可以看到随着加载频率的提高,滞回曲线的斜率明显增大且包围的面积也有大幅度的增加,与此同时最大阻尼力也相应变大。黏滞阻尼墙的耗能能力随着加载频率的增加有所增强,而且阻尼介质也出现了较为明显的弹性特性,整个黏滞阻尼墙表现出一定的黏弹性特征。

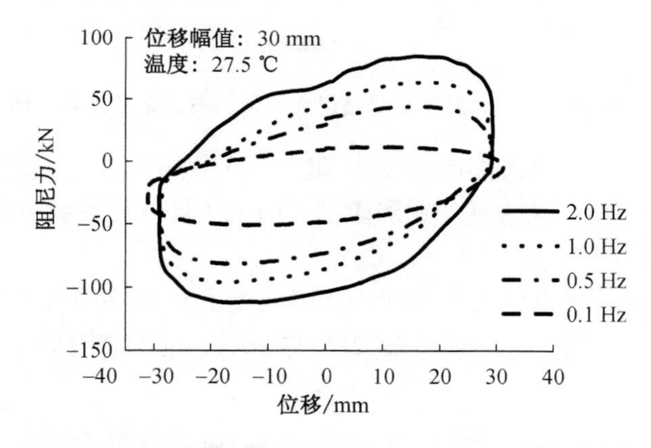

图 7-19　间隙式黏滞阻尼墙变加载频率工况阻尼力—位移滞回曲线

(3) 滞回特性与加载速度的关系

通过对试验数据的分析,可以得到不同加载频率下间隙式黏滞阻尼墙阻尼力与加载速度之间的相关关系,如图 7-20 所示。

同样,通过对同一速度条件下阻尼墙最大阻尼力与加载频率的相关性分析,得到图 7-21 所示阻尼墙最大阻尼力与加载频率之间的关系曲线。

由上述分析可以看出,加载速度和加载频率都会对黏滞阻尼墙的输出阻尼力产生影响,此点不同于常规黏滞阻尼器输出力跟加载速度之间的相关性,由此也表明间隙式黏滞阻尼墙采用的阻尼介质具有黏弹性性质。加载速度对黏滞阻尼墙输出阻尼力的影响呈正相关趋势,并

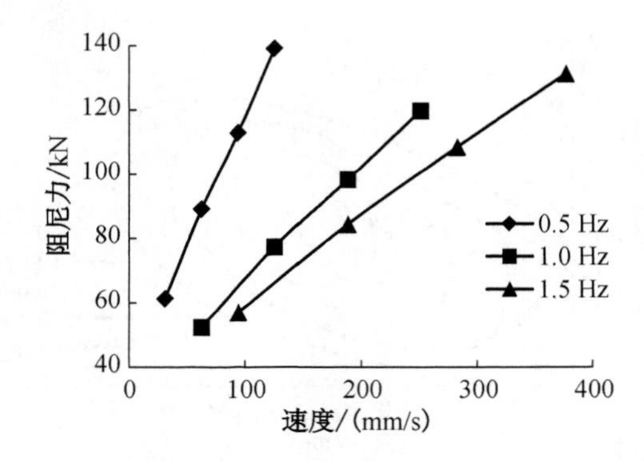

图 7-20　间隙式黏滞阻尼墙最大阻尼力与速度的关系

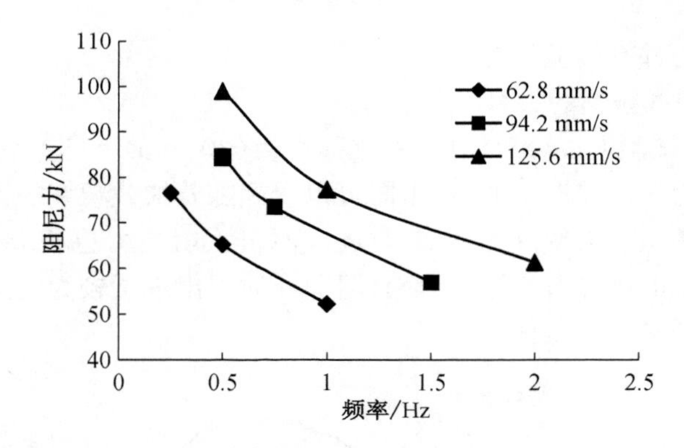

图 7-21　间隙式黏滞阻尼墙最大阻尼力与频率的关系曲线

且呈明显的非线性关系[11]，而加载频率对输出阻尼力的影响呈负相关趋势，并且具有明显的幂函数特性，这也与式(7-22)所表达的黏滞阻尼墙阻尼力计算公式的内涵相同。

(4) 环境温度的影响

为研究温度对黏滞阻尼墙性能的影响，分别进行了试件在常温(27.5 ℃)及相对高温(48.3 ℃)条件下，加载频率为 1.0 Hz 时的力学性能试验，结果如图 7-22 所示。由图 7-22 可

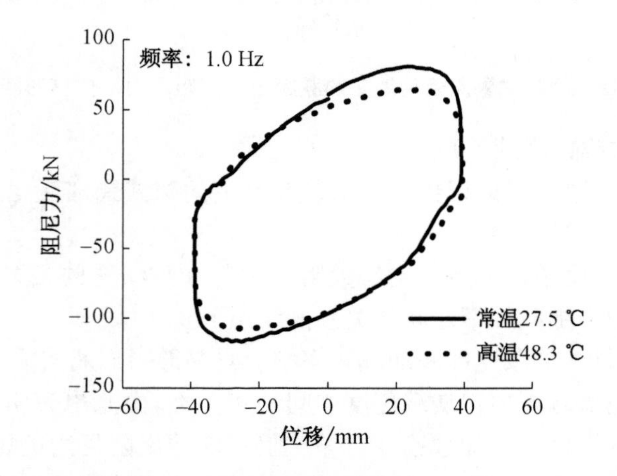

图 7-22　间隙式黏滞阻尼墙滞回曲线与温度的关系

以看出，当加载频率及位移幅值相同时，间隙式黏滞阻尼墙的最大阻尼力因温度变化而不同。与常温条件件相比，高温时黏滞阻尼墙最大阻尼力有所降低，滞回曲线包围的面积变小，且滞回曲线斜率略有减小，试验表明常温时黏滞阻尼墙工作性能较好。

(5) 抗疲劳性能

对间隙式黏滞阻尼墙进行抗疲劳性能试验，结果如表 7-3、表 7-4 所示：

表 7-3　考虑地震作用工况时阻尼墙疲劳性能试验

循环次数	10	20	30	40	50
最大阻尼力/kN	88.25	86.07	89.39	88.30	83.94
最小阻尼力/kN	−119.43	−122.18	−122.49	−122.64	−122.13
循环次数	60	70	80	90	100
最大阻尼力/kN	85.97	82.54	80.26	79.32	79.43
最小阻尼力/kN	−128.66	−122.49	−126.22	−125.86	−121.606 4

由上表可以看出，黏滞阻尼墙在地震作用下所产生的最大阻尼力随着循环次数的增加而有所变化，但基本上都保持在每增加 10 次循环，最大阻尼力的变化幅度在 5%以内。

表 7-4　考虑风荷载作用工况时阻尼墙疲劳性能试验

循环次数	10	100	250	500	1 000
最大阻尼力/kN	9.91	9.39	9.30	9.29	8.98
最小阻尼力/kN	−60.89	−60.62	−60.24	−59.23	−59.13

风荷载作用下 1 000 次循环的黏滞阻尼墙最大阻尼力衰减也都控制在 5%以内。如果考虑试验加载设备在进行上千次循环后油压出现波动的情况，则阻尼墙最大阻尼力的变化几乎可以忽略不计。因此，间隙式黏滞阻尼墙有着良好的抗疲劳性能。

2) 孔隙式黏滞阻尼墙试验结果与分析[13]

(1) 滞回特性与位移幅值的关系

在环境温度和加载频率一定的情况下，孔隙式黏滞阻尼墙的滞回曲线如图 7-23 所示。

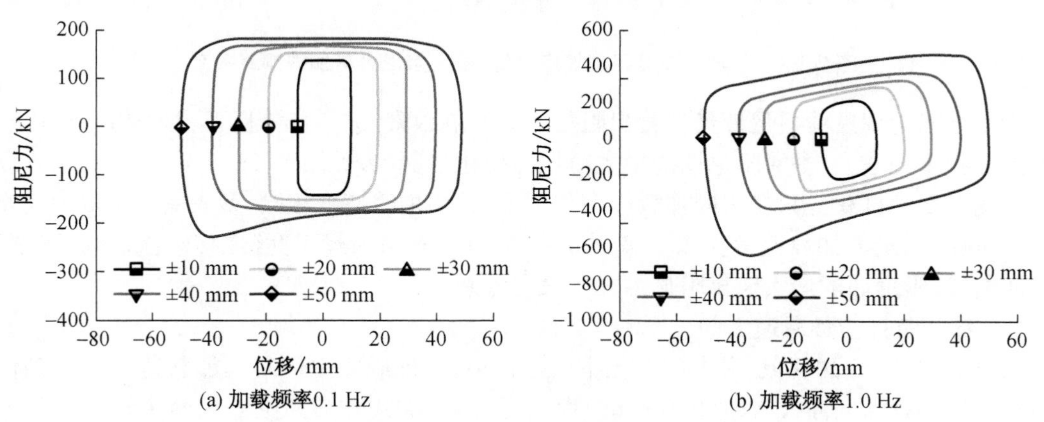

图 7-23　孔隙式黏滞阻尼墙不同频率阻尼力—位移关系曲线

由图 7-23 可以看出，试验得到的滞回曲线较为饱满，形状类似于圆角矩形，频率较低的情况下基本无刚度，基本关于原点对称，表明孔隙式黏滞阻尼墙具有较好的耗能性能。由试验还可以看出，滞回曲线所包围的面积随着位移的增加逐渐增大，并且阻尼墙最大阻尼力也有所提升。说明在实际使用过程中，在设置黏滞阻尼墙处工作位移越大，对应输出阻尼力越大，耗能效果越好。

由图 7-23 还可以观察到，当加载频率上升到 1.0 Hz 时，黏滞阻尼墙的阻尼力—位移滞回曲线出现了较为明显的倾斜，产生了动态刚度(或称瞬时刚度)。试验过程中，黏滞阻尼墙在受力后如果突然中途卸载基本不产生回弹现象，也不会恢复到加载前的初始位置。但是随着加载频率的增加，孔隙两端的压力差急剧增大，阻尼介质不能迅速由高压区域通过孔隙流入低压区域，而顶板以及内钢板的运动为了和加载位移相协调，在高压下会对阻尼介质产生一定的压缩，黏滞阻尼墙内钢板也会产生微小的变形，这些因素综合作用，导致黏滞阻尼墙在加载频率较高的短暂时间段内出现弹性刚度，称为瞬时刚度或者动态刚度。[12]

(2) 滞回特性与加载频率的关系

在位移幅值一定的情况下，孔隙式黏滞阻尼墙的最大阻尼力与加载频率的关系如图 7-24 所示。从图 7-24 可以看出，当加载位移幅值一定时，随着加载频率的增大，黏滞阻尼墙的最大阻尼力也相应增加，黏滞阻尼墙的最大阻尼力随着加载频率以及位移幅值的增大都会相应增加。

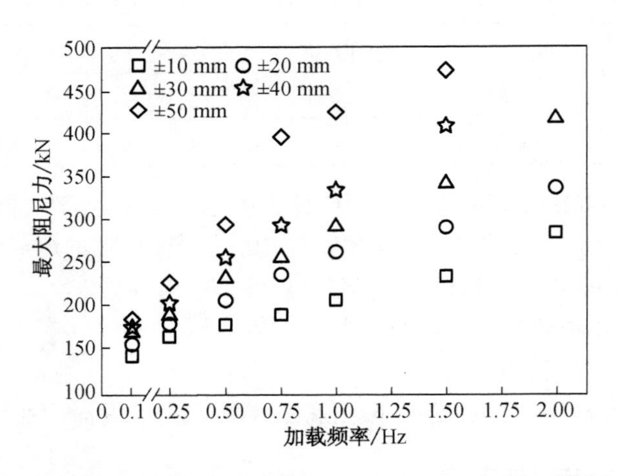

图 7-24　孔隙式黏滞阻尼墙定幅值，最大阻尼力与加载频率关系

为了准确把握黏滞阻尼墙最大输出阻尼力的影响因素，进一步分析了当加载速度一定时，随着加载频率的增大，黏滞阻尼墙的最大阻尼力变化情况，参见图 7-25。

从图 7-25 可以看出，在不同加载频率作用下，只要加载速度相同，最大输出阻尼力也基本相当。例如，当最大加载速度为 31.42 mm/s 时，对比不同加载工况(位移幅值、加载频率等)的滞回曲线，阻尼墙的最大输出阻尼力几乎没有差别。

(3) 滞回特性与加载速度的关系

为研究图 7-25 的现象，又专门对比不同位移幅值、加载频率但最大加载速度一定条件下的阻尼力—位移滞回曲线，参见图 7-26。由图可见，孔隙式黏滞阻尼墙的最大输出阻尼力几乎没有差别。

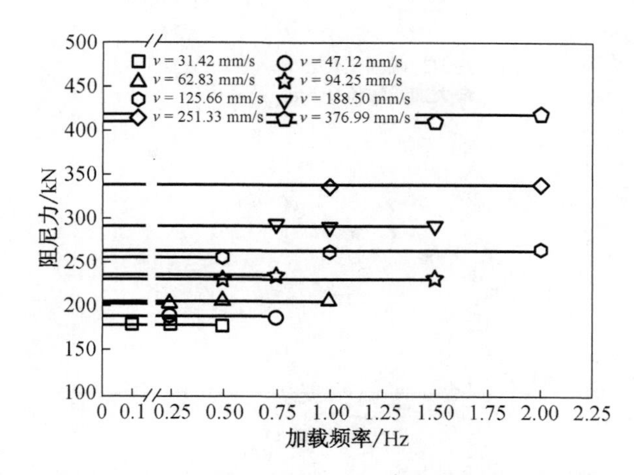

图 7-25　孔隙式黏滞阻尼墙定速度，最大阻尼力与加载频率关系

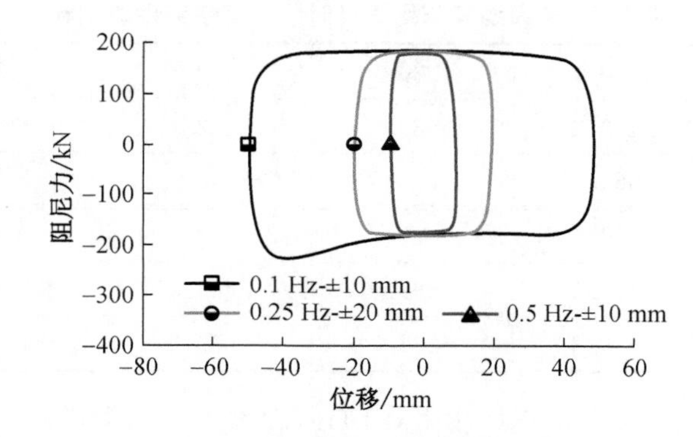

图 7-26　孔隙式黏滞阻尼墙定速度，阻尼力—位移滞回曲线

对比孔隙式黏滞阻尼墙的最大阻尼力随速度变化情况，如图 7-27 所示，从图中可以看出，当最大加载位移幅值不变而速度变化时，孔隙式黏滞阻尼墙的最大阻尼力随速度的增大而增大，表现出明显的速度相关性。

进一步由前述的图 7-25 可知，当加载频率不变而速度变化时，孔隙式黏滞阻尼墙的最大阻尼力随速度的增大而增大，也表现出速度相关性；由图 7-26 可知，当加载速度不变时，孔隙式黏滞阻尼墙的最大阻尼力不随频率和位移幅值的改变而变化。

上述分析表明，孔隙式黏滞阻尼墙在试验中所表现出的最大输出阻尼力随加载幅值、加载频率变化现象，其本质还是为最大阻尼力与速度的相关性，故孔隙式黏滞阻尼墙是一种速度相关型消能减振装置。

(4) 抗疲劳性能

根据阻尼墙的不同使用条件，对孔隙式黏滞阻尼墙的疲劳性能进行试验，试验结果如表 7-5 与表 7-6 所示。

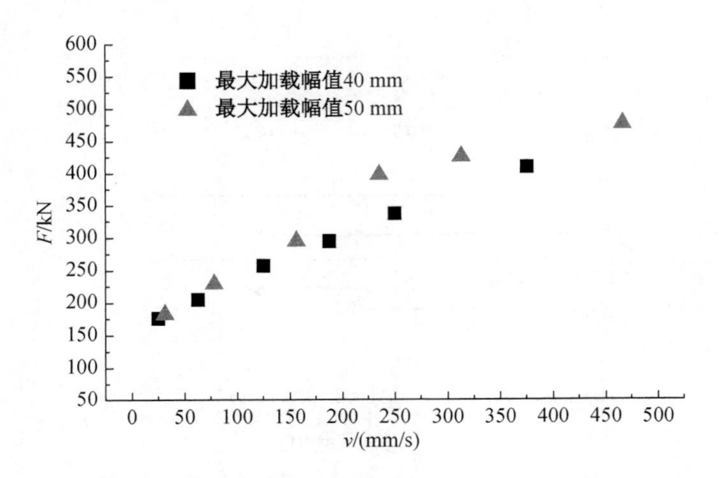

图 7-27　孔隙式黏滞阻尼墙最大阻尼力随速度变化图

表 7-5　考虑地震作用工况时阻尼墙疲劳性能试验

循环次数	10	20	30	40	50
最大阻尼力/kN	490.2	489.7	482.4	476.0	471.2
最小阻尼力/kN	−665.0	−656.3	−648.9	−643.2	−641.5
循环次数	60	70	80	90	100
最大阻尼力/kN	467.5	463.9	459.0	458.3	456.5
最小阻尼力/kN	−639.3	−637.7	−635.9	−630.1	−626.9

由上表可以看出，阻尼墙在地震作用下，阻尼力随着循环次数的增加也会有所变化，但基本上都保持在每增加 10 个循环，最大阻尼力的变化幅度在 5%以内。

表 7-6　考虑风荷载作用工况时阻尼墙疲劳性能试验

循环次数	10	100	250	500	1 000
最大阻尼力/kN	245.8	241.3	234.7	228.0	223.5
最小阻尼力/kN	−250.1	−245.6	−238.9	−232.3	−229.6

阻尼墙 1 000 次循环疲劳试验的最大阻尼力衰减也都控制在 10%以内。因此可以看出孔隙式黏滞阻尼墙有着良好的抗疲劳性能。

参考文献

[1] Miyazaki M, Arima F, Kidata Y, et al. Earthquake Response Control Design of Building Using Viscous Damping Walls[C]. Proc. 1st East Asian Conference on Structural Engineering and Construction, Bangkok, 1986.

[2] 曹飞，刘伟庆，王曙光，等. 阻尼墙在金柏年财富广场消能设计中的应用研究[J]. 建筑科学，2008，24(9)：56-59.

[3] 杜东升，王曙光，刘伟庆，等. 黏滞流体阻尼墙在高层结构减震中的研究与应用[J]. 建筑结构学报，2010，31(9)：87-94.

[4] 章征涛. 黏滞阻尼墙及其动力性能研究[D]. 南京:南京工业大学,2003.
[5] Arima F, Miyazaki M, Tanaka H. A study on buildings with large damping using viscous damping walls [C]. Proceedings of Ninth East Asia Pacific Conference, Tokyo-Kyoto, 1988,5: 821-826.
[6] 夏冬平,张志强,李爱群,等. 新型黏滞阻尼墙动力性能试验研究[J]. 建筑结构,2013,43(13):46-50.
[7] 谭在树,钱稼茹. 钢筋混凝土框架用黏滞阻尼墙减震研究[J]. 建筑结构学报,1998,19(2):50-59.
[8] 谭在树. 框架结构用粘滞阻尼墙减震的振动台试验与分析研究[D]. 北京:清华大学,1996.
[9] 日本 ADC 公司. 黏滞阻尼墙技术资料[EB/OL]. http://www. adc21. co. jp.
[10] 欧谨. 黏滞阻尼墙结构的减振理论分析和试验研究[D]. 南京:东南大学,2006.
[11] 欧谨,刘伟庆,章征涛. 黏滞阻尼墙动力性能试验研究[J]. 工程抗震与加固改造,2005,27(6):55-59.
[12] 黄镇. 非线性黏滞阻尼器理论与试验研究[D]. 南京:东南大学,2007.
[13] 夏冬平. 新型黏滞阻尼墙设计及试验研究[D]. 南京:东南大学,2013.
[14] 欧进萍,丁建华. 油缸间隙式黏滞阻尼器理论与性能试验[J]. 地震工程与工程振动,1999,19(4):82-89.
[15] 日本隔震结构协会. 被动减震结构设计施工手册[M]. 蒋通,译. 北京:中国建筑工业出版社,2008.
[16] 许俊红,李爱群. 短轴向剪切加载模式下超大型黏弹阻尼墙力学性能试验[J]. 东南大学学报(自然科学版),2015,45(1):133-138.
[17] 许俊红. 新型黏弹性阻尼墙的试验研究[D]. 南京:东南大学,2015.
[18] 张一飞,文庆珍,朱金华,等. 高分子阻尼材料的研究进展[J]. 材料开发与应用,2011,8:85-93.
[19] 冯俊儒. 高分子材料阻尼减震制品的研制及性能研究[D]. 天津:天津大学,2014.
[20] 顾国芳,浦鸿汀. 聚合物流变学基础[M]. 上海:同济大学出版社,2000.
[21] 郭荣良,郭清南,祝世兴. 流体力学及其应用[M]. 北京:机械工业出版社,1996.

第8章 黏滞阻尼减振结构设计方法

本书前述章节已介绍黏滞阻尼的消能减振原理及常用的黏滞阻尼器性能和构造特点，本章主要介绍采用黏滞阻尼消能减振技术的结构设计方法。

8.1 黏滞阻尼减振结构适用范围[1]

（1）适用于抗震设防地区和对抗震设防有特殊要求的新建建筑的抗震设计和既有建筑的抗震加固。设置黏滞阻尼器能够提高工程结构的抗震安全性，增强结构在强烈地震下的抗倒塌能力。

（2）适用于高层建筑、超高层建筑和高耸结构的抗风设计。设置黏滞阻尼器可以提高结构的抗风安全性，提高结构的风振舒适度。

（3）适用于其他动荷载作用下工程结构的抗震设计。设置黏滞阻尼器可以有效地减少结构在复杂环境激励、设备激励以及人致激励等条件下的振动响应。

（4）黏滞阻尼器既可以单独作为被动消能减振设置在结构中，也可以作为调频质量阻尼器提供阻尼的部件，同时也可以设置在隔震结构的隔震层中用以减少隔震垫的位移。

8.2 黏滞阻尼减振结构设防目标[2-3]

8.2.1 抗震设防目标

当遭受低于本地区抗震设防烈度的多遇地震影响时，消能减震系统正常工作，主体结构不受损坏或不需修理可继续使用。当遭受相当于本地区抗震设防烈度的设防地震影响时，黏滞阻尼器正常工作，主体结构可能发生损坏，但经一般修理仍可继续使用。当遭受高于本地区抗震设防烈度的罕遇地震影响时，黏滞阻尼器不应丧失功能，主体结构将不发生危及生命安全和丧失使用价值的破坏。消能减震结构的层间弹塑性位移角限值应符合预期的变形控制要求，宜比非减震结构适当减小。

8.2.2 抗风设防目标

主体结构的位移和最大加速度应满足现行相关国家或行业标准的规定，在各级风荷载作用下黏滞阻尼器正常工作，且应满足相应的风致高周疲劳的要求，或便于检查、更换。

8.2.3　其他设防目标

主体结构在其他动荷载(如运行车辆激励、设备激励以及人群激励等)作用下的振动水平应满足现行相关国家或行业标准的规定,在最大设计荷载下黏滞阻尼器应正常工作,存在疲劳效应时黏滞阻尼器应满足高周疲劳的性能要求,或便于检查及更换。

对使用功能或其他方面有专门要求的建筑,当采用性能化设计时,可具有更具体或更高的控制目标。既有建筑采用消能减震技术进行加固设计时,宜根据后续使用年限、结构重要性等条件确定抗震设防目标,但不应低于现行国家标准《建筑抗震鉴定标准》GB 50023 规定的抗震设防目标。

8.3　黏滞阻尼减振结构设计方法[4-6]

8.3.1　消能减振结构的计算方法

消能减振结构的计算可根据主体结构与消能减振装置所处的状态采用不同的分析方法。当消能减振结构的主体结构处于弹性工作状态,且消能减振装置处于线性工作状态时,可采用振型分解反应谱法、弹性时程分析法;当消能减振结构的主体结构处于弹性工作状态,且消能减振装置处于非线性工作状态时,可将消能减振装置进行等效线性化,采用附加有效阻尼比和有效刚度的振型分解反应谱法、弹性时程分析法,也可采用弹塑性时程分析法;当消能减振结构的主体结构进入弹塑性状态时,应采用静力弹塑性分析方法或弹塑性时程分析法。对于黏滞阻尼减振结构主要采用振型分解反应谱法、弹性及弹塑性时程分析法。

1) 振型分解反应谱法

振型分解反应谱法利用振型分解的概念,将多自由度体系分解成若干个单自由度系统的组合,引用单自由度体系的反应谱理论来计算各振型的地震作用,然后再按一定的规律将各振型的动力反应进行组合以获得结构总的动力反应。

对于消能减振结构来说,首先必须根据消能减振结构体系非线性的特点对其进行处理,然后才能使用振型分解反应谱法进行分析。第一,对于恢复力具有较强非线性的消能减振装置,结构动力方程出现非线性,使其不能应用经典的振型分解法求解,需要对消能减振装置非线性输出力进行等价线性化处理。因此,经过对消能减振装置的非线性恢复力等效线性化后,才可以使用传统的振型分解反应法对消能减振体系进行抗震分析。第二,由于结构体系中安装了消能减振装置,附加了大阻尼,结构体系的阻尼不满足经典振型的正交条件,是非正交阻尼。因此,消能减振结构的分析可以按非经典振型分解反应谱法进行。

2) 时程分析法

时程分析法是对结构动力方程直接进行逐步积分求解的一种动力分析方法。采用时程分析法可以得到地震作用下各质点随时间变化的位移、速度及加速度反应,进而可以计算出构件内力和变形的时程变化。

时程分析法可根据结构是否进入塑性状态,以及消能减振装置恢复力特性划分为两种:线性时程分析和非线性时程分析。线性时程分析,是指在地震作用下结构保持在弹性阶段,消能减振装置为线性工作状态，即阻尼力与速度或位移的一次方成正比；非线性时程分析，是指在地震作用下结构进入弹塑性阶段，或消能减振装置的恢复力模型为非线性。

8.3.2 黏滞阻尼减振结构的设计流程

黏滞阻尼减振结构的设计流程如下：

1）确定结构所在场地的抗震设计参数

包括设防烈度、地面加速度、采用的地震波、结构的重要性、使用要求、变形限值及设防目标等。

2）按照传统抗震设计方法对结构进行分析计算

如抗震设计方案不能满足设防目标要求或性能化需求，则考虑采用消能减震设计方案。

3）选择黏滞阻尼器的相关设计参数，并初步确定消能减震装置的布置方案（型式、位置、数量、连接形式等）

（1）黏滞阻尼器的布置应考虑下列各项要求：

① 阻尼器布置方案宜使结构在两个主轴方向的动力特性相近，宜避免偏心扭转效应。

② 阻尼器沿竖向的布置宜使结构沿高度方向刚度均匀。

③ 阻尼器布置位置不宜使结构出现薄弱构件或薄弱层。

④ 阻尼器安装位置及构造应便于检查、维修和更换。

⑤ 宜布置在层间相对位移或相对速度较大的楼层，同时可采用合理形式增加阻尼器两端的相对变形或相对速度，提高阻尼器的减震效率。

（2）在“L”形和“T”形、“十”形平面或类似平面布置阻尼器，且分别按不同水平方向进行结构地震作用分析时，相交处的竖向构件应考虑双向地震作用受力计算。凹凸不规则、细腰型平面或楼板不连续等不规则建筑，当几部分结构的连接薄弱时，应考虑连接部位各构件的实际构造及连接的可靠程度，必要时可取结构整体模型和分开模型计算的不利情况，或要求某部分结构在设防烈度下保持弹性工作状态。

4）利用计算机建立结构消能减震分析模型

利用计算机进行结构消能减震分析，应符合下列要求：

① 计算模型的建立、必要的简化计算与处理，应符合结构的实际情况。

② 计算模型应正确反映消能部件的边界条件，阻尼器的计算模型应符合其滞回曲线的特点。

③ 计算软件的技术条件应符合本规程及有关标准的规定，并应阐明其特殊处理的内容和依据。

④ 弹塑性时程分析宜采用两个计算软件，并对计算结果进行合理性分析比较。

⑤ 所有计算结果，应经分析判断确定其合理、有效后方可用于工程设计。

5）对黏滞阻尼减振结构进行多遇地震作用下的弹性分析

选用振型分解反应谱法或时程分析法对消能减震结构进行计算，确定其是否满足目标性能要求，如满足要求，即可采用该方案，并对其进行完善优化设计；如不满足要求，则重新选择消能减震设计方案，并对该方案进行计算，直至满足要求。

采用振型分解反应谱法分析时，宜采用时程分析法进行多遇地震下的补充计算，当取 3 组加速度时程曲线输入时，计算结果宜取时程分析结果包络值和振型分解反应谱分析结果的较大值；当取 7 组及 7 组以上的时程曲线时，计算结果可取时程分析结果平均值和振型分解反应谱分析结果的较大值。动力弹塑性时程分析时宜取 3 组加速度时程曲线计算结果的包络值或 7 组加速度时程曲线计算结果的平均值。

采用振型分解反应谱法计算时，结构有效阻尼比可采用附加阻尼比的迭代方法计算。

采用时程法分析时，应按工程场地类别和设计地震分组选实际强震记录和人工模拟的加速度时程曲线，其中实际强震记录数量不应少于总数的 2/3，多组时程的平均地震影响系数曲线应与振型分解反应谱法采用的地震影响系数曲线在统计意义上相符，且持时不应小于结构基本周期的 5 倍和 15 s，地震加速度时程的最大值可按表 8-1 采用。弹性时程分析时，每条时程曲线计算所得主体结构底部剪力不应小于振型分解反应谱法计算结果的 65%，多条时程曲线计算主体结构底部剪力的平均值不应小于振型分解反应谱法计算结果的 80%。

表 8-1　时程分析所用地震加速度时程的最大值

地震影响	6 度	7 度	8 度	9 度
多遇地震	18	35(55)	70(110)	140
罕遇地震	125	220(310)	400(510)	620

6）对黏滞阻尼减振结构进行罕遇地震作用下的弹塑性分析

结构进行弹塑性计算分析时，应符合下列规定：

(1) 主体建筑的梁、柱、斜撑、剪力墙、楼板等结构构件，应根据实际情况和分析精度要求采用合适的计算模型。

(2) 计算模型中构件的几何尺寸、混凝土构件所配的钢筋和型钢、钢构件等应按实际情况考虑。

(3) 应合理取用钢筋、钢材、混凝土材料的力学性能指标以及本构关系。钢筋和混凝土材料的本构关系可按现行国家标准《混凝土结构设计规范》GB 50010 的有关规定采用；钢材的本构关系可按现行国家标准《钢结构设计规范》GB 50017 的有关规定采用。

(4) 应考虑几何非线性影响。

(5) 应考虑阻尼器的非线性特性，黏滞阻尼器模型可采用麦克斯韦模型。

7）提取与黏滞阻尼器相连的框架梁、柱减震后内力值

与阻尼器相连的子结构在计入消能部件传递的附加内力后内力发生变化，需要对与阻尼器相连的框架梁、柱构件单独进行截面设计。

8）消能部件设计

在阻尼器极限阻尼力作用下，阻尼器与结构之间的连接支撑、支墩应处于弹性工作状态；消能部件与主体结构相连的预埋件、节点板等应处于弹性工作状态，且不应出现滑移或拔出等破坏。

9）进一步进行细化设计，绘制施工图

8.3.3　黏滞阻尼减振结构附加阻尼计算

采用振型分解反应谱法计算消能减震结构的地震反应时，必须指定振型的黏滞阻尼比。因此，黏滞阻尼器附加给结构的有效阻尼比是一项重要的计算参数。《建筑抗震设计规范》GB 50011规定，阻尼器附加给结构的有效阻尼比，可以按照下列方法确定：

（1）非线性黏滞阻尼器在水平地震作用下往复一周所消耗的能量，可按下式估算：

$$W_{cj} = \lambda F_{dj,\max} \Delta u_j \tag{8-1}$$

式中，λ——阻尼指数的对应值，见表 8-2；

$F_{dj,\max}$——第 j 个阻尼器在相应水平地震作用下的最大阻尼力。

表 8-2　λ 取值

阻尼指数 α	λ 值
0.10	3.82
0.20	3.74
0.25	3.7
0.30	3.66
0.40	3.58
0.50	3.5
0.75	3.3
1.00	3.1

注：其他阻尼指数对应的 λ 值可线性插值。

（2）采用自由振动衰减法确定阻尼器等效阻尼时，有效阻尼比可按下式计算：

$$\xi = \frac{\delta_m}{2\pi \cdot m} \tag{8-2}$$

式中，δ_m—— 振幅对数衰减率，$\delta_m = \ln(S_n / S_{n+m})$；

S_n 和 S_{n+m}—— 分别为第 n 和第 $n+m$ 周期振幅，m 为两振幅间相隔的周期数。

（3）消能减震结构的总阻尼比应为主体结构阻尼比和阻尼器附加给主体结构的有效阻尼比的总和；多遇地震和罕遇地震下阻尼器附加给主体结构的有效阻尼比应分别计算；当消能部件附加给结构的有效阻尼比超过 25％时，宜按 25％取值。

8.3.4　黏滞阻尼器与金属阻尼器减振设计方法对比

1）采用黏滞阻尼器减振结构设计方法

采用黏滞阻尼器的消能减振结构通过增大阻尼使得结构的动力反应控制在某一限值内，达到结构设防目标。因此，黏滞阻尼器的消能减振机理是通过对结构提供附加阻尼，减小结构的地震响应。黏滞阻尼减振结构的设计方法为：

（1）当主体结构基本处于弹性工作阶段时，可采用线性分析方法作简化计算，并根据结构的变形特征和高度等，分别采用底部剪力法、振型分解反应谱法和线性时程分析法。若小震下阻尼器进入非线性工作状态，小震下的消能减震结构受力分析还要考虑非线性的影响。

（2）对主体结构进入弹塑性工作阶段的情况，应根据主体结构体系特征和黏滞阻尼器特性，宜采用非线性时程分析方法。

（3）消能减振体系的计算模型应根据结构变形和受力特征，可采用层剪切模型、杆系模型、纤维模型、三维实体单元模型及上述几类模型的混合模型；阻尼器与主体结构的连接可采用刚接或铰接；结构材料的应力—应变本构关系模型、结构构件和黏滞阻尼器的恢复力模型应能反映材料、构件和阻尼器的实际受力状态。

(4) 各种静力计算方法只能用于阻尼器的数量和参数的选择与优化，用于工程中的阻尼器的数量和参数必须通过时程分析方法加以确认后方可使用。

(5) 由于一般设计院在进行消能减振结构的常规设计时大多采用 PKPM 和广厦等设计软件，因此要求消能减振分析的结构模型应和常规设计的结构模型在质量分布、层间剪力分布和主要周期点上要一致，误差控制在±10%以内，这样消能减振结构模型的分析结果可以指导常规设计工作。

(6) 消能减振体系的总阻尼比应为主体结构阻尼比和消能阻尼器附加给结构的有效阻尼比之和。

2) 采用金属阻尼器减振结构设计方法

金属阻尼器的消能减振机理除了提供附加阻尼比外，还通过提供附加刚度来提高结构抵抗侧向变形的能力，同时调整地震作用在结构抗侧力构件之间的分配。因此，金属阻尼器在减振设计中，除了需要由实际分析计算获得阻尼器的附加阻尼比外，还需要将阻尼器及其支撑构件转换为等效支撑放入结构分析模型中做减震分析，等效金属阻尼器对结构提供的附加刚度，并且应考虑金属阻尼器屈服前后刚度变化对结构抗震性能的影响。

8.4　黏滞阻尼器连接与安装[7]

8.4.1　黏滞阻尼器与主体结构的连接形式

消能支撑有单斜杆式、双斜杆式、门架形、腋撑形和墙柱形(支墩)，见图 8-1。

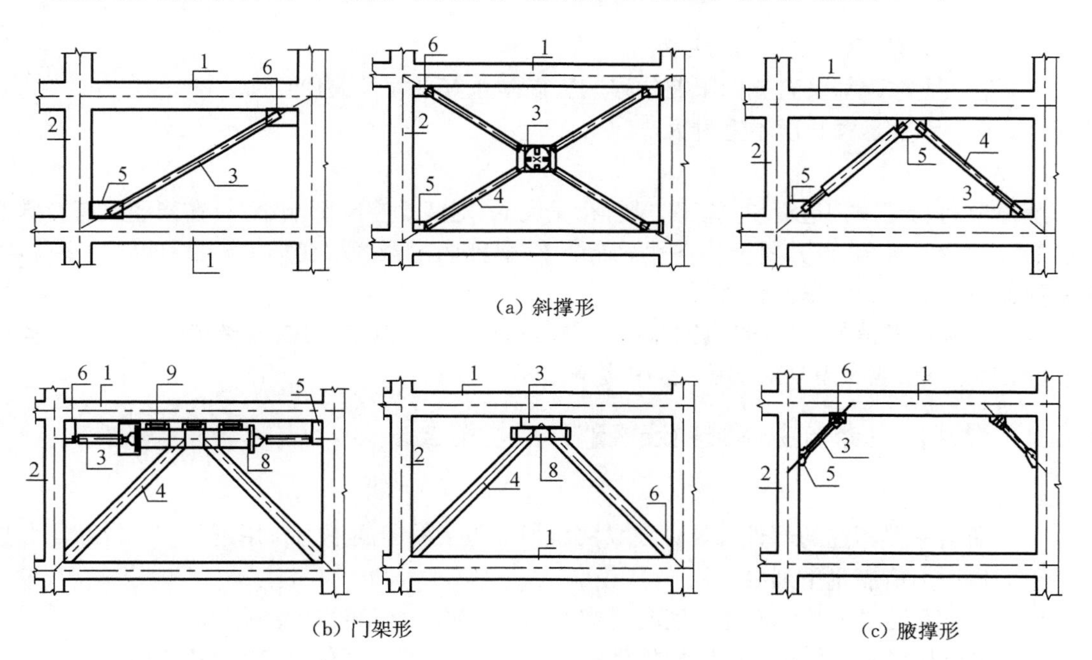

(a) 斜撑形

(b) 门架形

(c) 腋撑形

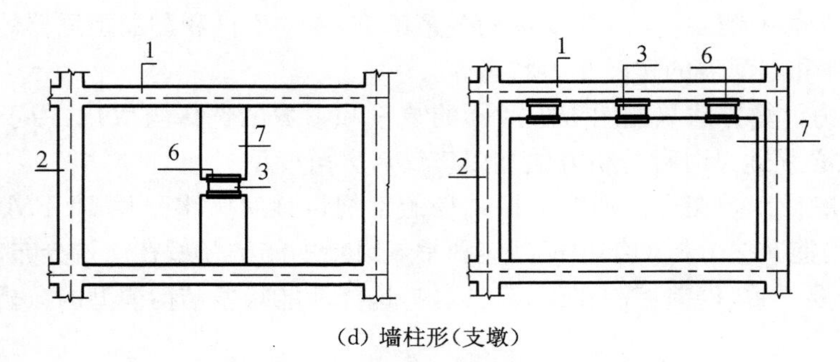

(d) 墙柱形(支墩)

图 8-1 黏滞阻尼器支撑形式

1—梁；2—柱；3—黏滞阻尼器；4—支撑；5—节点板；6—预埋件；
7—支墩或剪力墙；8—水平平台；9—平面外限位装置

1）单斜杆式和双斜杆式

单斜杆式和双斜杆式消能支撑构造简单,施工方便,但考虑到当结构的层间位移角为 Δ 时,消能阻尼器两端的相对位移为 $\Delta\cos\alpha$，故其耗能效率低。在选择单斜杆式和双斜杆式消能支撑时应注意：

(1) 由于阻尼器的耗能效率随 α 角度增大而降低,故其倾角不宜过大,一般为 25°～45°。

(2) 由于阻尼器和斜撑通过法兰连接,阻尼器会承受其本身及斜撑的自重引起的剪力和弯矩,为减小此剪力和弯矩对阻尼器长期性能的不利影响,斜撑的长度不宜过大。

2）门架形

门架形消能支撑杆件较多,连接构造较斜撑复杂,但黏滞阻尼器两端的相对位移基本为结构的层间位移,耗能效率较高;且由于黏滞阻尼器两端与支撑和主体结构采用铰接,黏滞阻尼器仅承受本身自重引起的剪力和弯矩,此剪力和弯矩较小,因此黏滞阻尼器基本为轴向受力构件。

在设计门架型消能支撑时应注意：

(1) 应在支撑顶部设置侧向限制位移装置以防止其平面外失稳。

(2) 支撑水平悬臂长度不宜过大。

3）腋撑形

腋撑形消能支撑构造简单,施工方便,布置灵活,对建筑空间影响小,可在当建筑有特殊要求(如开门洞)时采用,但其属于节点性消能装置,黏滞阻尼器两端变形很小,耗能效率很低,黏滞阻尼器的耗能能力难以充分发挥。

在设计腋撑形消能支撑时应注意,由于黏滞阻尼器与主体结构的连接部位一般处于梁柱的塑性铰区附近,应考虑其对梁柱受力的影响。

8.4.2 黏滞阻尼器与主体结构连接部件的性能要求

1）强度要求

与黏滞阻尼器相连的部件应保证在黏滞阻尼器最大输出阻尼力作用下处于弹性状态。连接件上的作用力应满足下列要求：

(1) 黏滞阻尼器 1.2 倍设计速度时对应的阻尼力或 1.2 倍设计控制力。

(2) 进行与消能部件相连的结构构件设计时,应计入消能部件传递的附加内力。

2）稳定要求

与黏滞阻尼器相连的部件应能保证在阻尼器最大阻尼力作用下不发生平面内、外整体失稳，同时连接支撑和连接节点不得发生局部失稳。

支撑长度计算应满足下列要求：

（1）采用单斜撑消能部件时，附加支撑长度取附加支撑与黏滞阻尼器连接到主体结构预埋连接板连接中心处的距离。

（2）采用门架形支撑时，附加支撑长度取布置阻尼器水平梁平台底部到主体结构预埋连接板连接中心处的距离。

3）刚度要求

与黏滞阻尼器相连的支撑应具有足够刚度，以保证消能减振装置的变形绝大部分集中在黏滞阻尼器两端。

黏滞阻尼器与斜撑、墙体（支墩）或连梁等支承构件组成消能部件时，支承构件沿黏滞阻尼器作用方向的刚度应满足下式：

$$K_b \geqslant 6\pi C_D / T_1 \tag{8-3}$$

式中，K_b ——支撑构件沿黏滞阻尼器作用方向的刚度；

C_D ——黏滞阻尼器的线性阻尼系数；

T_1 ——消能减震建筑的基本自振周期。

8.4.3　黏滞阻尼器与主体结构的连接设计

黏滞阻尼器与主体结构的连接设计包括两部分：连接部件的设计以及连接部件与结构的连接设计。连接部件应按照“大震弹性”的性能水准要求进行设计，连接部件与结构的连接设计则应满足“大震不屈服”的性能水准要求。在大震弹性设计中，构件处于弹性状态；在大震不屈服设计中，大部分构件处于弹性状态且已经达到弹性状态的极限状态，即将进入屈服阶段。从承载力性能的要求来看，保持弹性指不考虑构件内力调整的抗震验算，规范规定的多道防线增大系数可适当调整；不屈服指内力、材料强度均按标准值计算，并且不考虑抗震承载力调整系数，必要时阻尼比可适当增加。

黏滞阻尼器与主体结构的连接设计需要两个方面的数据：黏滞阻尼器相关参数和黏滞阻尼器安装位置处的主体结构构件信息。黏滞阻尼器相关参数包括阻尼器本身性能参数、平面布置和产品尺寸，黏滞阻尼器安装位置的子框架信息包括计算层高、计算跨度和结构的梁柱尺寸。

1）黏滞阻尼器与主体结构连接部件的设计方法

消能支撑作为拉压杆进行设计，斜向支撑和水平支撑需分别进行承载力、强度、稳定性和刚度的验算。消能支撑对相连子框架的影响可用作用于相连框架梁或柱上的集中力来等效。

支墩对于黏滞阻尼器相连的子框架的影响如图8-2所示，相当于在相连框架梁上作用了水平地震力及其弯矩所产生的拉、压应力。其中水平地震力可直接等效为作用于梁中轴线上的集中力，而拉、压应力则可用一对力偶进行等效，其等效方法如图8-3所示。

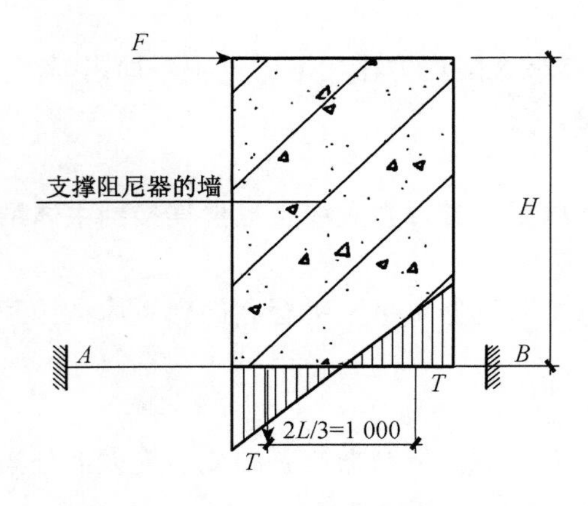

图 8-2　与支墩相连框架梁受力示意图

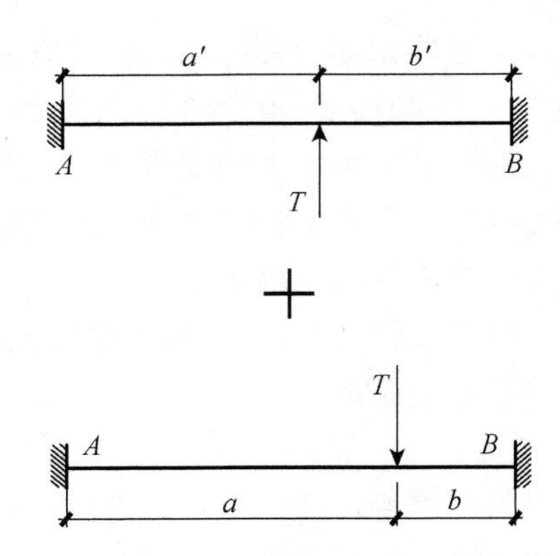

图 8-3　与支墩相连框架梁受力计算简图

F—水平地震力；H—作用在支墩上的水平地震力到梁中轴线的垂直距离；
L—支墩宽度；T—等效力偶

值得注意的是，照此等效方法进行连接件与结构连接的大震不屈服设计时，需要特别关注支墩下部是否开裂以及与支墩接触的梁顶面是否会产生局部拉、压破坏。当支墩根部受力不足时，支墩下部便会产生裂缝；当作用于梁顶面的最大应力大于混凝土材料的标准强度时，与支墩接触的梁顶面便会产生局部拉、压破坏。如若出现上述情况，可通过在梁中加型钢来提高承载力，或在对应位置布置钢垫板、钢筋网等处理方式。

2）黏滞阻尼器与连接部件的连接

黏滞阻尼器与连接部件的连接可以采用螺栓连接和焊缝连接。考虑到施工质量的可控性和地震后阻尼器的可更换性，宜采用高强螺栓连接。

3）预埋件的计算

连接部件与混凝土结构的连接需要借助预埋件进行，预埋件的构造形式应根据受力性能和施工条件确定，力求构造简单、传力直接。预埋件可分为受力预埋件与构造预埋件两种，包括埋设在混凝土中的锚筋和外露在混凝土表面部分的锚板。锚筋和锚板都采用可焊性良好的结构钢。锚筋常用钢筋，对于受力较大的预埋件常采用角钢。对于 L 形预埋件互相垂直方向的预埋板承担的内力宜按支撑角钢分解轴向力获取。预埋件的锚筋应按拉剪构件或纯剪构件计算总截面面积，其锚筋和锚板设计应符合国家现行标准《混凝土结构设计规范》(GB 50010)和《混凝土结构后锚固技术规程》(JGJ 145)的规定。

4）黏滞阻尼器与结构连接的构造要求

黏滞阻尼器的附加内力通过支撑(或支墩)和预埋件传递给主体结构构件，要求预埋件、支撑和支墩在黏滞阻尼器达到极限位移时附加的外力作用下不会失效，因此其构造措施比一般预埋件要求更高。预埋件的锚筋应与钢板牢固连接，锚筋的锚固长度宜大于 20 倍钢筋直径，且不应小于 250 mm。当无法满足锚固长度要求时，应采取其他有效的锚固措施。

支撑或套索型支撑应采用钢结构形式，钢材强度等级不应低于 Q235；支撑宜采用双轴对称截面，支撑长细比、宽厚比应符合国家现行标准《钢结构设计规范》(GB 50017)和《高层民用建筑钢结构技术规程》(JGJ 99)的规定。

墙墩、柱墩可采用钢筋混凝土、钢结构或型钢混凝土组合结构形式，混凝土支墩的混凝土强度等级不应低于C30，支墩沿阻尼器受力方向全截面箍筋应加密，并配置网状钢筋。

8.4.4 黏滞阻尼器的安装要求

(1) 黏滞阻尼器至少一端为万向联轴节，可以避免活塞杆产生较大的径向力。如果活塞杆出现了较大的径向力，将会增大活塞杆与密封件之间的摩擦，降低密封圈的寿命。

(2) 阻尼器与铰接件之间宜采用销栓进行连接，间隙不宜大于0.1 mm，以免影响微小振动下的减振效果。

(3) 阻尼器在安装时，应确保活塞处于缸体的中间位置。如果活塞的位置发生了偏离，将会降低消能阻尼器的有效行程，在大震作用下，有可能会产生活塞与缸体两端密封体之间的碰撞，造成阻尼器或主体结构的破坏。

(4) 施工过程应保护阻尼器活塞杆护套不被破坏，避免施工时建筑垃圾落在导杆上，振动时破坏密封性能。

(5) 黏滞阻尼器应在主体结构施工结束后进行安装。

(6) 考虑到黏滞阻尼器的耗能原理是将结构的动能转化为热能消耗掉，因此黏滞阻尼器不宜采用防锈漆的办法进行防腐，应该采用不锈钢或镀铬。

8.5 黏滞阻尼器性能与检测[8]

8.5.1 黏滞阻尼器的性能要求

(1) 黏滞阻尼器对控制方向的振动响应具有减振效果，而在其他方向不会产生不利的影响。

(2) 设置黏滞阻尼器的结构应具有适当的刚度、强度和延性，阻尼器未开始生效前，结构应具备传统结构抵抗使用荷载的一切功能。

(3) 设置黏滞阻尼器结构应具有可靠的耗能机制，使结构在遭遇意想不到的或难以判断的振动作用及其效应影响时，不致失效。

(4) 黏滞阻尼器应具有良好的环境适应特性和良好的耐久性能，在使用期限内做到耐气候、耐腐蚀，不需维修和更换。

(5) 黏滞阻尼器在各种频率激励下应保持良好的工作性能。

(6) 黏滞阻尼器的极限速度应不小于在设计荷载作用下阻尼器最大速度的1.2倍。

8.5.2 黏滞阻尼器的检测

目前，黏滞阻尼器已广泛应用于工程结构中，其可以极大地衰减外部输入能量，从而显著地降低结构的振动响应，因此可以适当地降低结构断面和配筋。这就要求装设的黏滞阻尼器性能的稳定性和耐久性能满足设计要求。但是，另一方面，目前国内大多数黏滞阻尼器厂家还是以销定产的形式，即根据设计单位提供的阻尼器参数来加工制作消能阻尼器产品，因而黏滞阻尼器的性能稳定性和质量不一定能达到设计要求。为了保证采用消能减振技术设计的结构安全，无论哪类阻尼器生产厂家都应提供阻尼器产品合格证，同时还需对生产并应用于实际工程中的阻尼器产品进行抽检，抽检检测应由具有检测资质的第三方完成，以验证应用于实际工程中的阻尼器产品检测出的性能参数与设计文件中的参数是否吻合，保证实现设计的性能目标。

根据中国建筑工业行业标准《建筑消能阻尼器》(JG/T 209—2012)，黏滞阻尼器在使用前应进行如下检测：

1）外观检测

黏滞阻尼器产品外观应表面平整，无机械损伤，无锈蚀，无渗漏，标记清晰。其各部分部件尺寸偏差应符合表 8-3 的规定。

表 8-3　黏滞阻尼器部件尺寸偏差

检测项目	允许偏差
黏滞阻尼器长度	不超过产品设计值的±3 mm
黏滞阻尼器截面有效尺寸	不超过产品设计值的±2 mm

2）材料要求

黏滞阻尼器的黏滞阻尼材料要求黏温关系稳定，闪点高，不易燃烧，不易挥发，无毒，抗老化性能强。

用于制作黏滞阻尼器的钢材应根据设计需要进行选择，缸体和活塞杆一般宜采用优质碳素结构钢、合金结构钢或不锈钢。优质碳素结构钢应符合 GB/T 699 的规定；合金结构钢应符合 GB/T 3077 的规定；结构用无缝钢管应符合 GB/T 8162 的规定；不锈钢棒应符合 GB/T 1220的规定，不锈钢管应符合 GB/T 14796 的规定。考虑到黏滞阻尼器的耗能机理是将结构的动能转化为热能耗散掉，因此黏滞阻尼器表面不宜采用防锈漆进行防腐处理，建议采用镀铬来处理。

黏滞阻尼器密封措施应选择高强度、耐磨、耐老化的密封材料。优选金属或尼龙等材料作为密封圈材料。

3）慢速测试

慢速测试的目的，一方面测试阻尼器的极限位移，另一方面可以通过慢速测试检验阻尼器在低速状态下的性能，获得黏滞阻尼器的摩擦力。过大的摩擦力会造成密封圈漏油，并且导致附加黏滞阻尼器的调谐质量阻尼器(TMD)在初始状态下不启动的隐患，从而降低 TMD 减振系统的减振效果。

测试方法采用静力加载试验，控制试验机的加载系统使阻尼器匀速缓慢运动，记录其伸缩运动的极限位移值和摩擦力。要求消能阻尼器的极限位移实测值不应小于黏滞阻尼器设计容许位移的 150%，当设计容许位移大于等于 100 mm 时，实测值不应小于黏滞阻尼器设计容许位移的 120%；并且黏滞阻尼器的内部摩擦力不宜超过设计最大阻尼力的 10%。

4）最大阻尼力测试

采用正弦激励法，用按照正弦波规律变化的输入位移 $u = u_0 \sin(\omega t)$，对阻尼器施加频率为 f_1、位移幅值为 u_0 的正弦力，连续进行 5 个循环，记录第 3 个循环所对应的最大阻尼力作为实测值。要求消能阻尼器的最大阻尼力实测值偏差应在产品设计值的±15% 以内；实测值偏差的平均值应在产品设计值的 ±10% 以内。f_1 为结构基频，u_0 为消能阻尼器设计位移。

5）规律性测试

目的是测试黏滞阻尼器产品的阻尼系数、阻尼指数和滞回曲线是否满足设计要求。测试采用正弦激励法，用按照正弦波规律变化的输入位移 $u = u_0\sin(\omega t)$ 来控制试验机的加载系统，对阻尼器分别施加频率 f_1，输入位移幅值为 $0.1u_0$、$0.2u_0$、$0.5u_0$、$0.7u_0$、$1.0u_0$、$1.2u_0$，连续进行5个循环，每次均绘制阻尼力—位移滞回曲线，并计算各工况下第3个循环所对应的阻尼系数、阻尼指数作为实测值。f_1 为结构基频，u_0 为消能阻尼器设计位移。

测试要求阻尼系数和阻尼指数的实测值偏差应在产品设计值的±15%以内，实测值偏差的平均值应在产品设计值的±10%以内；实测滞回曲线应光滑，无异常，在同一测试条件下，任一循环中滞回曲线包络面积实测值偏差应在产品设计值的±15%以内，实测值偏差的平均值应在产品设计值的±10%以内。

6）疲劳性能测试

测试采用正弦激励法，对阻尼器施加频率为 f_1 的正弦力，当以地震控制为主时，输入位移 $u = u_0\sin(\omega t)$，连续加载30个循环，位移大于100 mm时加载5个循环；当以风振控制为主时，输入位移 $u = 0.1u_0\sin(\omega t)$，连续加载60 000个循环，每20 000次可暂停休整。f_1 为结构基频，u_0 为阻尼器设计位移。

测试要求阻尼器的最大阻尼力、阻尼系数和阻尼指数的变化率不大于±15%，阻尼器的滞回曲线应光滑，无异常，包络面积变化率不大于±15%。

7）加载频率相关性测试

测试采用正弦激励法，测定产品在常温，加载频率 f 分别为 $0.4f_1$、$0.7f_1$、$1.0f_1$、$1.3f_1$、$1.6f_1$，对应输入位移幅值 $u = f_1u_0/f$ 下的最大阻尼力，并与 f_1 下相应值的比值。f_1 为结构基频，u_0 为阻尼器设计位移。

测试要求阻尼器的最大阻尼力变化率不大于±15%。

8）温度相关性测试

测定产品在输入位移 $u = u_0\sin(\omega t)$，频率为 f_1 情况下，试验温度$-20\sim40$ ℃，每隔10 ℃记录其最大阻尼力的实测值。f_1 为结构基频，u_0 为阻尼器设计位移。

测试要求阻尼器的最大阻尼力变化率不大于±15%。

9）密封性能测试

以1.5倍的最大阻尼力作为控制力持续加载3 min，记录结果。测试要求阻尼器不漏油，最大阻尼力的衰减不超过5%。

10）测试数量

抽样检验数量为同一工程、同一类型、同一规格数量，标准设防类取20%，重点设防类取50%，特殊设防类取100%，但不应少于2个，检验合格率为100%。产品检测合格率未达到100%，应在该批次的阻尼器中按不合格产品数量加倍抽检；检测合格率仍未达到100%时，该批次的阻尼器不应在工程中使用。建议被检测产品各项检验指标实测值在设计值的±10%以内，检测后可用于主体结构，否则检测后产品不宜用于主体结构。

参考文献

[1] 中华人民共和国国家标准. 建筑抗震设计规范　GB 50011—2010[S]. 北京：中国建筑工业出版社，2010.
[2] 国家建筑标准设计图集. 建筑结构消能减震(振)设计　09SG610—2[S]. 北京：中国计划出版社，2009.

[3] 中华人民共和国建筑工业行业标准. 建筑消能阻尼器 JG/T 209—2012[S]. 北京：中国标准出版社，2012.
[4] 李爱群，等. 工程结构抗震设计[M]. 北京：中国建筑工业出版社，2004.
[5] 李爱群，高振世. 工程结构抗震与防灾[M]. 南京：东南大学出版社，2003.
[6] 周云. 黏滞阻尼减震结构设计(精)[M]. 武汉：武汉理工大学出版社，2006.
[7] 叶正强，李爱群，娄宇. 黏滞流体阻尼器用于建筑结构的减震设计原理与方法[J]. 建筑结构，2008(8)：87-90.
[8] 陈永祁. 桥梁工程液体黏滞阻尼器设计与施工[M]. 北京：中国铁道出版社，2012.

第 9 章　消能减振结构设计实例

前述章节详细介绍了黏滞阻尼器的构造、原理、性能和设计方法，本章主要介绍黏滞阻尼器在实际工程中的应用，通过工程实例来说明采用黏滞阻尼器的结构消能减震设计方法，并与采用金属消能减震的技术进行对比分析。

9.1　消能减振方案[1-2]

9.1.1　工程概况

本工程为某医院实际工程，结构主体为 6 层框架(局部 5 层)。根据现行《建筑抗震设计规范》(GB 50011—2010)规定，本工程抗震设防烈度为 8 度，设计基本地震加速度值为 0.20g，设计地震分组为第二组。建筑场地土为Ⅲ类，场地特征周期 0.55 s。

由于本工程位于地震高烈度区，如采用传统抗震措施增加结构构件尺寸，容易导致两种不利情况：①结构主要构件(如梁、柱)截面过大、配筋过多，材料费用高，工程造价加大，而且建筑使用功能将会受到影响；②结构构件截面、配筋增大后，结构整体刚度将大幅增加，结构在地震中输入的地震能量也将大幅度增加，这些地震能量主要由结构构件的弹塑性变形来耗散，将导致结构在大震中严重损坏，震后维修加固难度及费用高。因此，在本工程中采用消能减振技术保证结构抗震性能。

结构减振控制技术就是一项涉及多个学科领域的结构抗震新技术，它不是单纯采用加强结构的方法来提高结构的抗震能力，而是通过设置减振装置来控制结构在地震作用下的振动响应，从而有效保护结构在强震下的安全，既可以满足建筑功能的要求，还可以明显提高结构的抗震性能。

9.1.2　减振结构目标性能

对于位于地震高烈度区的建筑物，如果按照传统抗震设计方法，以既定的“设防烈度”作为设计依据，采用“硬抗”途径，依靠构件本身的强度、刚度、延性和耗能能力来抵御地震作用、消耗地震能量，来满足“小震不坏、中震可修、大震不倒”的抗震设防目标，这将导致结构的主要构件(框架梁、框架柱、剪力墙)截面过大，且可能需要增设较多数量的剪力墙。

本工程为钢筋混凝土框架结构体系。在常规设计条件下，为控制构件截面尺寸、主体结构在多遇地震作用下 X/Y 方向的层间位移角均超过规范 1/550 的限值；尽管可以采取加大构件截面的办法解决问题，但可能严重影响建筑的使用功能，而且加大了结构主体刚度导致地震影响变大，无法从根本上解决问题，项目建设成本也会大幅提高。本工程目标为控制构件截面尺寸的前提下，通过设置阻尼器以减小结构层间位移，使其满足规范要求。

9.1.3 消能减振方案选择

本工程沿结构的两个主轴方向分别设置阻尼器，其数量、型号、位置通过多方案优化比选后确定。本实例拟给出两种不同的消能减震方案，分别采用黏滞阻尼器（本章 9.2 节）和金属阻尼器（本章 9.3 节）进行结构地震作用下的变形控制。通过对这两种方案的减震效果进行对比，了解和掌握不同类型阻尼器的减震特点，为实际工程设计提供借鉴。

减振分析采用两种软件进行，多遇地震作用下弹性分析采用 ETABS 软件，罕遇地震作用下的弹塑性分析采用 MIDAS 软件。

9.1.4 模型建立

根据原结构（减震前结构）的 PKPM 模型，采用 ETABS 有限元软件建立结构多遇地震弹性分析模型，图 9-1 所示为结构标准层的平面图和所建立的三维有限元弹性模型的示意图。

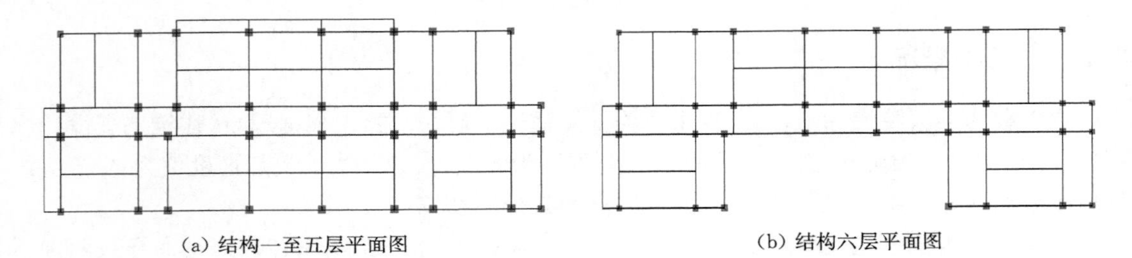

(a) 结构一至五层平面图　　(b) 结构六层平面图

(c) 结构立体模型示意图

图 9-1 采用 ETABS 建立的结构分析模型

1) 原结构 ETABS 模型与 PKPM 模型周期比较

减震结构在多遇地震作用下的性能采用 ETABS 软件进行分析，将 PKPM 中的模型导入 ETABS 中，并进行每层剪力、周期及质量对比，以确保模型转换正确。

采用 ETABS 有限元软件对如图 9-1 所示的已建立好的分析模型进行模态分析，得到原结构各阶周期。表 9-1、表 9-2 分别为 ETABS 模型的各阶模态数据与其 PKPM 模型的各阶周期数据对比。

表 9-1　模型转换前、后周期对比

Mode	ETABS	PKPM	相差
1	0.808 5	0.786 4	2.73%
2	0.757 5	0.735 6	2.90%
3	0.728 3	0.702 7	3.51%
4	0.290 2	0.282 3	2.73%
5	0.269 0	0.258 7	3.83%
6	0.260 7	0.254 0	2.59%
7	0.154 2	0.150 5	2.41%
8	0.143 4	0.139 6	2.67%
9	0.140 9	0.136 3	3.23%
10	0.104 4	0.102 4	1.96%

注：相差值=|PKPM 值—ETABS 值|/PKPM 值，下同。

2）原结构 ETABS 模型与 PKPM 模型各层剪力对比

表 9-2　地震作用下原结构各层剪力(单位:kN)

X 方向地震作用下 X 方向各层剪力				Y 方向地震作用下 Y 方向各层剪力			
层数	ETABS	PKPM	相差	层数	ETABS	PKPM	相差
6	1 899.72	1 970.64	3.73%	6	1 827.29	1 888.87	3.37%
5	3 768.87	3 773.43	0.12%	5	3 533.10	3 547.59	0.41%
4	5 226.56	5 229.40	0.05%	4	5 092.95	5 124.02	0.61%
3	6 408.00	6 389.40	0.29%	3	6 588.34	6 649.61	0.93%
2	7 232.22	7 191.16	0.57%	2	7 294.95	7 378.11	1.14%
1	7 636.41	7 593.86	0.56%	1	7 850.14	7 934.88	1.08%

3）原结构 ETABS 模型与 PKPM 模型质量对比

经计算，ETABS 模型计算的结构总质量为 6 214.46 7 t，PKPM 模型计算的结构总质量为 6 491.355 t。二者相差 3.19%，满足要求。

综上，通过原结构 ETABS 模型与 PKPM 模型的各阶周期、反应谱分析的层间剪力以及结构总质量的对比，可见两个模型对应的数据基本相同，差别很小，故所建立的原结构 ETABS 模型符合分析要求。

9.1.5　时程分析地震波选取

本工程时程分析选用 LWD、NRG、032(人工波)共三条地震波。通过对地震波的综合调整，使得各条波在 8 度(0.2g)多遇地震(70 cm/s^2)的反应谱与我国《建筑抗震设计规范》(GB 50011—2010)相对应的不同水准设计谱基本一致。LWD、NRG、032(人工波)三条地震波的波形如图 9-2 所示。

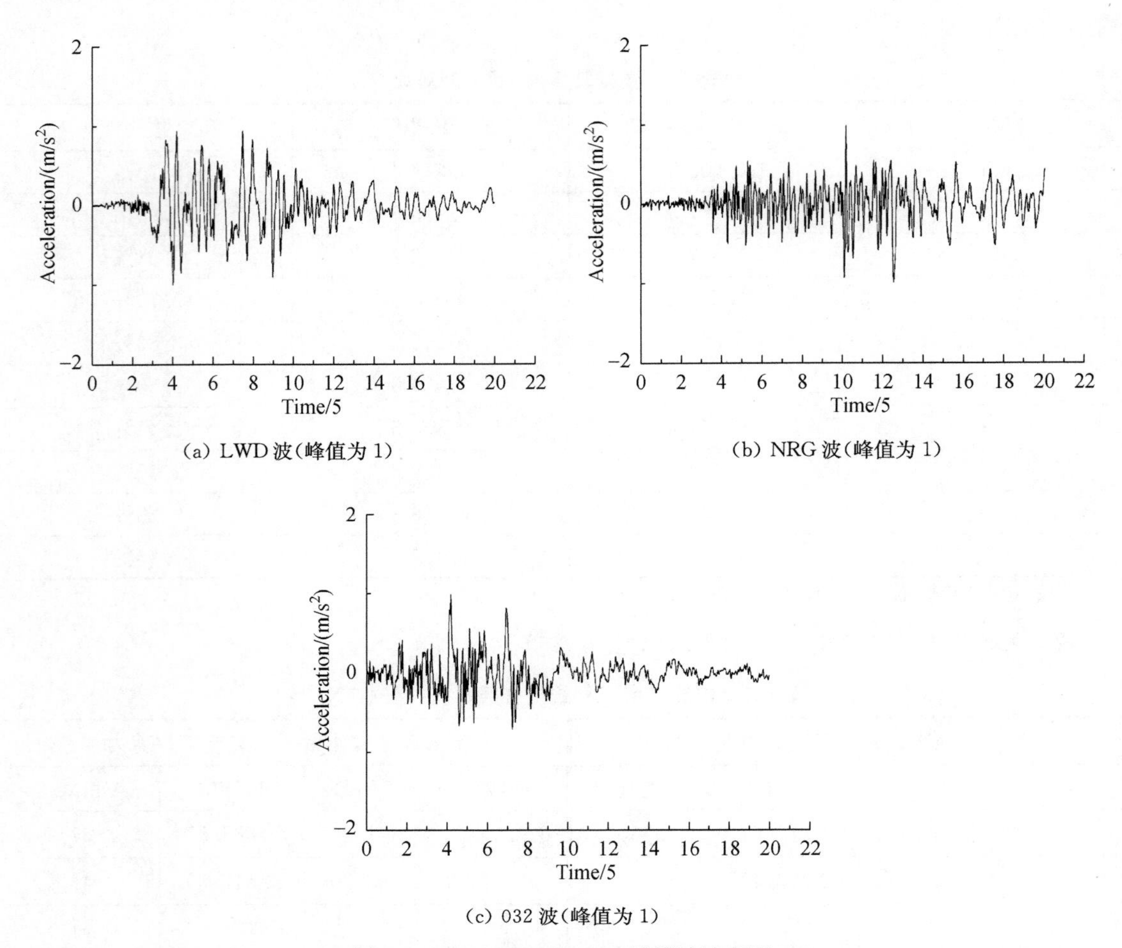

(a) LWD 波(峰值为 1)　(b) NRG 波(峰值为 1)

(c) 032 波(峰值为 1)

图 9-2　LWD、NRG、032 地震波波形图

从结构动力响应角度分析所选用的地震波,《建筑抗震设计规范》(GB 50011—2010)明确规定,在弹性时程分析时,每条时程曲线计算所得结构底部剪力均应超过振型分解反应谱法计算结果的 65%,多条时程曲线计算所得结构底部剪力的平均值应大于振型分解反应谱法计算结果的 80%。对未减震结构进行时程分析和反应谱分析,得到结构各层地震剪力,列于表 9-3。从结构动力响应的角度分析,所选地震波满足规范的要求,且时程计算的楼层剪力平均值和振型分解反应谱法计算结果基本一致。

表 9-3　8 度(0.2g)多遇地震作用下原结构基底剪力(单位:kN)

基底剪力	PKPM 模型反应谱结果	ETABS 模型反应谱结果	ETABS 模型时程曲线计算结果			
			LWD	NRG	032	平均值
X 向	7 593.86	7 636.41	7 627.19	8 746.75	7 339.64	7 904.52
	—	—	99.88%	114.54%	96.11%	103.51%
Y 向	7 934.88	7 850.14	6 235.02	6 877.29	6 200.69	6 437.66
	—	—	79.43%	87.61%	78.99%	82.01%

9.2　黏滞阻尼器减震设计方案

9.2.1　阻尼器的选择与布置

1）阻尼器的选择

根据原建筑设计图、结构布置图、地勘资料以及相关初步设计模型与分析结果，综合考虑结构抗震性能及使用功能，拟采用黏滞流体阻尼器（即抗震规范中的黏滞消能器），理由如下：

（1）阻尼器主要分为速度相关型和位移相关型两种。黏滞阻尼器属于速度相关型的阻尼器，它们对于微小的振动也能减震，减震效果良好。

（2）黏滞阻尼器是通过活塞在油缸中的运动，压迫有黏性的硅油通过小孔而产生阻尼作用的，性能稳定且可靠。

（3）十多年来，我国采用黏滞阻尼器的消能减震工程已经超过了一百项，效果都很好，积累了丰富的工程经验，也有不少的自主知识产权。

因此在本工程的适当位置设置黏滞阻尼器，有效地增加原结构的阻尼比，显著降低结构的地震反应。黏滞阻尼器力学模型为 $F=C\dot{u}^{\alpha}$。式中，C 为阻尼系数，$\dot{u}$ 为阻尼器变形速率，α 为阻尼指数。在 ETABS 程序中用非线性连接单元 Damper 来模拟黏滞阻尼器。其属性基于 Maxwell 的黏弹性模型，该模型由一系列非线性阻尼和弹簧构成，其弹簧单元和阻尼单元以串联形式连接。

2）阻尼器的布置

本工程在全楼 1～5 层适当位置沿结构的两个主轴方向按照人字撑方式设置黏滞阻尼器。经过多方案比选，确定本工程选用的黏滞阻尼器参数为：阻尼指数 $\alpha=0.3$，阻尼系数 $C=$ 1 100 kN·m/s，最大行程为±30 mm，阻尼器布置如图 9-3 所示，共设置阻尼器 22 个。

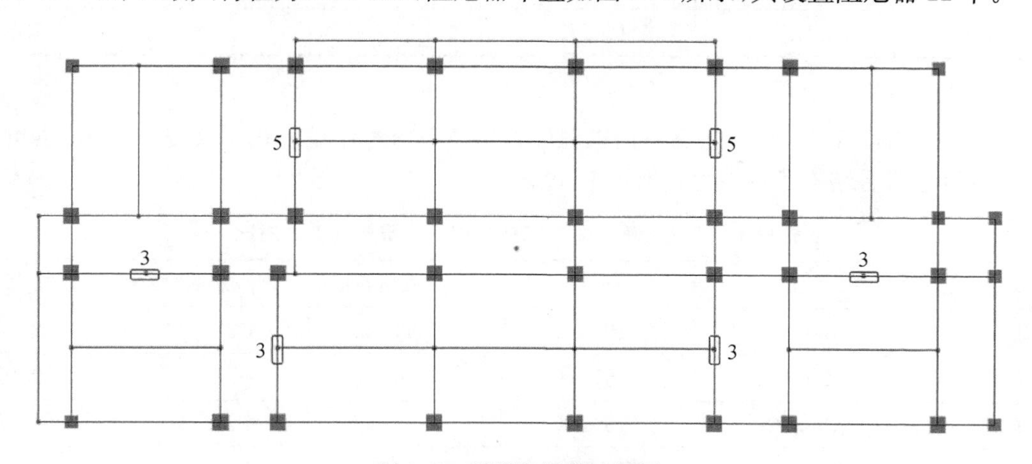

图 9-3　黏滞阻尼器布置图

5—布置在 1～5 层；3—布置在 1～3 层

9.2.2 多遇地震作用下反应谱法分析结果

1）层间位移角

结构减振前后在 X、Y 方向反应谱工况下层间位移角对比见表 9-4 及表 9-5。由表 9-4、表 9-5 可知，未加阻尼器前结构有多层层间位移角超限（1/550）。设置黏滞阻尼器后，各层位移角有明显减小，满足规范限值要求。

表 9-4 X 方向反应谱工况减震前后层间位移角对比

Story	Item	Load	Drift X/减震前	Drift X/减震后	减震率
STORY6	Max Drift X	SPEC X	1/1 376	1/2 153	36.10%
STORY5	Max Drift X	SPEC X	1/823	1/1 051	21.71%
STORY4	Max Drift X	SPEC X	1/683	1/795	14.06%
STORY3	Max Drift X	SPEC X	1/551	1/670	17.75%
STORY2	Max Drift X	SPEC X	1/542	1/747	27.42%
STORY1	Max Drift X	SPEC X	1/949	1/1 168	18.79%

表 9-5 Y 方向反应谱工况减震前后层间位移角对比

Story	Item	Load	Drift Y/减震前	Drift Y/减震后	减震率
STORY6	Max Drift Y	SPEC Y	1/775	1/1 045	25.80%
STORY5	Max Drift Y	SPEC Y	1/504	1/610	17.32%
STORY4	Max Drift Y	SPEC Y	1/475	1/580	18.06%
STORY3	Max Drift Y	SPEC Y	1/489	1/596	17.93%
STORY2	Max Drift Y	SPEC Y	1/502	1/698	28.11%
STORY1	Max Drift Y	SPEC Y	1/817	1/983	16.89%

2）层间剪力

结构减震前后在 X、Y 方向反应谱工况下各层总剪力对比见表 9-6 及表 9-7。由表可知，设置黏滞阻尼器后结构各层剪力均有所减小。

表 9-6 X 方向反应谱工况减震前后各层层间剪力对比

Story	Item	Load	V_x(减震前)/kN	V_x(减震后)/kN	减震率
STORY6	Max VX	SPEC X	1 899.72	1 559.82	17.89%
STORY5	Max VX	SPEC X	3 768.87	2 978.87	20.96%
STORY4	Max VX	SPEC X	5 226.56	4 212.81	19.40%
STORY3	Max VX	SPEC X	6 408.00	5 130.36	19.94%
STORY2	Max VX	SPEC X	7 232.22	5 609.72	22.43%
STORY1	Max VX	SPEC X	7 636.41	6 367.73	16.61%

表 9-7　*Y* 方向反应谱工况减震前后各层层间剪力对比

Story	Item	Load	V_y(减震前)/kN	V_y(减震后)/kN	减震率
STORY6	Max VY	SPEC Y	1 827.29	1 468.72	19.62%
STORY5	Max VY	SPEC Y	3 533.10	2 786.16	21.14%
STORY4	Max VY	SPEC Y	5 092.95	3 727.48	26.81%
STORY3	Max VY	SPEC Y	6 588.34	4 958.02	24.75%
STORY2	Max VY	SPEC Y	7 394.95	5 429.09	26.58%
STORY1	Max VY	SPEC Y	7 850.14	6 128.92	21.93%

9.2.3　多遇地震作用下时程分析结果

1）楼层剪力和层间位移角减震率

下面以 NRG 波 *X*、*Y* 两个方向工况为例，给出结构在多遇地震作用下减震前、后的时程分析计算结果，列于表 9-8、表 9-9 中。图 9-4、图 9-5 为 NRG 波 *X*、*Y* 方向的楼层剪力和层间位移角减震前后的对比图。

表 9-8　NRG 波 *X* 方向减震前后计算结果对比

楼层	荷载	减震前 V_x/kN	减震后 V_x/kN	减震前层间位移角	减震后层间位移角	层间剪力减震率	层间位移角减震率
STORY6	NRG X	1 949	1 839	1/1 272	1/1 556	5.64%	18.25%
STORY5	NRG X	4 156	3 308	1/748	1/958	20.40%	21.92%
STORY4	NRG X	5 868	4 734	1/616	1/767	19.33%	19.69%
STORY3	NRG X	7 469	5 882	1/546	1/665	21.25%	17.89%
STORY2	NRG X	8 488	6 363	1/534	1/781	25.04%	31.64%
STORY1	NRG X	8 740	6 483	1/842	1/1 159	25.82%	27.35%

注：V_x 表示结构 *X* 方向的总层间剪力。

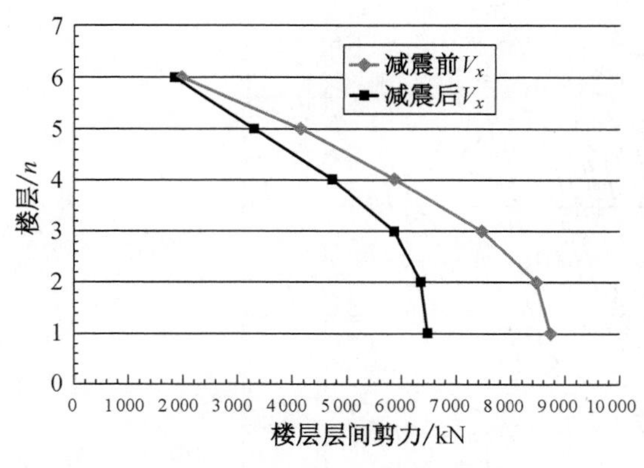

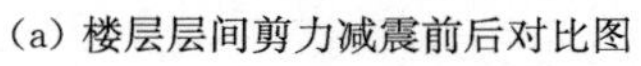
(a) 楼层层间剪力减震前后对比图

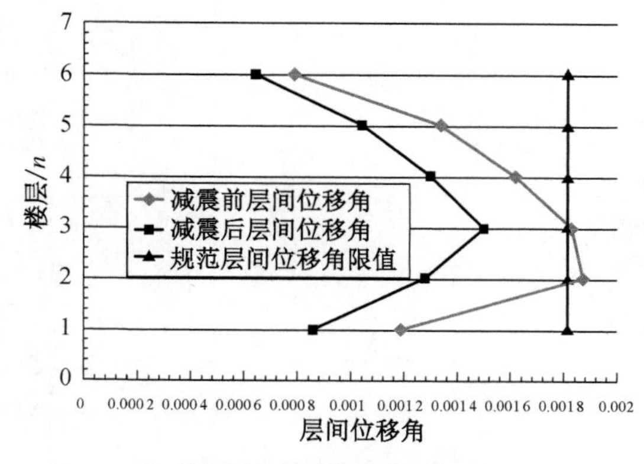

(b) 楼层层间位移角减震前后对比图

图 9-4　NRG 波 *X* 方向楼层剪力、层间位移角减震前后对比图

表 9-9　NRG 波 Y 方向减震前后计算结果对比

楼层	荷载	减震前 V_y/kN	减震后 V_y/kN	减震前层间位移角	减震后层间位移角	层剪力减震率	层间位移角减震率
STORY6	NRG Y	2 211	1 811	1/848	1/1 015	18.09%	16.43%
STORY5	NRG Y	4 684	3 258	1/601	1/790	30.44%	23.95%
STORY4	NRG Y	6 475	4 662	1/484	1/669	28.00%	27.68%
STORY3	NRG Y	7 474	5 793	1/472	1/614	22.49%	23.14%
STORY2	NRG Y	8 120	6 466	1/513	1/762	20.37%	32.70%
STORY1	NRG Y	8 556	6 985	1/878	1/1 487	18.37%	40.97%

注:V_y 表示结构 Y 方向的总层间剪力。

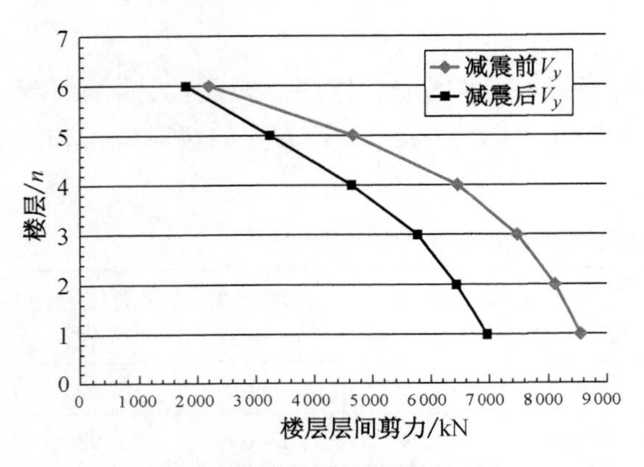

(a) 楼层层间剪力减震前后对比图

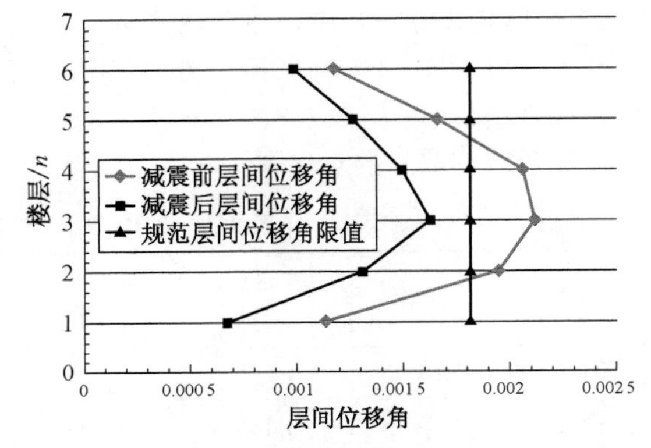

(b) 楼层层间位移角减震前后对比图

图 9-5　NRG 波 Y 方向楼层剪力、层间位移角减震前后对比图

2) 多遇地震作用下黏滞阻尼器滞回曲线

从图 9-6 可以看出,多遇地震作用下黏滞阻尼器已经进入工作状态。

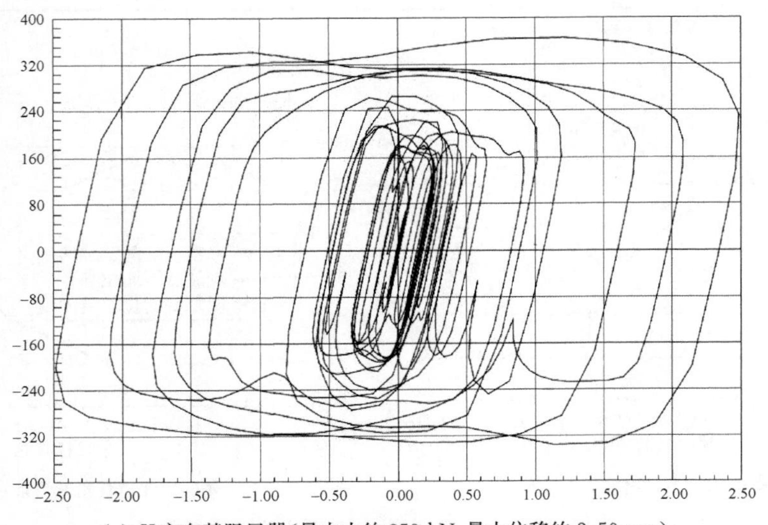

(a) X 方向某阻尼器(最大力约 359 kN,最大位移约 2.50 mm)

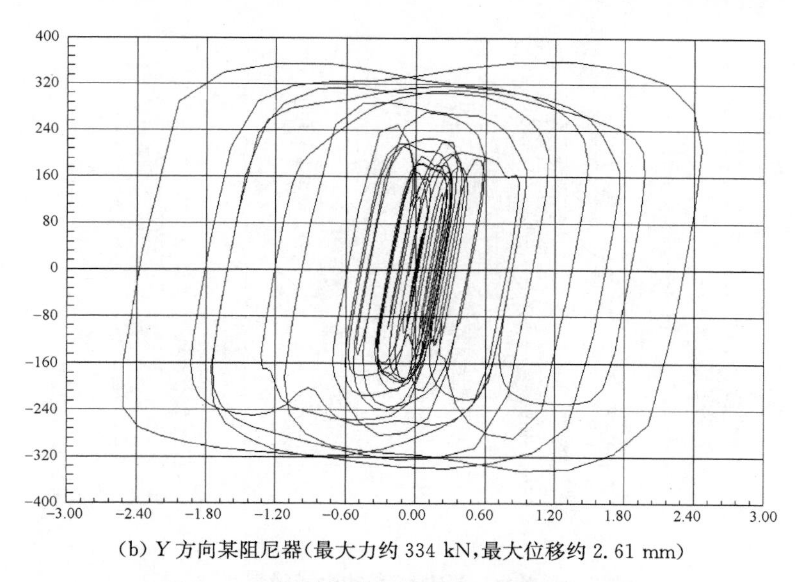

(b) Y 方向某阻尼器(最大力约 334 kN,最大位移约 2.61 mm)

图 9-6　多遇地震作用下黏滞阻尼器滞回曲线

3) 等效附加阻尼比

消能部件附加给结构的有效阻尼比按式(9-1)估算。

$$\xi_a = \sum_j W_{cj}/(4\pi W_s) \tag{9-1}$$

图 9-7 为结构在 NRG 地震波下的能量图,从图上可以看出阻尼器消耗了一定的地震能量。本方案的附加阻尼比时程分析结果平均值为 6.29%,但考虑到实际工程中结构变形、连接刚度、安装间隙等因素对减震效果的影响,本工程将多遇地震作用下黏滞阻尼器的附加阻尼比偏安全地取为 6.0%,该数值也与我们的设计预期相一致。

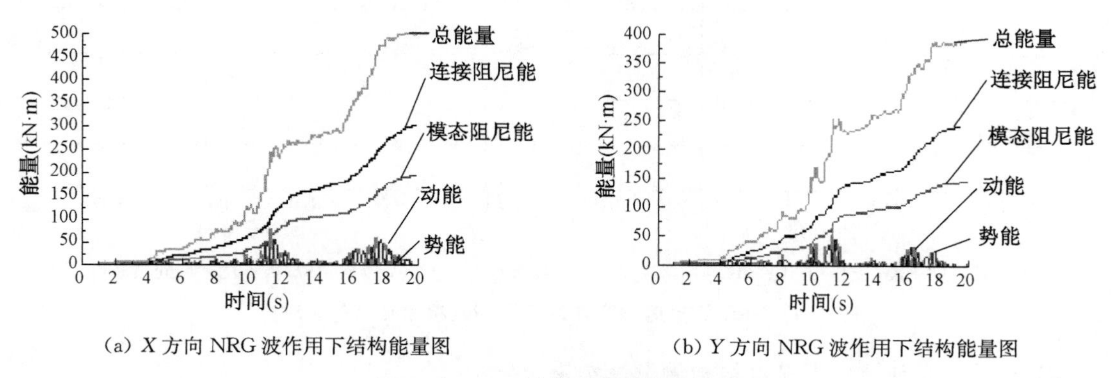

(a) X 方向 NRG 波作用下结构能量图　　(b) Y 方向 NRG 波作用下结构能量图

图 9-7　NRG 波作用下结构能量图

9.2.4　罕遇地震作用下的弹塑性分析结果

采用有限元软件 MIDAS 进行分析,所建立的三维有限元弹性模型如图 9-8 所示。

1) 罕遇地震作用下时程分析结果

地震波的选取与多遇地震下时程分析地震波相同,地震波的峰值加速度根据规范要求分

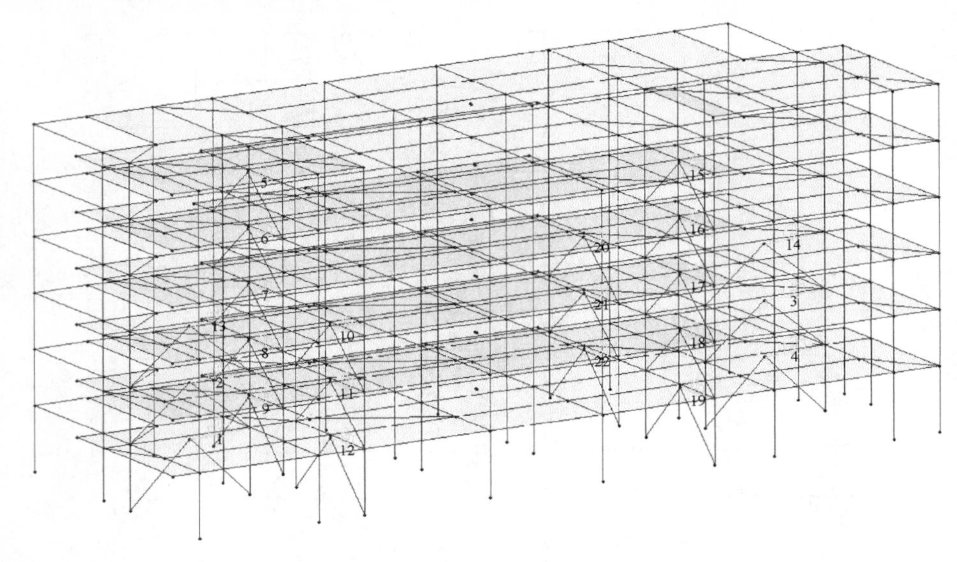

图 9-8　MIDAS 结构分析模型

别调整到对应于 8 度(0.2g)罕遇地震的 400 gal。《建筑抗震设计规范》(GB 50011—2010)要求钢筋混凝土框架结构在罕遇地震作用下，楼层的弹塑性层间位移角 $\theta_P \leqslant 1/50$。规范在 12.3.3条中还指出："消能减震结构的层间弹塑性位移角限值，应符合预期的变形控制要求，宜比非消能减震结构适当减小。"图 9-9 为在 NRG 波罕遇地震作用下，减震前后位移角示意图，由图中可知减震后位移角明显变小。

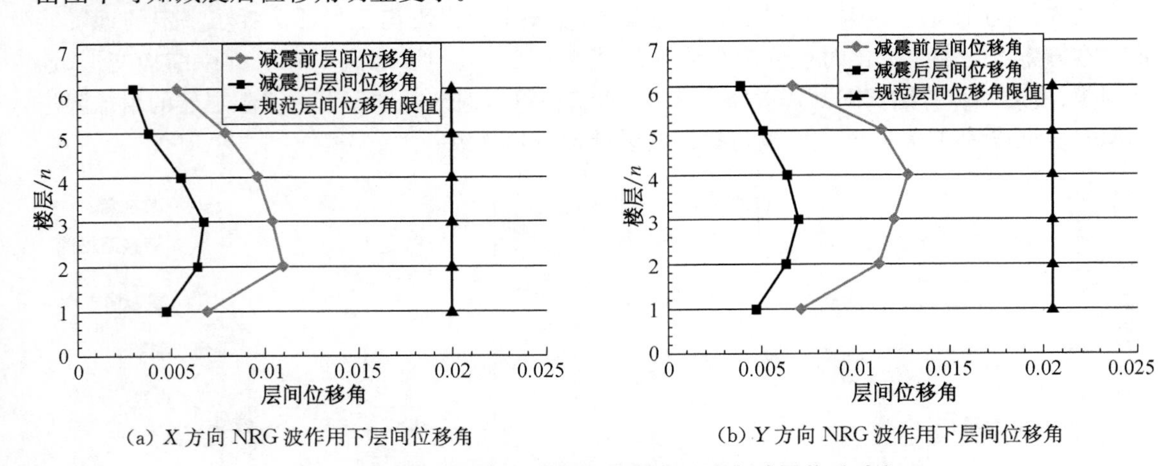

(a) X 方向 NRG 波作用下层间位移角　　(b) Y 方向 NRG 波作用下层间位移角

图 9-9　NRG 波罕遇地震作用下层间位移角减震前后对比

2) 罕遇地震作用减震前后结构弹塑性发展

MIDAS 软件根据美国 FEMA273 规范，采用双线性模型，按照变形指数 D/D_1 将铰状态定义成五个水准。当选择 D/D_1 时延性系数是当前变形除以第一屈服变形，各水准变形指数 D/D_1 分别为 0.5、1、2、4、8。MIDAS 中：Level-1(D/D_1 = 0.5)表示铰还处于弹性阶段，Level-2(D/D_1 = 1)表示铰已达到屈服状态，Level-3(D/D_1 = 2)、Level-4(D/D_1 = 4)、Level-5(D/D_1 = 8)分别表示各构件不同的延性。在分析结果中将上述 5 个状态分别以不同颜色来表示。

以 $X=30.577$ m 的一榀框架为例，给出如图 9-10 所示的减震前后框架梁与框架柱塑性发展水准示意图。通过对比可知，减震后塑性发展达到第一水准的框架梁、框架柱数量较减震前大量减少，减震后塑性发展达到第二、第三水准的框架梁、框架柱数量较减震前也有一定程度的减少。采用减震方案后，结构在 8 度（0.2g）罕遇地震作用下，减震后结构中梁柱的塑性发展程度相对于减震前均有所减小，分析结果表明主体结构在罕遇地震作用下的损伤程度得到有效控制，整体结构具有良好的抗震性能，更有利于实现结构“大震不倒”的设防目标。

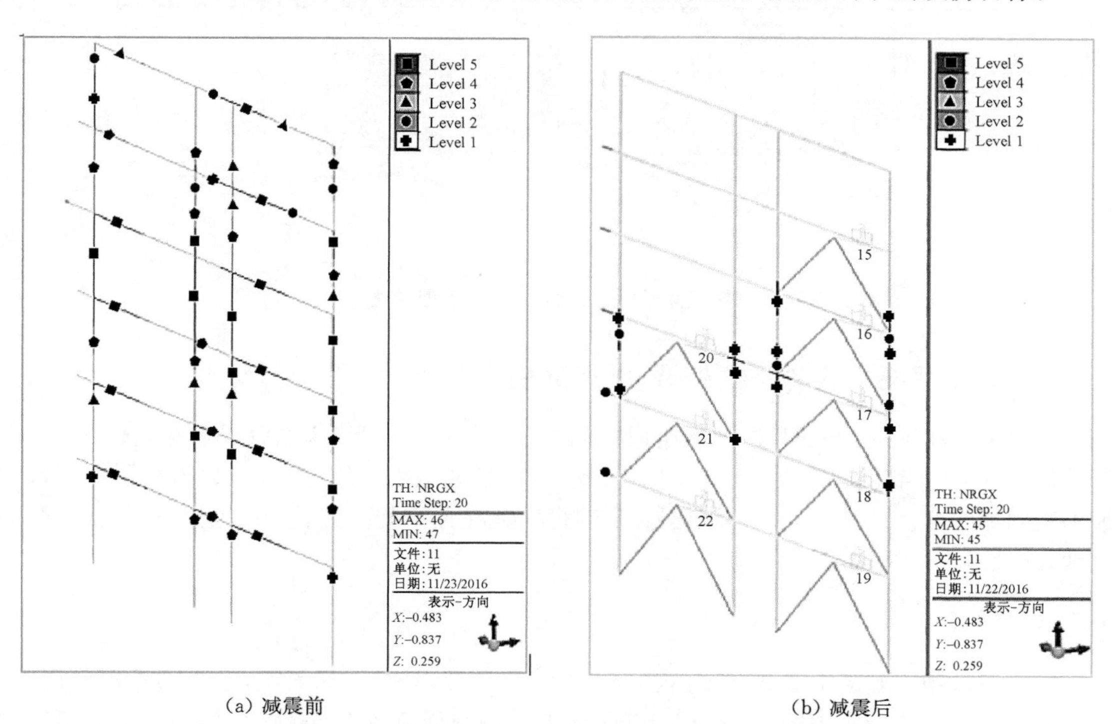

（a）减震前　　（b）减震后

图 9-10　减震前后框架梁与框架柱塑性发展水准示意图

3）罕遇地震作用下黏滞阻尼器滞回曲线

从图 9-11、图 9-12 可以看出，罕遇地震作用下黏滞阻尼器耗能性能优良。

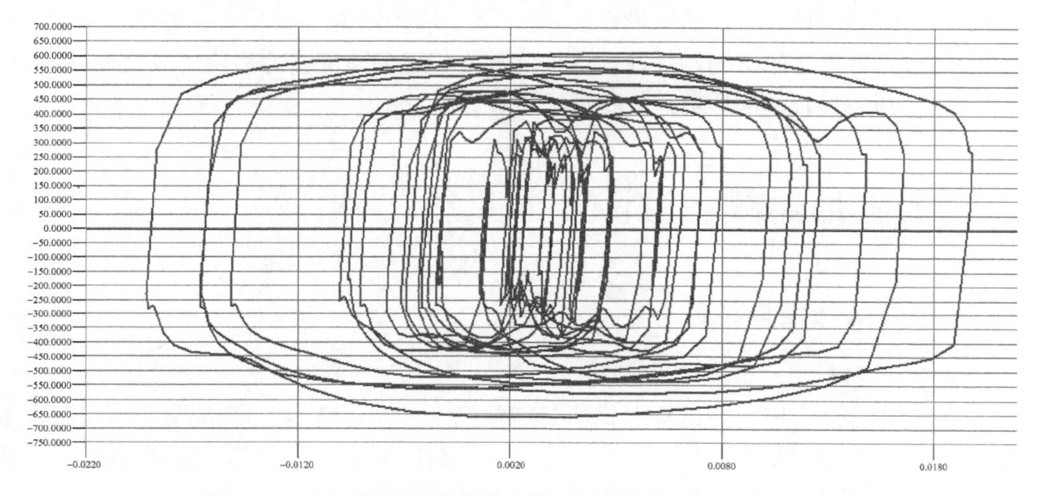

图 9-11　*X* 向某阻尼器（最大力约 649 kN，最大位移约 21 mm）

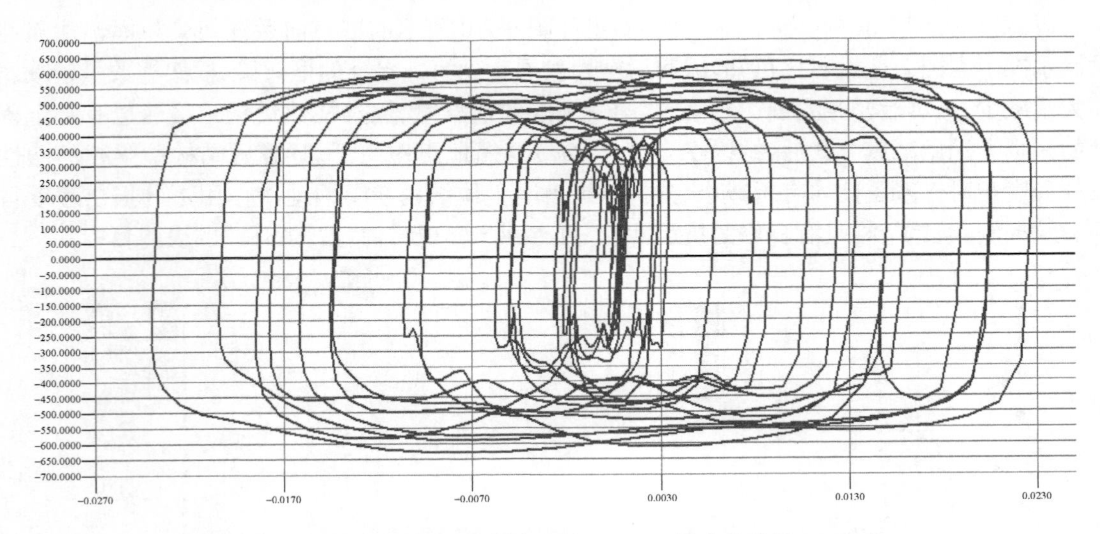

图 9-12 *Y* 向某阻尼器(最大力约 640 kN,最大位移约 23 mm)

9.2.5 与阻尼器相连的子框架梁、柱减震后内力值

与阻尼器相连的子框架梁、柱减震后的内力值,采用 ETABS 大震计算结果,偏安全地进行设计。内力组合工况是:1×恒载+1×活载+1×最大地震作用(内力包含阻尼器作用),为最不利内力组合。计算得到各与阻尼器相连框架梁、柱最不利内力后,进行各构件尺寸及配筋设计,此处不再进行赘述。

9.2.6 结论

本方案采用了黏滞阻尼器对结构进行消能减振设计,分析结果表明,在多遇地震作用下,*X* 向基底剪力平均减震率约 27%,*Y* 向基底剪力平均减震率约 31%(取三条波的平均值),具有良好的减震效果。*X*、*Y* 向层间位移角减震率基本都能达到 20%,满足多遇地震作用下层间位移角限值。在 8 度(0.2*g*)罕遇地震作用下,*X* 向层间位移减震率最大可达到 22%,*Y* 向层间位移减震率最大可达到 27%,主体结构的塑性发展程度较小,损伤程度能够得到有效控制,从而使得整体结构具有良好的抗震性能,更有利于实现结构“大震不倒”的设防目标。

此外,与阻尼器相连的结构构件在计入消能部件传递的附加内力后内力发生变化,需要对与阻尼器相连的框架梁、柱构件单独进行截面设计。

9.3 金属阻尼器减震设计方案

9.3.1 阻尼器的选择与布置

1) 阻尼器的选择

本工程为医院大楼,房间的结构形式相对简单规则。框架结构中,金属阻尼器可以设置在分隔墙中,因此本工程拟采用剪切型金属阻尼器(位移相关型)。这样既能发挥消能减震的作用，也不会影响原结构的使用功能，而且可选择布置阻尼器的位置较为充裕。

剪切型金属阻尼器由中间主要承受剪力的受剪钢板、防止受剪钢板屈曲的纵向和横向加劲肋、受剪钢板左右两侧的翼缘板以及上下两端的连接端板组成。加劲肋一般宜在剪切板正、反两面对称布置，若有可靠保障，也可只布置在剪切板的其中一侧。翼缘板与上下连接端板之间一般采用全熔透对接焊缝连接，其余部件之间可采用角焊缝连接；上下端板通过摩擦型高强螺栓与支撑或支墩进行连接。

采用剪切型金属阻尼器进行减震设计的目标是通过综合考虑阻尼器的刚度、数量和布置位置等因素，使结构总刚度在框架和金属阻尼器间进行合理分配，在保证层间位移角不超限的前提下，尽量减少原框架分担的地震力，其余地震力由剪切型金属阻尼器分担。

2）阻尼器的布置

前述分析可知，原结构模型 2～5 层层间位移角超限。因此，综合考虑经济性，且减小结构侧移，将阻尼器设置在结构的 1～5 层。经优化后，阻尼器布置位置如图 9-13 所示，共布置 18 个金属阻尼器。图中数字为阻尼器的布置层数。金属阻尼器性能参数取屈服力 500 kN，屈服位移 1 mm，屈服后刚度比 0.01，极限位移 25 mm。

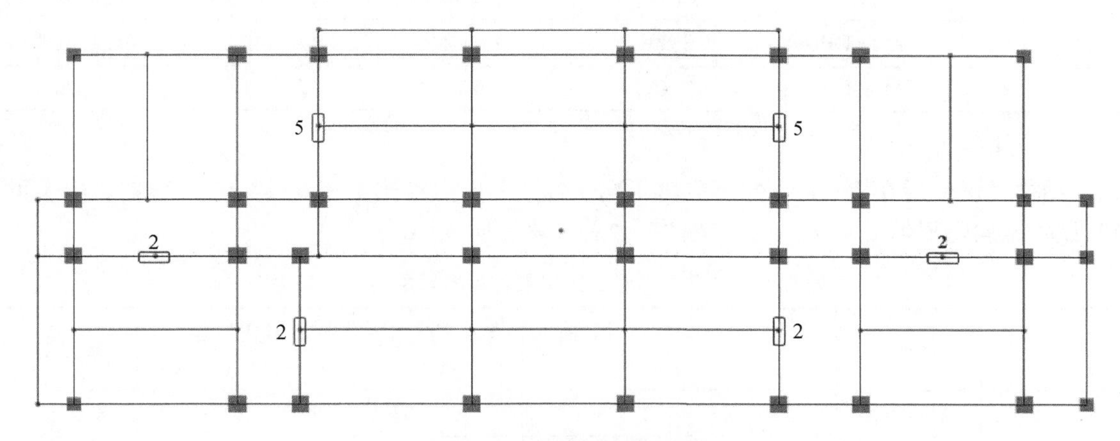

图 9-13　金属阻尼器布置图

5—布置在 1～5 层；2—布置在 1～2 层

9.3.2　多遇地震作用下的反应谱法分析结果

1）层间位移角

结构减振前后在 X、Y 方向反应谱工况下层间位移角对比见表 9-10 及表 9-11。由表 9-10、表 9-11 可知，未加阻尼器前结构有多层层间位移角超限（1/550）。设置阻尼器后，各层位移角有明显减小，满足规范限值要求。

表 9-10　X 方向反应谱工况减震前后层间位移角对比

Story	Item	Load	Drift X/减震前	Drift X/减震后	减震率
STORY6	Max Drift X	SPEC X	1/1 376	1/1 394	1.29%
STORY5	Max Drift X	SPEC X	1/823	1/828	0.60%

续表

Story	Item	Load	Drift X/减震前	Drift X/减震后	减震率
STORY4	Max Drift X	SPEC X	1/683	1/689	0.87%
STORY3	Max Drift X	SPEC X	1/551	1/726	24.10%
STORY2	Max Drift X	SPEC X	1/542	1/847	36.01%
STORY1	Max Drift X	SPEC X	1/949	1/1 410	32.70%

表 9-11　Y 方向反应谱工况减震前后层间位移角对比

Story	Item	Load	Drift Y/减震前	Drift Y/减震后	减震率
STORY6	Max Drift Y	SPEC Y	1/775	1/1 199	35.36%
STORY5	Max Drift Y	SPEC Y	1/504	1/947	46.78%
STORY4	Max Drift Y	SPEC Y	1/475	1/974	51.23%
STORY3	Max Drift Y	SPEC Y	1/489	1/1 096	55.38%
STORY2	Max Drift Y	SPEC Y	1/502	1/1 144	56.12%
STORY1	Max Drift Y	SPEC Y	1/817	1/1 851	55.86%

2) *层间剪力*

结构减震前后在 X、Y 方向反应谱工况下各层总剪力对比见表 9-12 及表 9-13。由表可知，设置金属阻尼器后结构各层框架柱剪力总和均有所减小。

表 9-12　X 方向反应谱工况减震前后各层层间剪力对比

Story	Item	Load	V_x(减震前)/kN	V_x(减震后)/kN	V_x(减震后各层柱剪力总和)/kN	减震率
STORY6	Max VX	SPEC X	1 899.72	1 823.37	1 823.37	4.02%
STORY5	Max VX	SPEC X	3 768.87	3 030.78	3 030.78	19.58%
STORY4	Max VX	SPEC X	5 226.56	4 561.11	4 561.11	12.73%
STORY3	Max VX	SPEC X	6 408.00	4 888.56	4 888.56	23.71%
STORY2	Max VX	SPEC X	7 232.22	7 482.58	5 652.88	21.84%
STORY1	Max VX	SPEC X	7 636.41	7 859.62	6 050.50	20.77%

表 9-13　Y 方向反应谱工况减震前后各层层间剪力对比

Story	Item	Load	V_y(减震前)/kN	V_y(减震后)/kN	V_y(减震后各层柱剪力总和)/kN	减震率
STORY6	Max VY	SPEC Y	1 827.29	1 643.46	1 643.46	10.06%
STORY5	Max VY	SPEC Y	3 533.10	4 110.88	3 110.33	11.97%
STORY4	Max VY	SPEC Y	5 092.95	5 306.52	4 603.93	9.60%

续表

Story	Item	Load	V_y(减震前)/kN	V_y(减震后)/kN	V_y(减震后各层柱剪力总和)/kN	减震率
STORY3	Max VY	SPEC Y	6 588.34	6 712.56	4 910.57	25.47%
STORY2	Max VY	SPEC Y	7 394.95	7 452.46	5 682.49	23.16%
STORY1	Max VY	SPEC Y	7 850.14	7 868.21	6 086.17	22.47%

9.3.3　多遇地震作用下的时程分析结果

1）楼层剪力和层间位移角减震率

下面以 NRG 波 X、Y 方向工况为例，给出结构在多遇地震作用下减震前、后的时程分析计算结果，列于表 9-14 和表 9-15。图 9-14、图 9-15 为 NRG 波 X 方向和 Y 方向的楼层剪力和层间位移角减震前后的对比图。

表 9-14　NRG 波 X 方向减震前后计算结果对比

楼层	荷载	减震前 V_x/kN	减震后 V_x/kN	减震后各层柱剪力总和 V_x/kN	减震前层间位移角	减震后层间位移角	层剪力减震率	层间位移角减震率
STORY6	NRG X	1 949	1 818.25	1 818.25	1/1 272	1/1 392	6.71%	8.63%
STORY5	NRG X	4 156	3 779.9	3 779.9	1/748	1/856	9.05%	12.60%
STORY4	NRG X	5 868	5 241.39	5 241.39	1/616	1/742	10.68%	16.96%
STORY3	NRG X	7 469	6 659.06	6 659.06	1/546	1/683	10.84%	20.06%
STORY2	NRG X	8 488	8 975.88	7 554.32	1/534	1/744	11.00%	28.23%
STORY1	NRG X	8 740	9 979.24	7 679.62	1/842	1/1 154	12.13%	27.04%

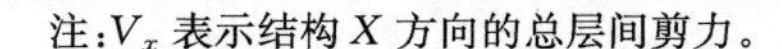
注：V_x 表示结构 X 方向的总层间剪力。

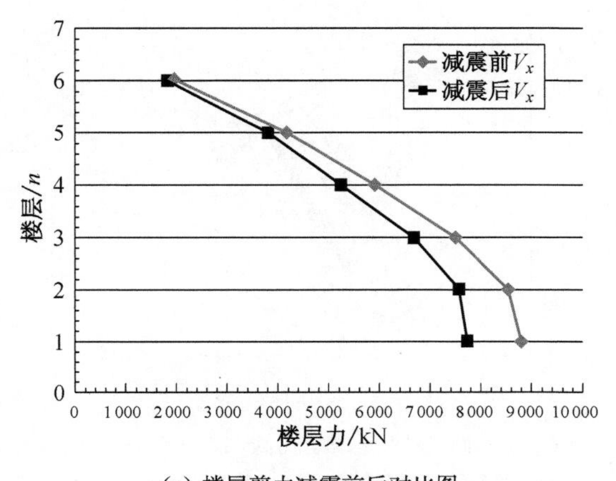

（a）楼层剪力减震前后对比图

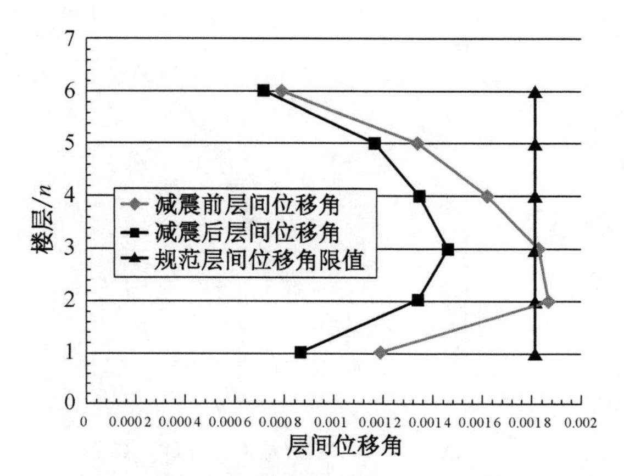

（b）楼层层间位移角减震前后对比图

图 9-14　NRG 波 X 方向楼层剪力、层间位移角减震前后对比图

表 9-15　NRG 波 Y 方向减震前后计算结果对比

楼层	荷载	减震前 V_y/kN	减震后 V_y/kN	减震后各层柱剪力总和 V_y/kN	减震前层间位移角	减震后层间位移角	层剪力减震率	层间位移角减震率
STORY6	NRG Y	2 211	1 828	1 828	1/848	1/896	17.32%	5.36%
STORY5	NRG Y	4 684	4 730	3 985	1/601	1/726	14.92%	17.22%
STORY4	NRG Y	6 475	6 017	5 447	1/484	1/648	11.24%	25.31%
STORY3	NRG Y	7 474	6 990	6 038	1/472	1/669	19.21%	29.45%
STORY2	NRG Y	8 120	7 905	6 671	1/513	1/756	17.84%	32.14%
STORY1	NRG Y	8 556	8 488	7 654	1/878	1/1 027	10.54%	14.51%

注：V_y 表示结构 Y 方向的总层间剪力。

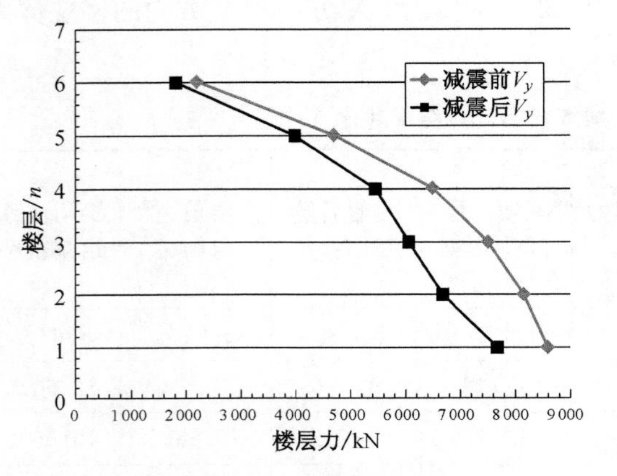

(a) 楼层剪力减震前后对比图

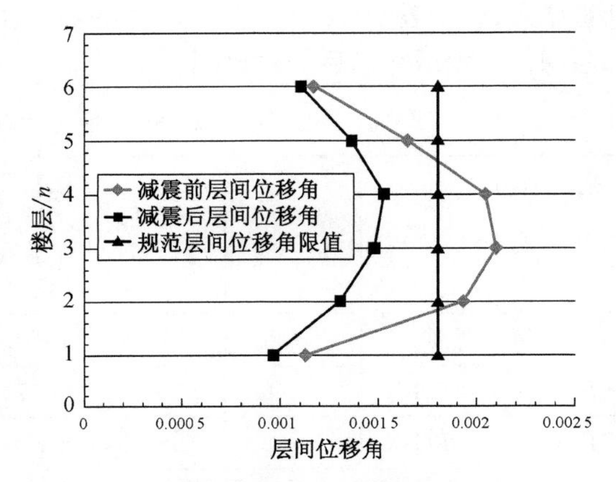

(b) 楼层层间位移角减震前后对比图

图 9-15　NRG 波 Y 方向楼层剪力、层间位移角减震前后对比图

2）多遇地震作用下金属阻尼器滞回曲线

从图 9-16 可以看出，多遇地震作用下金属阻尼器已经进入工作状态。

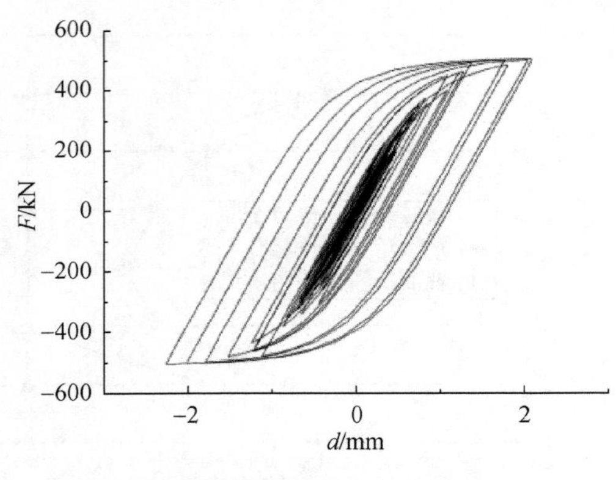

(a) X 方向某阻尼器(最大力约 507.46 kN，最大位移约 2.05 mm)

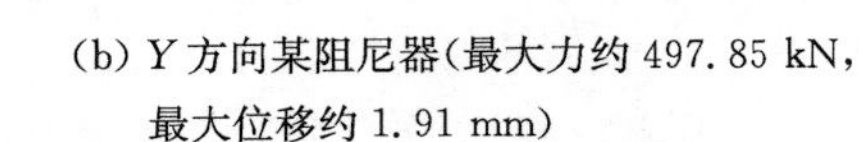
(b) Y 方向某阻尼器(最大力约 497.85 kN，最大位移约 1.91 mm)

图 9-16　多遇地震作用下金属阻尼器滞回曲线

3）等效附加阻尼比

消能部件附加给结构的有效阻尼比计算方法同 9.2.3 节。本方案的附加阻尼比时程分析结果平均值为 1.82%，但考虑到实际工程中结构变形、连接刚度、安装间隙等因素对减震效果的影响，本工程将多遇地震作用下金属阻尼器的附加阻尼比偏安全地取为 1.5%，该数值也与我们的设计预期相一致。

9.3.4　罕遇地震作用下的弹塑性分析结果

采用有限元软件 MIDAS 进行分析，所建立的三维有限元弹塑性模型如图 9-17 所示。

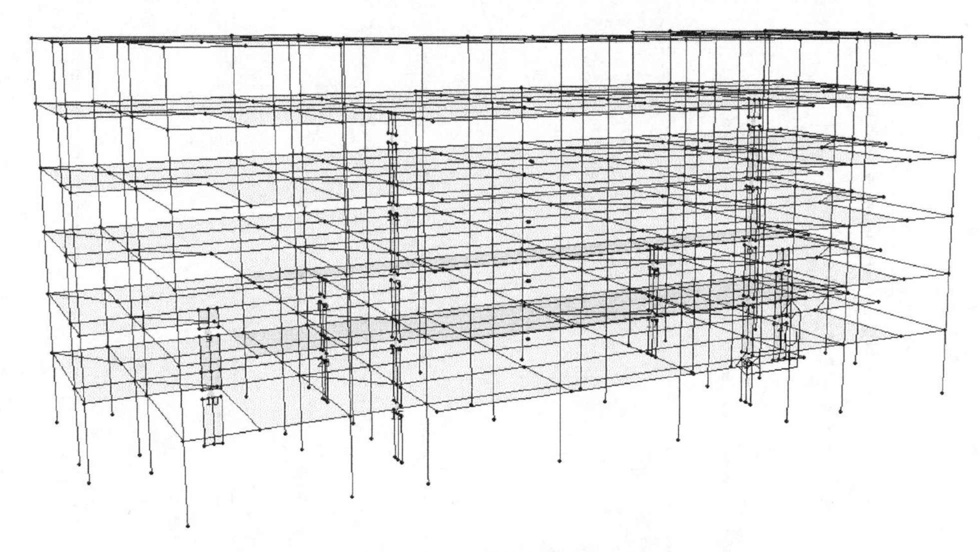

图 9-17　MIDAS 结构分析模型

1）罕遇地震作用下时程分析计算结果

图 9-18 为在 NRG 波罕遇地震作用下，减震前后层间位移角示意图，由图中可知减震后位移角明显变小。

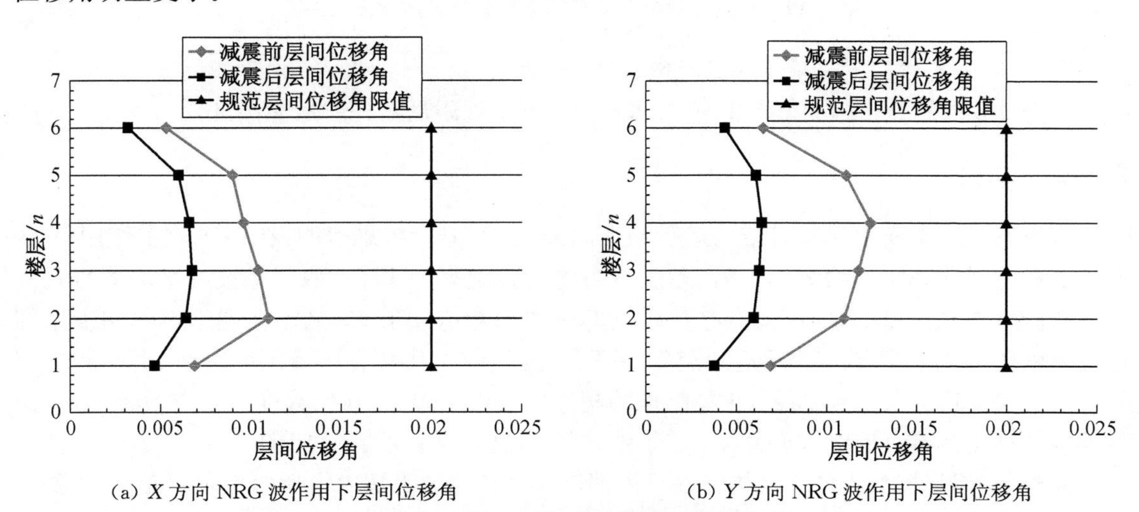

(a) X 方向 NRG 波作用下层间位移角　　(b) Y 方向 NRG 波作用下层间位移角

图 9-18　NRG 波罕遇地震作用下层间位移角减震前后对比

2）罕遇地震作用下减震前后结构弹塑性发展

采用金属阻尼器减震方案后，以 $X=30.577$ m 的一榀框架为例，给出如图 9-19 所示的减震前后框架梁与框架柱塑性发展水准示意图。通过对比可知，减震后塑性发展达到第一水准的框架梁、框架柱数量较减震前大量减少，减震后塑性发展达到第二、第三水准的框架梁、框架柱数量较减震前也有一定程度的减少。结构在 8 度(0.2g)罕遇地震作用下，减震后结构中梁柱的塑性发展程度相对于减震前均有所减小，分析结果表明主体结构在罕遇地震作用下的损伤程度得到有效控制，整体结构具有良好的抗震性能，更有利于实现结构“大震不倒”的设防目标。

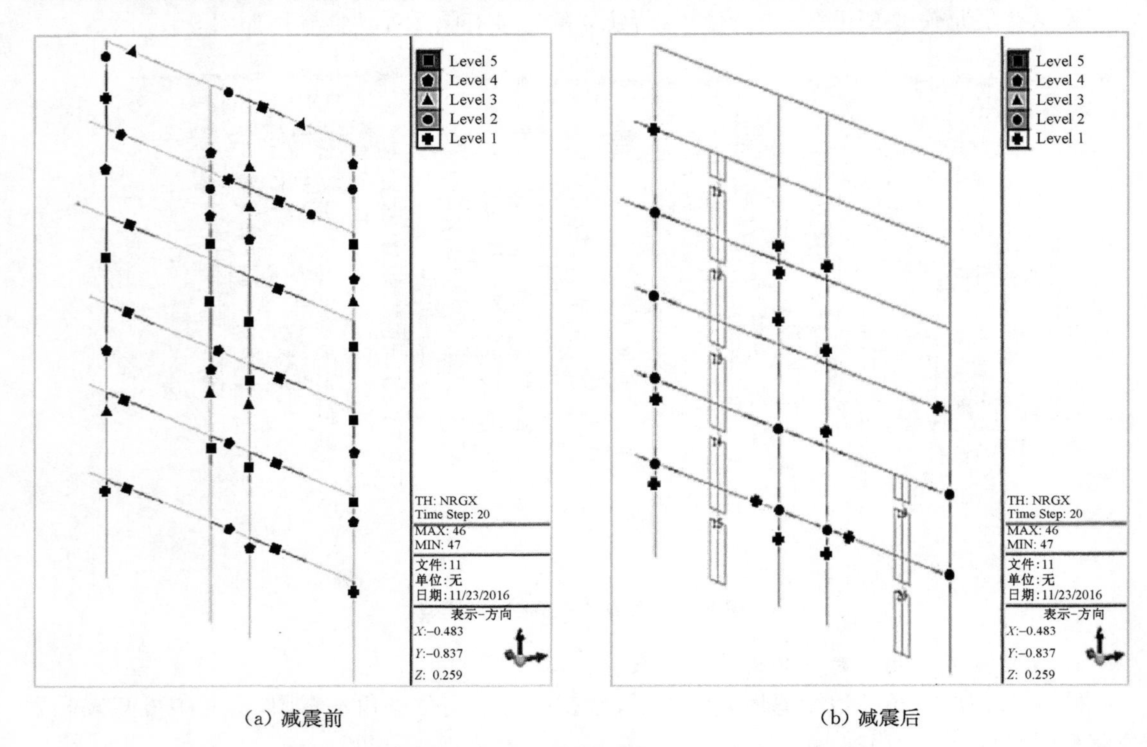

(a) 减震前　　　　(b) 减震后

图 9-19　减震前后框架梁与框架柱塑性发展水准示意图

3）罕遇地震作用下金属阻尼器滞回曲线

从图 9-20、图 9-21 可以看出，罕遇地震作用下金属阻尼器耗能性能优良。

9.3.5　结论

本方案采用金属阻尼器对结构进行消能减振设计，分析结果表明，在多遇地震作用下，X 向基底剪力平均减震率约 23%，Y 向基底剪力平均减震率约 17%（取三条波的平均值），具有良好的减震效果。X、Y 向层间位移角减震率基本都能达到 17%，满足多遇地震作用下层间位移角限值。在 8 度(0.2g)罕遇地震作用下，X 向层间位移减震率最大可达到 21%，Y 向层间位移减震率最大可达到 25%，主体结构的塑性发展程度较小，损伤程度得到有效控制，从而使得整体结构具有良好的抗震性能，更有利于实现结构“大震不倒”的设防目标。

此外，与阻尼器相连的结构构件在计入消能部件传递的附加内力后内力发生变化，需要对与阻尼器相连的框架梁、柱构件单独进行截面设计。

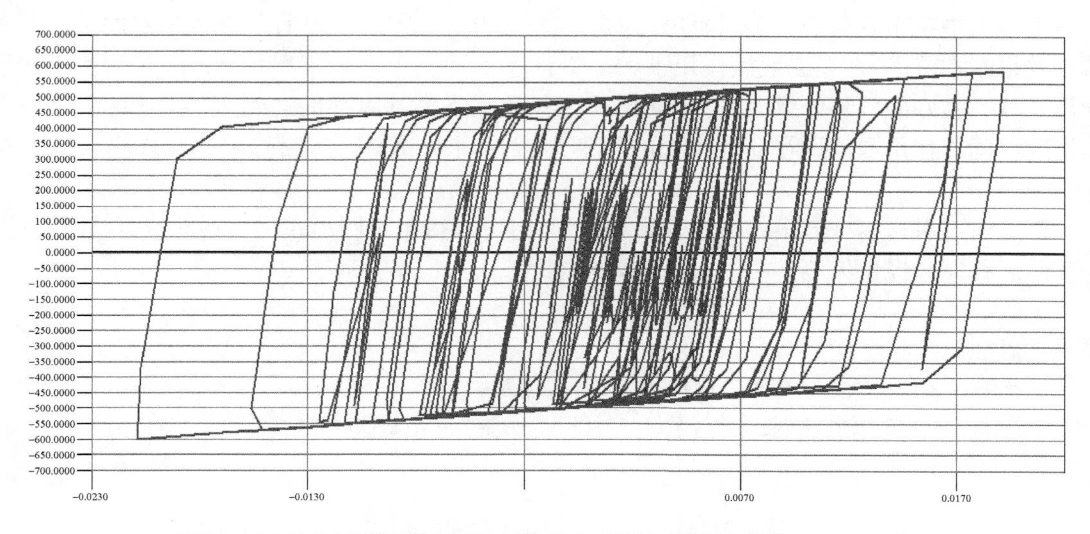

图 9-20　*X* 向某阻尼器(最大力约 594.16 kN,最大位移约 19.88 mm)

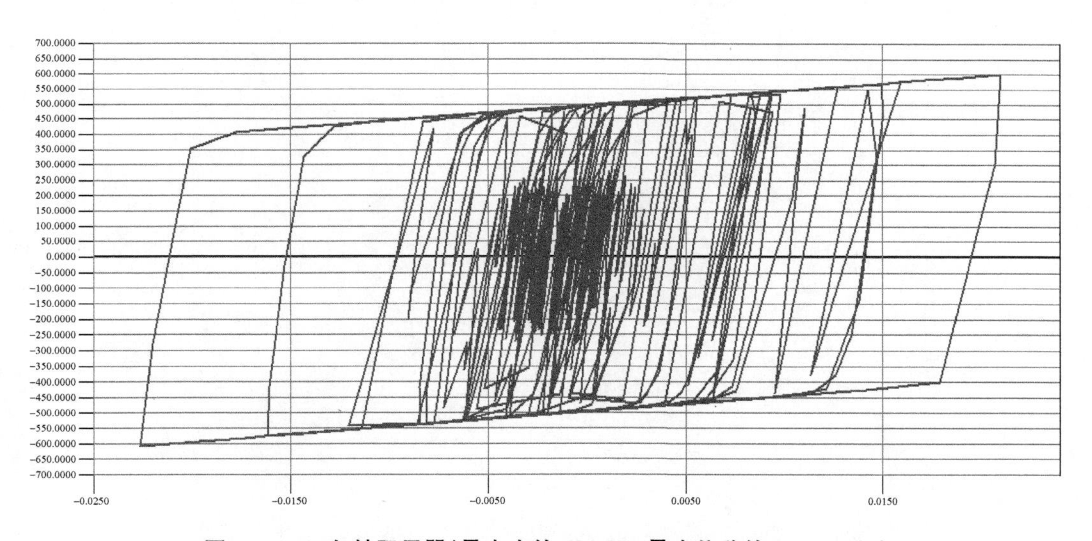

图 9-21　*Y* 向某阻尼器(最大力约 581 kN,最大位移约 18.47 mm)

9.4　消能减振方案对比

本章分别采用了黏滞阻尼器和金属阻尼器两种技术方案对同一建筑结构进行了消能减振设计。黏滞阻尼器的减震机理是通过有效增加原结构的阻尼比,从而显著降低结构的地震反应;而剪切型金属阻尼器的消能减震机理主要体现在两个方面:一是通过对结构提供附加阻尼,减小大震下结构的地震响应;二是通过附加刚度,提高结构抵抗侧向变形的能力,同时改善地震作用在结构抗侧力构件之间的分配。

通过选择合适的阻尼器性能参数,最终方案一中共布置黏滞阻尼器 22 个(如图 9-3 所示),方案二中共布置剪切型金属阻尼器 18 个(如图 9-13 所示)。从计算结果来看两个方案的减震效果基本持平:在多遇地震作用下,X、Y 向基底剪力平均减震率约 20%(取三条波的平均值),具有良好的减震效果。X、Y 向层间位移角减震率基本都能达到 17%,满足多遇地震作用下层间位移角限值。在 8 度(0.2g)罕遇地震作用下,X、Y 向层间位移减震率最大值均大于 20%。

因此通过对这两种方案的减震效果进行对比,可以得出不同形式阻尼器的减震特点,从而为实际工程设计提供借鉴。

参考文献

[1] 李爱群. 工程结构减振控制[M]. 北京:机械工业出版社,2007.
[2] 潘鹏,等. 建筑结构消能减震设计与案例[M]. 北京:清华大学出版社,2014.